# 电能变换应用技术

张秋实　刘文庄　主编

胡兴志　副主编

国防工业出版社

·北京·

# 内 容 简 介

本书从实际出发,基于应用广泛的几种电力电子功率变换技术,系统、深入地阐述了功率变换系统的构成、基本工作原理、系统控制技术、变流器的应用问题以及功率变换技术的典型应用,并力求反映电能变换技术的最新成果。全书共分8章,主要包括电力电子器件的应用技术、整流应用技术、逆变应用技术、直流电机调速系统、交流异步电机变频调速系统、高频开关电源、电力电子装置的负面效应及其抑制技术。每章后均附有思考题及习题供学生阅读和练习。

本书可作为高等院校电气工程及其自动化、自动化等电类专业的本科生教材,对科研院校、厂矿企业从事电力电子变换和控制技术工作的科技人员也有实际参考价值。

**图书在版编目(CIP)数据**

电能变换应用技术/张秋实,刘文庄主编. —北京:国防
工业出版社,2012. 2
ISBN 978-7-118-07918-0

Ⅰ.①电… Ⅱ.①张… ②刘… Ⅲ.①电能 – 变
换器 Ⅳ.①TN712

中国版本图书馆 CIP 数据核字(2012)第 013069 号

※

*国防工业出版社* 出版发行

(北京市海淀区紫竹院南路 23 号 邮政编码 100048)
北京奥鑫印刷厂印刷
新华书店经售

*

开本 787×1092 1/16 印张 14¼ 字数 319 千字
2012 年 2 月第 1 版第 1 次印刷 印数 1—5000 册 定价 26.00 元

**(本书如有印装错误,我社负责调换)**

国防书店:(010)88540777 发行邮购:(010)88540776
发行传真:(010)88540755 发行业务:(010)88540717

# 前　言

电能变换技术是对电能进行变换和控制的技术,是采用功率半导体开关器件完成能量变换、传输和控制的技术。从 20 世纪 70 年代以来取得了惊人的发展,近年来,随着新型器件的开发与性能的提高,出现了更多高性能的电能变换装置。它不仅促进了电能变换技术自身的发展,而且推动着电气工程、自动控制技术、半导体材料技术、大规模集成电路技术、信息传递与处理技术及电路拓扑技术的进步。总之,电能变换技术作为新能源开发、高效节能的基础技术,已逐步发展成一门多学科相互渗透的综合性技术;是一门有着广阔应用前景、发展方兴未艾的技术。

目前,介绍电能变换技术基本理论的教材已很丰富,而作为后续专业课的教材还不多见,导致介绍电能变换应用技术的教材缺乏。正是在这样的背景下,本书是以教育部提出"培养卓越工程师"的高等工程技术人才培养目标的指导思想为原则,为适应电气工程及其自动化、自动化等相关专业的课程需要而编写的。

电能变换应用技术是应用各类电力电子开关器件来构成电能变换装置,它应包含器件使用、变流装置主电路结构和分析方法、控制及系统等内容。全书共分 8 章。第 1 章为绪论,综述跨入新世纪的电能变换技术的主要内容、应用概况、发展方向及前景。第 2 章为电力电子器件的应用技术,讲述电力电子器件的驱动电路、保护电路、电力电子器件的串联与并联、电力电子器件的散热原理。第 3 章为整流应用技术,讲述大功率相控整流器原理、新型高频开关 PWM 整流器原理及应用。第 4 章为逆变应用技术,讲述逆变装置设计、脉宽调制控制技术。第 5 章为直流电机调速系统,讲述运动控制系统概述、变电枢电压直流调速的电源变换技术、直流调速系统结构、调速特性、调速系统控制技术。第 6 章为交流异步电机变频调速系统,讲述交流异步电机的变频调速控制方法、标量控制、变频器及其典型应用。第 7 章为高频开关电源,讲述开关电源基本 DC/DC 变换电路及工作原理、主控元器件的设计和选择,以及软开关技术、同步整流技术和分布电源系统。第 8 章为电力电子装置的负面效应及其抑制技术,讲述电力电子装置对电网的污染及危害、谐波抑制技术、无功功率控制技术、有源功率因数校正技术及电磁干扰的抑制技术。

本书作为专业课教材，本着面向未来、面向应用的原则，选择了电能变换技术应用最为广泛的几个领域，全面、系统、深入地阐述了这些领域电力电子功率变换的基本工作原理、系统组成、系统控制技术、变流器设计方法和应用，力争内容源于实际，具有前沿性和先进性。

本书是在学习电力电子技术基础、电机学、自动控制原理和计算机及其控制技术的基础上使用的。全书按电能变换的类型分成若干章，每章相对独立地自成系统，以基础理论的概括和工程应用技术为主线，着重对主电路及系统控制技术进行阐述，希望它能成为读者窥见电力电子技术发展和应用的窗口。作为教科书，内容取材体现了知识的传统性和先进性的结合，阐述深入浅出、循序渐进，并附有思考题及习题，起巩固、补充和强化基础概念的作用。

在全书的编写过程中，参考了许多同行、专家的论著文献，在此谨向他们和提供资料的有关单位致以衷心的感谢。由于作者的水平有限，错误和不妥之处在所难免，希望广大同行和读者批评指正。

编 者

2011 年 11 月

# 目　录

# 第1章 绪 论

## 1.1 电能变换应用技术的概念

自出现交流电以来,交流电就成为送达用户端的主要电能形式,但用电负载有直流负载及交流负载两大类,相应的供电电源就需要直流和交流两种形式,因此电能需要变换。

随着越来越多非线性负载的使用,供电质量变得越来越差;而随着各种用电设备或单元的数字化、信息化和多样化的发展,需要的电源种类、等级和质量要求不断提高。因此,更需要对电能进行高质量的变换。

现代工业、交通运输、军事装备、尖端科学的进步以及人类生活质量和生存环境的改善,都依赖于高品质的电能,据统计70%的电能都是经过变换后才使用,而随着科技的发展,需要变换的比例将会进一步提高。电力电子技术为电力工业的发展和电力应用的改善提供了先进技术,它的核心是电能形式的变换和控制,并通过电能变换装置实现其应用。

早期,把交流电变换为直流电经历了机械整流器、闸流管整流器,到1957年,美国通用电气公司发明了硅可控整流器(Silicon Controlled Rectifier,SCR),简称可控硅,后被国际电工学会正式命名为晶闸管(thyristor)。晶闸管的问世,不仅可把交流电变为直流电,还能把直流电变为交流电和其他特殊的电能形式。从此,新型电力电子器件不断涌现,性能不断提高,并各具电气特性和使用特点,以适应不同的应用领域和电能变换电路的设计要求。

把各种电力电子器件实用、可靠、高效地应用于电能变换系统,是电能变换应用技术的研究任务。

电能变换装置是以满足用电要求为目标,以电力半导体器件为核心,通过合理的电路拓扑和控制方式,采用相关的应用技术对电能实现变换和控制的装置。

本书重在研究电力电子元器件的合理使用,使其高效、实用、可靠地控制电能变换;同时研究对电能变换装置的分析、电能变换系统的控制以及电能变换技术在工业中的应用。

电能变换装置及其控制系统的基本组成如图1-1所示,它是通过弱电控制强电实现其功能的。控制系统根据运行指令和输入/输出的各种状态,产生控制信号,用来驱动对应的开关器件,完成其特定功能。控制系统可以采用模拟电路或者数字电路来实现,具有各种特定功能的集成电路和数字信号处理器DSP等器件的出现,为简化和完善控制系统提供了方便。由于用户的要求不同,所以在器件、电路拓扑结构和控制方式上,应有针对性地采用不同的方案,这就要求设计者灵活运用控制理论、电子技术、计算机技术、电力电子技术等专业基础知识,将它们有机地结合起来进行综合设计。

随着新型电力电子器件的出现,功率变换技术也得到了发展,这些都为电能变换装置小型化、智能化、绿色化打下了技术基础。特别是近30年来各种自关断器件的应用、脉宽

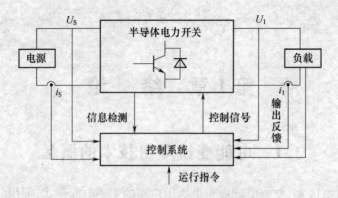

图 1-1  电能变换装置及其控制系统

调制技术(PWM)控制方法的实现、新型软开关拓扑结构的产生,都有力地促进了现代电能变换装置的发展,其应用范围从传统的工业、交通、电力等部门扩大到信息与通信、家用电器、办公自动化等其他领域,几乎涉及国民经济的每个部门。

# 1.2  电能变换应用技术的主要内容

电能变换应用技术,是关于各种电能变换的拓扑电路、控制理论和工业应用技术,是变换装置的设计技术,是分析设计工具的开发利用技术。

## 1.2.1  电能变换的基本形式与电路拓扑

在电能变换应用技术中,不同的电能变换形式要求不同的拓扑电路。基本上可以分为五大类:交流—直流变换器(AC/DC)、直流—直流变换器(DC/DC)、直流—交流变换器(DC/AC)、交流—交流变换器(AC/AC)和静态开关。

1. AC/DC 变换器

AC/DC 变换器又称整流器。用于将交流电能变换为直流电能。传统的整流器采用晶闸管相控技术,控制简单、效率高,但具有滞后的功率因数,且输入电流中的低次谐波含量较高,对电网污染大。采用全控型器件的高频整流器,能使输入电流波形正弦化,并且跟踪输入电压,做到功率因数接近1,它正在逐步取代相控整流器。

2. DC/DC 变换器

DC/DC 变换器用于将一种规格的直流电能变换为另一种规格的直流电能。采用 PWM 控制的 DC/DC 变换器也称直流斩波器,主要用于直流电机驱动和开关电源;近年来发展的软开关 DC/DC 变换器显著地减小了功率器件的开关损耗和电磁干扰噪声,大大提高了开关电源的功率密度,有利于变换器向高效、小型和低噪方向发展。

3. DC/AC 变换器

DC/AC 变换器又称逆变器。用于将直流电能变换为交流电能。根据输出电压及频率的变化情况,可分为恒压恒频(CVCF)及变压变频(VVVF)两类,前者用作稳压电源,后者用于交流电机变频调速系统。逆变器的产品以 SPWM(Sinusoidal Pulse-Width Modulation)控制方式为主,当前的研究热点在输出量控制技术、软开关技术和并联控制技术上。

### 4. AC/AC 变换器

AC/AC 变换器用于将一种规格的交流电能变换为另一种规格的交流电能。输入和输出频率相同的称为交流调压器,频率发生变化的称为周波变换器或变频器。AC/AC 变换器目前仍以控制晶闸管为主,主要用于调光、调温及低速大容量交流电机调速系统。对于中、小容量电机的驱动变频器大多应用全控器件,采用交—直—交间接变换方式。基于 PWM 理论的矩阵变换和许多高频链变换方式近年来相继被提出,目前正处在研究阶段。

### 5. 静态开关

静态开关又称无触点开关,它是由电力电子器件组成的可控电力开关。与传统的接触器和断路器开关相比,静态开关通、断时没有触点动作,从而消除了电弧的危害,并且接通、断开电路的时间极快,它由电子电路控制,自动化程度高。

根据需要,以上各类变换可以组合应用。此外,各类变换器正在向模块化发展,可方便地组成不同功率等级的变换器。

为了减小开关损耗和功率变换器的电磁干扰,达到重量轻、体积小且高效节能的目的,在上述五种基本形式变换器的基础上,新的电路拓扑和软开关技术及其应用得以迅速发展。

## 1.2.2 控制理论和调节手段

电力电子系统是一种非线性、变结构、电压电流突变的离散系统,特别是与电机构成的系统更是强耦合、多变量、具有分布参数特征系统,呈现重复瞬态和非正弦性等特点,这就决定了在电工领域中长期采用的以相量为基础的控制理论不再适用。经典的电路理论和控制理论无法直接处理电力电子系统的控制问题,发展和应用新的控制理论势在必行。

电能变换应用技术的核心部分是开关控制器,它是以开关方式运行的非线性元件,因此以离散系统为基础的开关控制理论成为主要的调节手段。

电力电子系统控制的目标主要是效率和电源质量。电源质量有动态响应、谐波质量和鲁棒性要求等。现代控制理论的应用,为实现电力电子系统目标提供了有力手段。日新月异的微处理器技术的发展,为现代控制理论的应用提供了硬件基础。数字信号处理器(DSP)已经在电力电子控制领域得到了普遍应用,而系统级芯片 SoC(System on Chip)技术和网络技术的发展,也将极大地推动电能变换应用技术的进步。智能控制理论由于具有本质非线性、并行处理、自组织、自学习等能力,在电能变换应用技术的控制中也有着巨大的潜力。

## 1.2.3 电能变换装置的设计技术

电能变换应用技术的基本任务是要设计出满足功能要求且运行可靠的电能变换装置。一个性能良好的变换装置设计,应该包括功能指标设计、电磁兼容设计、散热设计和结构亲和性设计等方面。

### 1. 功能指标设计

功能指标设计主要应满足输出电压(或电流)和功率的指标。同时,为了使装置能正常和可靠地工作,还要缜密地考虑其他一些显性和隐性的功能指标。如,主电路防冲击电流的控制设计,控制电路的电复位和断电保护设计,装置的过电流、过电压和欠电压保护,过热保护、短路保护，甚至还要考虑过功率保护。功能指标设计的方法是多种多样的，总的来说，应选择保护效果好，同时又简单节能的设计方法。

2．电磁兼容设计

电力电子电路的基本特征是，电路总是工作在开关模式的变换之中，在两个或几个不同的结构之间不断切换。开关的通断在电路中引起的电压和电流变化率，是电磁干扰（EMI）的本质，解决好电磁兼容问题是电能变换应用技术的一大任务。电能变换装置的电磁干扰分三类：外部干扰源对装置的干扰，装置内部的干扰源对系统外部的干扰，装置内部的相互干扰。解决前两类的干扰通常采用滤波的办法；解决第三类干扰的途径较多，如采用电磁屏蔽、电气隔离，主电路合理采用低电感结构方式等。控制电路的电磁兼容设计一般从导线传导耦合、公共阻抗耦合、电感性耦合、电容性耦合和电磁场耦合五个方面考虑。

3．散热设计

电力电子开关器件在工作时产生的损耗（最主要的是通态损耗和开关损耗）都以热量的形式表现出来。同时，工作在高频状态下的磁性组件（变换器中电感和变压器）其损耗也比较大。因此，散热设计是电能变换应用技术的重要任务。一般来说，散热设计包括对散热介质、散热路径和散热器热阻的设计计算。良好的设计不仅散热效果好，而且散热系统简单。常见的五种散热器，按散热效果逐次升级排序为自冷式散热器、风冷式散热器、水冷（油冷）式散热器、沸腾式散热器、热管散热器。

4．结构亲和性设计

变换器装置的结构形式应该对人具有良好的"亲和力"——不仅外表美观宜人、结构紧凑、便于测试和装卸，而且具有功能分区设计、模块化设计和子系统集成设计等内容。

电力电子产品或电路设计正向着模块化、集成化的方向发展。具有各种控制功能的专用芯片不断开发和应用。智能功率模块（IPM）以绝缘栅极晶体管（IGBT）作为功率开关，将控制、驱动、保护、检测电路都封装在一个模块内。由于外部接线、焊点减少、产品体积小，可靠性显著提高。系统集成可以改变现在的半自动化、半人工的组装工艺而达到完全自动化生产，从而降低成本，有利于大规模推广应用。

## 1.2.4　分析设计工具的使用开发

对于某一特定的电能变换要求，为了更好地接近所追求的目标，一般要解决好电能变换应用技术的仿真、分析和设计等几个关键问题。它们具体包括电路拓扑和系统控制策略的确定、开关器件和控制方法的选择、装置内部的散热和电磁兼容性设计、可靠性预估和参数最优化等。所有这些问题，都需要分析设计工具来辅助解决。随着计算机和软件技术的发展，分析工具也越来越丰富。在全软件的分析设计工具中，有电力电子电路理论和控制理论分析仿真工具 Matlab 等；电力电子拓扑及其控制的仿真分析工具 Simulink 等；电力电子分析设计的 EDA 辅助工具 Saber，以及电力电子三维热场和电磁场分析工具 Ansys、Ansoft 等。

为适应特定电路设计分析的需要，有时需要在具体使用软件工具时补充和开发其中的一些模型和功能，有时需要对已有的软件进行改进，甚至需要另行开发软件。另外，在有的场合，如数学模型非常复杂时，软件的仿真分析需要花很长时间；在有的场合，硬件系统及其各部分相互作用极其复杂,甚至无法建立分析仿真的数学模型等,此时软件分析设计工具难于发挥很好的作用。这时,建立软件和硬件相结合的混合仿真系统,或建立全硬件的仿真、设计和开发平台就成为必不可少的工具。因此,基于仿真、分析和设计的软硬件平台或专家系统,可使系统设计性能最优、设计制造费用最省,是电能变换应用技术的重要内容之一。

## 1.2.5 电力电子元器件的使用

电能变换应用技术的主要内容莫过于合理、可靠地使用电力电子元器件。半导体开关器件、磁性元件和电容器等,各类元器件产品型号众多、特性各异、应用条件差异性很大。而且每一种新器件的诞生,都伴随着电能变换技术的重大突破,所以使用好电力电子元器件十分重要。

半导体开关器件按控制方式来分,有三大类:不控型器件(二极管),半控型器件(晶闸管),全控型器件(GTO、GTR、MOS、IGBT、IGCT 等)。

常见的二极管分为三种。①普通二极管,常用在工频电路或晶闸管等频率不高的电路中;②快速恢复二极管,它利用特殊工艺制造,反向恢复电流小、时间短,常用在 IGBT 或 MOS 等高速开关器件的电路中和高频整流电路中;③肖特基二极管,因为它不是 PN 结导电特性,导通电压降低,且几乎没有反向恢复时间,常用在开关电源等低电压输出的高频整流电路中。

常见的晶闸管分为五种:普通晶闸管、快速晶闸管和高频晶闸管、逆导晶闸管、双向晶闸管、光控晶闸管。普通晶闸管,容量等级大,目前它常用在大功率整流电路和周波变换器中。快速晶闸管和高频晶闸管,它利用特殊工艺制造,关断时间小于 $50\mu s$,主要用在感应加热的中频电源中。逆导晶闸管,它是将一个晶闸管和一个二极管反并联集成在同一硅片上面构成的组合器件,常用在直流斩波器、倍频式中频电源及三相逆变器电路中。双向晶闸管,它把两个反并联的晶闸管集成在同一硅片上,是控制交流功率的理想器件,主要用在交流无触点继电器、交流相位控制电路中。光控晶闸管,它不用电压电流触发,而是用光触发晶闸管导通,主要应用在电力系统等高电压大电流场合。

理想的全控型器件在瞬间完成导通或关断,没有过渡过程;正向导通电压降和关断后的漏电流都是零。而实际的器件既存在开通和关断时间,又有导通电压降和漏电流。因此,一个实际的全控型器件,其性能的优劣就在于它在多大程度上接近这些理想特性。各种不同类型的器件存在的差异很大,GTO 和 IGCT 等晶闸管型器件,去掉正向导通脉冲,它们仍能保持导通,只有施加反向关断脉冲时器件才关断;而 MOS、BJT 和 IGBT 等晶体管型器件,一旦撤走开通脉冲,器件就立即关断,施加反向脉冲只是为了避免干扰造成误导通。GTO、IGCT 和 BJT 等是电流型器件,MOS 和 IGBT 等是电压型器件,它们的控制驱动电路设计要区别对待。即使同是电流型器件,如 GTO 和 BJT,由于器件的特性不一样,其控制驱动的要求也很不一样。为了让每一种器件的特性发挥到最佳,电路的设计者须根据器件特点和使用要求合理选用驱动电路。

磁性元件主要指变压器和电抗器。随着电力电子技术的高频化,磁性元件的工作频率不断提高,就需要能高频工作且损耗小的软磁性材料。这些磁性材料有软磁合金(铁镍合金、铁铝合金、铁钴钒合金等)、铁氧体(锰锌铁氧体、镁锌铁氧体、镍锌铁氧体等)、新型非晶和微晶软磁材料(铁基非晶、钴基非晶、铁基微晶、钴基微晶等)。即使同一种材料,如果所含成分不同,性能、价格和适用条件(频率和温度范围)差别很大。另一方面,为了适应小功率开关电源的需要,磁性元件的结构不断向超薄型、平面型发展。如平面变压器以单层或多层印制电路板(PCB)代之铜导线,因而厚度远低于常规变压器,能够直接制作在印制电路板上。其突出优点是能量密度高,因而体积大大缩小,相当于常规变压器的20%;效率通常高达97%~99%;工作频率高达50kHz~2MHz;具有低漏感(小于0.2%)和低电磁干扰(EMI)。

电容器是与磁性元件对偶的一种储能和滤波元件。直流电容器以铝电解和钽电解电容器为主。交流电容器根据电压等级、容量和使用频率的不同,种类繁多,如云母电容器、纸介质电容器、聚苯乙烯电容器、聚丙烯电容器、涤纶电容器、复合介质电容器、独石电容器等。

吸收电容和谐振电容是电能变换应用技术中不可或缺的新型电容。吸收电容要求吸收的峰值电流大,电容本身的等效电感小;而谐振电容要求有效值电流大,电容本身损耗小。如果选择使用不当,电容器很容易损坏。

无论是开关器件,还是电抗器、变压器和电容器,在使用或参数设计时,都要合理地选择电压、电流和开关频率,以及考虑与热损耗、电磁干扰等的相互关系。

# 1.3 电能变换技术的应用领域

电能变换装置在供电电源、电机传动、电力系统等领域都得到了广泛的应用,各类实用装置的基本应用情况如下。

## 1.3.1 电源领域

1. 直流电源装置

1) 通信电源

通信电源的一次和二次电源都是直流电源。一次电源将电网的交流电转换为标称值为48V的直流电;二次电源再将48V直流电变换成通信设备内部集成电路所需的多路低压直流电。

通信工业是供电电源和电池的最大用户之一,使用范围从移动电话的小电源到超高可靠性的后备电源系统。它的电源系统与计算机的电源结构类似,前端是离线式有源功率因数校正(PFC)电路,后端是DC/DC前向变换给电源系统直流48V的配电总线提供大电流输出。

为了降低集成芯片的工作损耗,低电压的芯片供电电源开发非常热门。这就需要高功率密度、低功耗、高效率的性能指标,以及同步整流、多相多重、板上功率变换以及板级互联等新技术。目前,国外实验室已开发出70A、1.2V、效率87%的高性能电源。在不久的将来,一种更先进的芯片级的互联技术和功率交换技术将会出现在世人面前。

2) 充电电源

充电电源的应用相当广泛,如便携式电子产品的电池、不间断稳压电源(UPS)的蓄电池、电动汽车和电动自行车用蓄电池以及脉冲激光器储能电容等都需要充电,不同的充电对象,对充电特性的要求也不同。

3）电解、电镀直流电源

直流电的大用户是电化学工业,电解电镀低压大电流直流电源一般要消耗各个国家总发电量的 5% 左右,由电力半导体器件组成的直流电源效率高,有利于节能。

4）开关电源

近年来通信设备、办公自动化设备和家用电器的巨大需求,更加促进了设备内部用的 AC/DC、DC/DC 开关电源的发展,全球市场规模已达 100 亿美元/年以上。DC/DC 开关变流器采用高频软开关技术,其功率密度已达 120W/英寸$^3$,效率达 90%。

2. 交流电源装置

1）交流稳压电源

由于各行业用电量的剧增以及电力变换带来的电力公害使得电网电压波动、波形失真,重要设备常需用交流稳压电源来得到高品质用电。如医疗设备通常使用电子交流稳压电源进行稳压,如果电源性能指标不符合要求,会影响医疗设备的使用效果。

2）通用逆变电源

各类逆变电源广泛应用在航天、船舶工业、可再生能源发电系统等方面。例如特殊船舶上的基本电源是蓄电池,需要 50Hz 逆变器为计算机、无线电等供电,还需要 400Hz 逆变器为雷达、自动舵等供电。

3）UPS

随着计算机及网络技术的发展,UPS 近十年来得到了长足发展。采用 IGBT 的 UPS 容量已达数百千瓦,DSP 数字技术的引入,可以对 UPS 实现远程监控和智能化管理。

3. 特种电源装置

1）静电除尘用高压电源

为了满足环保要求,通常选用除尘设备,减少烟尘对环境的污染。例如在煤气生产中用静电除尘清除煤气中的焦油,以保证煤气质量。除尘设备需要高压电源产生高压静电,利用高压静电吸收烟尘。

2）超声波电源

超声波可以用于工业清洗、超声波探伤、超声振动切削、石油探测、饮用水处理、医疗器械等方面。超声波装置由超声波电源和换能器组成。超声波电源实际上是交—直—交变频器,其输出频率在 20kHz 以上。换能器是一个谐振负载,它要求超声波电源具有高的频率稳定性和可调性。

3）感应加热电源

感应加热技术因其热效率高、对工件加热均匀、可控性好、环境污染小等一系列优点近年来得到迅速发展,日常生活用的电磁炉是小型感应加热电源,感应加热装置需要高频交流电源。

4）焊接电源

电焊是利用低压大电流产生电弧熔化金属的一种焊接工艺,目前,应用较广的是模块化的 IGBT 电焊机。

## 1.3.2 电机传动领域

我国电机的耗电量约占工业耗电量的 80%,电能变换应用技术在电机传动领域不仅能给电机提供好的调速性能,还能大大节约能源,因此,调速装置的推广应用和优化对推动生产和节约能源有着重大意义。电压和功率等级高的中、大型电机负载几乎都是各行业的主要机组,节能潜力很大,对国民经济的影响十分显著。以下类型的电机传动与电能变换应用技术密切相关。

(1) 工艺调速传动。这类传动要求设备按一定的工艺要求实施运动控制,以保证最终产品的质量、产量和劳动生产率。

(2) 节能调速传动。风机、泵类消耗全国总发电量的30%左右,用电机变频调速来取代传统的风挡、阀门来调节流量,估计全国每年可节电百万千瓦时。

(3) 牵引调速传动。如轨道交通电传动车组、城市无轨电车,电梯、矿井卷扬机等,既提高运输效率、显著节能,又减少污染,保护环境。

(4) 精密调速和特种调速。数控机床的主轴传动和伺服传动是现代机床的不可分割部分,雷达和火炮的同步联动等军事应用都要求电机有足够的调速范围(如 1:10000 以上)和控制精度。

### 1.3.3 电力系统领域

电力系统是电力电子技术应用的一个重要领域。

**1. 励磁控制**

在发电环节的应用,有大型发电机的静止励磁控制,水力、风力发电机的变速恒频励磁等。

**2. 高压直流输电**

在输电环节中的应用,最早成功应用于电力系统的大功率电力电子技术是直流输电。高压直流输电在线路上既没有无功损耗又不存在系统稳定性问题,因此得到了推广应用。我国葛洲坝—上海、三峡—常州等异地输电都采用了高压直流输电方式,它的关键技术是高电压大功率整流和逆变技术。目前,采用晶闸管的高压直流输电系统已实现数字化控制,这就大大提高了装置的可靠性和自动化程度。

**3. 无功功率补偿装置和电力有源滤波器**

在配电系统中的应用,随着非线性负荷的大量使用,电网电能质量有所下降,无功功率补偿装置可以提高电网的利用率,有源电力滤波器可用于吸收电网谐波以提高电网的电能质量。有源电力滤波器具有动态响应快、补偿特性不受电网阻抗影响等优点,目前已得到实际应用。并联混合式电能质量调节器结合了有源电力滤波器和传统无功功率补偿装置的优点,在抑制电网谐波和补偿无功功率方面有着良好的应用前景。

**4. 电力开关**

大功率晶闸管常常作为电力开关控制电气设备,如晶闸管控制电容器组的投切来补偿无功功率等。

### 1.3.4 其他领域

**1. 汽车电子领域**

汽车工业领域已成为电能变换应用技术的主要增长点。电力电子在新一代汽车上主要应用于以下方面:用电力电子开关器件替代传统的机械开关和继电器;用电力电子控制系统对车上负载进行精密控制;利用电力电子技术改造原有的 12V 电源系统,使之成为多电压系统;使用适合电力电子控制的、更先进的驱动电机。从小功率的车窗、座椅控制,到大功率电传动系统,都蕴涵着电力电子技术的最新成就。另外,电子点火器、电压调节器、电机驱动控制和音响系统是当前最普遍的应用。

2. 绿色照明领域

照明是人类文明的永恒需求。我国在照明方面的耗电量占全国总发电量的 12%,很有节能的潜力。随着电力电子变频技术的发展成熟,电能变换应用技术在绿色照明中开始占有重要的一席之地。荧光灯用的电子整流器和霓虹灯专用电子变压器是新型照明电路的典型代表,它们采用高频化设计,电感体积大大缩小,消除了工频噪声和频闪现象,减少了耗能部件,提高了功率因数,具有较好的节能效果。同时能提供更好的性能、更高的亮度,并使灯管的实际工作寿命延长。

3. 新能源开发领域

在世界石油、煤炭等化石能源日益紧缺的今天,低耗高效和寻找开发新能源是根本出路,因而,可再生能源以及燃料电池受到世界各国的高度重视。可再生能源是指可自行再生的能源,如日光能、风能、潮汐能、地热能以及生物废料能等。从燃料电池、微燃气轮机、风能、太阳能和潮汐能等新能源中得到的一次电能,难以直接被标准的电气负载使用。所以,将其高效而经济地转换为民生用电,已成为先进科技国家兼顾环保和发电的重要产业政策。电力电子是解决能源问题的关键技术,它在新能源的开发、转换、输送、储存和利用等各方面发挥着重要作用,如太阳能光伏发电。太阳能电池板获得的原始直流电压是与太阳光强度等因素有关的,它需要通过一个 DC/DC 变换器来稳定直流电压,再通过 DC/AC 变换器变为所要求的交流电,或直接供负载使用,或将电能馈入市电。

# 1.4　电能变换应用技术的发展方向及前景

## 1.4.1　电能变换应用技术的发展方向

为了电力电子元器件更加实用、高效、可靠地应用到电能变换电路系统中,电能变换应用技术的发展方向大致有以下六个方面。

1. 集成化

电力电子电路的集成化正在迅猛发展。一是专用芯片的集成。电力电子系统不同的应用不仅需不同电路拓扑,也需不同的控制电路。把不同功能的控制单元集成在一个芯片中,构成具有特殊控制功能的专用集成芯片,既减小了控制电路的体积,又大大提高了控制电路的可靠性。二是有源器件的封装集成。通过改变器件内部连线方式,把有关控制和保护功能封装进去,以减小器件内部连线电感、减小器件封装热阻、提高内部连接可靠性、增加器件功能。三是无源元件的集成。通过把磁性元件(电感或变压器)集成,或者把电感和电容集成,目的是为了减小构成电力电子装置的元器件个数,提高系统可靠性,同时能有效利用电感和电容的分布参数。四是系统集成。在功率稍低的应用中,已经可以把控制、驱动、保护和电力电子主电路集成在一起,构成一个完整的系统。

由于技术的进步,损耗功率的降低和散热性能的改善,器件与系统的集成功率等级也在逐步提高。

**2. 模组化**

模组化是功能单元模块组件化的简称。在功率等级较高,由于散热等原因,系统集成难以实现时,模组化是一条发展道路。一是开关器件模块化。从一个开关器件功能构成一个模块封装,发展到多个开关器件构成模块封装,再发展到一个系统的开关器件(如三相逆变桥臂的六个器件)构成模块封装,以减小体积和提高可靠性。二是开关器件模块和散热器组合在一起,配上必要的附件,构成一个模块组件,减小从器件到散热介质之间的热阻。三是把功能单元的器件模块(如变换器桥臂)与驱动、保护和散热器等组合在一起成为一个完整的整体功能单元组件,既能方便地与其他功能组件构成一个系统,又方便该系统的部件安装和更换。

**3. 智能化**

传感器、数字芯片、通信和网络等技术的发展,给电力电子开关器件注入了新的活力。开关器件中植入传感器、数字芯片等,并通过通信和网络的手段,其功能不断扩大。单元器件或模块不但具有开关功能,还有控制、驱动、检测、通信、故障自诊断,甚至工作状态判定等功能。随着集成工艺的提高和突破,有的器件还具有放大、调制、振荡及逻辑运算的功能,使用范围大大拓宽,线路结构更加简化。

**4. 高频化**

一般情况下,电力电子装置中的磁性元件和电容器约占 1/3 体积和 1/3 以上的重量。装置的器件高频工作,可以大大减小装置中储能元件的容量,从而减小体积和减轻装置重量。目前高频化的办法,一是改进器件的结构和材料,提高开关器件的开关速度和降低开关器件的导通压降;二是改进电路拓扑和控制方式,采用更加有效的软开关技术;三是从系统角度改变各单元结构和接线,采用多重化技术,提高电力电子系统输入和输出端的谐波频率,改善电能质量。

**5. 不断提高装置效率**

电力电子装置如果提高效率,不仅有利于节约能源,而且有利于减小电力电子装置本身的体积和重量。提高效率的方式,主要有两种:一种是电路选择和控制技术;另一种是提升器件的性能。在低电压大电流的变换器中,采用同步整流技术可降低整流电路中器件的通态损耗。在高频变换器中采用软开关技术,有利于降低器件的开关损耗。碳化硅(SiC)材料器件是开关器件发展的一个方向。美国戴姆勒—克莱斯勒公司的试验结果表明,用 SiC 二极管取代 IGBT 模块中现有的硅(Si)材料反并联二极管后,开关模块的开通损耗只有取代前的 1/3,关断损耗只有取代前的 1/5。因此,提升器件的技术是高效化最有力的途径。

**6. 不断拓展电压应用范围**

电力电子应用技术一方面不断向更低电压领域应用拓展,另一方面向更高电压领域拓展。

为了节约电能、减小静态功耗,现在的发展趋势是给集成电路供电的电压不断降低。集成电路的电源电压,曾经是 18V、15V、12V、5V 等占主流,这些年是 5V、3.3V、1.8V、1.5V 占主流。近几年正在大力开发 1.2V,甚至是 0.8V 电压的电源。0.8V/30A 的电源已经实用化。

10

电力电子器件能用的电压等级与工业应用中需要的电压等级相比还很小,限制了电力电子的用途。目前的开关器件电压等级,半控开关器件晶闸管才到 8000V,而全控开关器件 IGBT 只有 6500V。电力电子技术在电力系统领域应用的突出问题是开关器件的电压等级不够高。为了开关器件能在电力系统等高电压场合的应用,一种途径是在拓扑电路方面进行探索,如采用串联技术、多电平技术等;另一种途径是在器件耐压本身方面进行探索,如采用新结构或新材料等。

## 1.4.2 电能变换装置的研究前景

国民经济的发展对电力电子装置在体积、容量、效率、功率因数及其对电网谐波干扰等方面提出了更高的要求,预示着 21 世纪电力电子技术将在下述研究热点取得重大突破。

1. 交流变频调速

中、小容量变频器将加快其智能化和集成化进展,可望实现变频逆变器的单片功率集成;大容量交—交变频调速将被 IGBT、GTO 交—直—交变频器取代;多电平逆变器将成为高电压电机调速的主流。

2. 绿色电力电子装置

一般称具有高功率因数和低谐波的电力电子装置为绿色电力电子装置。

1992 年,美国环保署制定了能源之星标准方案,将提高电源的效率作为绿色化的一个重点,得到了世界多数国家的认同。因此,电源系统的绿色化有两层含义:首先是节电;其次,电源要减少对电网及其他电器设备所产生的污染。各种功率因数补偿及零电压或零电流开关等技术的研究,为各种绿色电源产品奠定了基础。

近几年来,减小开关电源空载时的待机功耗已成为重要议题,美国、欧盟等很多国家和地区都提出待机功耗的要求,15W 以下的开关电源要求待机功耗应小于 0.3W,75W 以下开关电源待机功耗应小于 0.75W,所有大于 70W 的开关电源都应有功率因数校正装置。

3. 电动车

电动车是一种高效清洁的环保型城市交通工具,它将给电力电子技术带来巨大的市场。电动车的推广不仅要求研究先进的电机及先进的驱动电源,还需要研究先进的电机控制方法,电动车的兴起还会带动充电装置等专用电力电子设备的发展。

4. 新能源发电

可再生能源的应用有利于社会的可持续发展,太阳能、风能、燃料电池、潮汐发电等新能源发电是世界性研究热点,尤其是太阳能发电,备受各国重视。太阳能发电可利用电网蓄能并调节用电,即白天向电网送电,晚间由电网供电,而连接太阳能电池与电网的则是高效的逆变电源装置。

5. 信息电源

当今信息产业的发展是有目共睹的,微电子对电源有其独特的要求,例如通信系统中大量的 DC/DC 低压电源,计算机用 1V、100A 的低压大电流快响应电源等。这些都对功率半导体器件及电力电子技术提出了特殊要求,成为电力电子研究的新方向。

现代电力电子技术是信息产业和传统产业之间的重要接口,电力电子技术的发展,对加速发展我国的科学技术和国民经济必将产生积极影响。

电能变换应用技术是理论和实际紧密结合的专业课程,为电气工程及其自动化、自动化、电子信息工程专业学生打下相关设计和研究的基础。要求学生在学好电力电子技术、计算机原理、自动控制理论、电子技术基础等理论课程的基础上,掌握各类电能变换装置及系统的工作原理、设计思想和基本应用,具备初步的设计能力和运用能力。

# 第2章　电力电子器件的应用技术

电力电子技术是实用性很强的工程技术。如何应用好电力电子器件,就成为电能变换技术中非常重要的问题。

针对大家在对各种电力电子器件的结构、工作原理、基本特性和主要参数有所掌握的基础上,下面对电力电子器件应用于电路中所需要面对的一些共性问题进行介绍,从而使读者初步掌握正确应用电力电子器件的基本思路和方法。

## 2.1　电力电子器件的性能与选择

目前,电力电子器件往往主要指采用硅半导体材料的电力半导体器件。

电力电子器件一般工作在开关状态;所能处理的电压电流较大(处理的电功率可以从毫瓦级到兆瓦级);功率损耗和散热问题是影响其处理功率能力的重要问题;一般需要驱动和隔离;还应特别注重对器件的保护。

按照电力电子器件被控制信号的受控程度,可将电力电子器件分为三类:半控型器件,如晶闸管及其大部分派生器件;全控型器件,也称自关断器件,IGBT、电力场效应晶体管(电力 MOSFET)、GTO 等;不可控器件,如电力二极管、快速恢复型二极管等。

按照驱动电路控制信号的性质,又可将电力电子器件(电力二极管除外)分为电流驱动型和电压驱动型两类。其中电压驱动型器件又称为场控器件或者场效应器件。按照其内部电子和空穴两种载流子参与导电的情况,电力电子器件分为单极型器件、双极型器件和复合型器件三类。

为便于对器件外特性的理解,在实际应用中一般采用第一种分类方法,即将器件分为不可控性器件、半控型器件和全控型器件。

正确选择和使用电力电子器件是保证电能变换装置成功设计和可靠运行(工作)的关键,正确理解电力电子器件的参数和性能是合理选择和使用元件的基础。一个器件在装置中的实际效能取决于两方面的因素:一是制作工艺(参数设计、材料性质、工艺水平和散热能力);二是运行条件(电路特点、工作频率、环境温度和冷却条件)。后一个因素与元件的选择和使用有关。由于变换装置的运行条件千差万别,制造厂家只能根据典型的标准条件进行测试,因此使用者必须了解实际运行条件与标准测试条件的差别,以及这些差别对元件性能产生的影响,这样才能合理地选择和使用元件,使它们在装置中最大限度地发挥效能。

在选择和使用电力电子器件时,要掌握器件的主要性能参数,包括静态参数和动态参数、极限参数和特性参数、电气参数和热力参数等。需要注意的是,各国、各厂家对各种电力电子器件型号的命名方法是有所不同的,一定要区别对待。

以下从使用者的角度着重分析电力电子器件对电路稳定可靠运行影响最直接的一些

性能参数。

## 2.1.1 电力二极管

二极管具有单向导电性,是电子电气线路中运用极为广泛的一种电子元件。应用在强电领域中的二极管,一般具有大容量、耐高压、大电流的特点,称为电力二极管。在工业应用中,三相桥式全控整流电路、三相桥式半控整流电路等都是由电力二极管和晶闸管组成的典型电路,特别是快速恢复二极管和肖特基二极管,分别在中、高频整流和逆变,以及低压高频整流的场合占据了不可替代的地位,是电力电子变流器主电路中不可缺少的元器件。

**1. 电力二极管的主要参数**

(1)通态平均电流 $I_{F(AV)}$ 是二极管参数手册上给出的标称额定电流。它指二极管持续运行时,在指定的管壳温度(简称壳温)和散热条件下,其允许流过的最大工频正弦半波电流的平均值。元件的损耗造成元件的结温升高,因此器件的载流能力受其电流的热效应所限制。而决定发热的因素是电流的有效值,因此按照工作中实际波形的电流与通态平均电流热效应相等的原则,即有效值相等的原则,来选取管子的额定电流,其产生的结温为元件所允许。通过换算,并考虑 1.5 倍～2 倍的裕量,可得二极管的额定电流选取值为

$$I_{F(AV)} = (1.5 \sim 2)\frac{I}{\pi/2} = (1.5 \sim 2)\frac{I}{1.57}(\text{A}) \qquad (2-1)$$

式中:$I$ 为通过二极管电流的有效值;$I_{F(AV)}$ 为换算后的二极管标称额定平均电流。

在频率较高的场合,除正向通态电流造成的通态损耗外,其动态开关损耗往往不能忽略;当采用反向漏电流较大的二极管时,其断态损耗造成的发热效应同样应予重视。

(2)正向压降 $U_F$ 是指在指定温度下,流过某一指定的稳定正向电流时对应的正向电压,一般在 1V 左右。有时也给出在指定的温度下流过某一瞬态正向大电流时电力二极管的最大瞬时正向压降。

(3)反向重复峰值电压 $U_{RRM}$ 是指对电力二极管所能重复施加的反向最高峰值电压。通常为其雪崩击穿电压 $U_b$ 的 2/3。使用时,往往按照电路中电力二极管可能承受的反向最高峰值电压的 2 倍来选定二极管的额定电压。

(4)最高工作温度 $T_{JM}$ 是指在 PN 结不致损坏的前提下,所能承受的最高平均温度。$T_{JM}$ 通常在 125℃～175℃ 范围之内。

(5)反向恢复时间 $t_{rr}$ 普通电力二极管的反向恢复时间 $t_{rr}$ 在 5μs 以上,快恢复二极管在 5μs 以下。常用的快恢复二极管的反向恢复时间为数十纳秒至数百纳秒。$t_{rr}$ 对于电力二极管的开关特性及开关频率而言是一个至关重要的参数。

(6)浪涌电流 $I_{FSM}$ 是指电力二极管所能承受的最大的、连续一个或几个工频周期的过电流。浪涌电流是描述电力二极管耐电流冲击能力的一个参数。

**2. 常用电力二极管**

常用电力二极管,按照半导体物理结构和工艺的差别(即正向压降、反向压降、反向漏电流),特别是反向恢复特性的不同,可分成如下三类。

(1)普通二极管,又称为整流二极管,多用于低工作开关频率(1kHz 以下)的整流电

路中。反向恢复时间较长,一般在5μs以上,其正向额定电流和反向额定电压分别可达数千安和数千伏以上。

(2)快恢复二极管,其反向恢复过程很短,$t_{rr} < 5μs$,简称快速二极管。

超快速反向二极管的反向恢复时间可低于50ns,但其反向额定电压和正向额定电流要低于普通二极管。

(3)肖特基二极管是以金属和半导体接触形成的势垒为基础而形成的,它与以PN结为基础的电力二极管相比,优点是反向恢复时间短(10ns ~ 40ns)、正向压降小、正向恢复过程中没有明显的电压过冲,且其开关损耗和正向导通损耗比快速二极管更小,效率高;其弱点是反向耐压较低。因此多用于200V以下的低压场合,当其所能承受的的反向耐压较高时,其正向压降也会较高;反向漏电流较大且对 温度敏感,反向稳态压降不能忽略,因此必须严格地限制其工作温度。

### 2.1.2 晶闸管

晶闸管又称可控硅(SCR),属于半控型器件。在电力电子器件中,它能承受的电压和电流量仍然是目前最高的,且工作可靠,因此在大容量的应用场合占有重要的地位。除普通晶闸管外,还有很多派生型,如快恢复型晶闸管、双向晶闸管、逆导晶闸管、光控晶闸管等。

晶闸管的性能参数很多,但扼要的包括断态下的阻断能力和通态下的载流能力、开通过程的速度和电流上升率、关断过程的速度和电压上升率。

1. 晶闸管的性能参数

1)晶闸管的阻断能力

晶闸管的正、反向阻断能力分别用断态重复峰值电压 $U_{DRM}$ 和反向重复峰值电压 $U_{RRM}$ 表示,规定断态重复峰值电压 $U_{DRM}$ 和反向重复峰值电压 $U_{RRM}$ 分别为断态不重复峰值电压(即断态最大瞬时电压)$U_{DSM}$ 和反向不重复峰值电压 $U_{RSM}$ 的90%。

通常取晶闸管的 $U_{DRM}$ 和 $U_{RRM}$ 中较小者作为该器件的额定电压。选取额定电压时,要留有裕量,一般取额定电压为正常工作时间晶闸管所承受峰值电压的2倍 ~ 3倍。

2)晶闸管的载流能力

晶闸管的载流能力用通态平均电流 $I_{T(AV)}$ 表示。国标规定,通态平均电流为晶闸管在环境温度为40℃和规定的冷却状态下,稳定结温不超过额定结温时所允许流过的最大工频正弦半波电流的平均值。

晶闸管的标称额定电流就是指其通态平均电流 $I_{T(AV)}$,其定义和元件额定电流的计算和选择与电力二极管相同,见式(2-1),不再赘述。

3)开通过程的速度和电流上升率

表征晶闸管开通性能的重要参数是开通时间 $t_{gt}(t_{gt} = t_d + t_r)$。其中,$t_d$ 为晶闸管导通的延迟时间,普通晶闸管一般为 0.5μs ~ 1.5μs;$t_r$ 为晶闸管电流的上升(对应电压下降)时间,普通晶闸管一般为 0.5μs ~ 3μs。开通时间是衡量元件进入导通状态速度快慢的一项动态参数。

通态电流临界上升率 $di/dt$ 是衡量开通性能的另一项动态参数。过高的电流上升率将使元件局部瞬时结温超过其允许值,元件将因此过热烧损。为了保证元件的安全开通,必须限制导通初期的载流强度,即限制电流上升率 $di/dt$。

4)关断过程的速度和电压上升率

晶闸管必须借助阳极电路实现关断,表征晶闸管关断性能的重要参数是关断时间 $t_q(t_q = t_{rr} + t_{gr})$。其中 $t_{rr}$ 为晶闸管反向阻断恢复时间,是正向电流降为零到反向恢复电流衰减至接近于零的时间;$t_{gr}$ 为正向阻断恢复时间,指从其反向恢复过程结束到其恢复正向阻断能力所需要的时间。$t_q$ 是衡量元件关断速度的一项动态参数,一般普通晶闸管的 $t_q$ 约为几百微秒。

断态电压临界上升率 $du/dt$ 指在额定结温和门极开路的情况下,不导致晶闸管从断态转为通态的外加电压最大上升率。电压上升率过大,易导致晶闸管误导通,在实际中应限制断态电压上升率高于此临界值。

5)强触发方式对元件开通时间的影响

门极触发电流 $I_{GT}$ 是指室温下阳极加直流电压 $U_{AK} = 6V$ 时,使晶闸管由断态转入通态所必需的最小门极电流,通常 $I_{GT}$ 在数十毫安至数百毫安;门极触发电压 $U_{GT}$ 指产生 $I_{GT}$ 所需要的最小门极电压。由于门极特性的差异,同一厂家的同型号晶闸管,其触发特性的差异可能很大,为此,厂家规定了最大和最小触发电流、电压的范围。例如,100A 晶闸管,其触发电压、电流分别在 0.15V/1mA ~ 3.5V/250mA 的范围内,门极正向脉冲极限峰值电压不允许超过 10V,反向脉冲极限峰值电压不允许超过 5V,正向脉冲极限峰值电流不能超过 2A。

凡按厂家提供的触发电流和触发电压进行触发的方式称为常规触发。强触发是指向门极注入比常规值大得多的电流,其优点是能够明显地改善元件的开通性能。在元件的串并联技术中,采用强触发可以减小元件的开通时间 $t_{gt}$,从而相应地降低了元件开通时间的分散性。

2. 晶闸管的基本应用

鉴于晶闸管变流器易于实现大容量和高可靠性的特点,使其在整流领域中具有独特的优势而占有霸主地位。目前数千伏、数十千伏的元件在整流电路中得到广泛应用。其他在频率不高的逆变装置(如晶闸管中频电源)以及 AC/AC 直接变频装置中获得应用。把晶闸管反并联或采用双向晶闸管串入交流电路中,就成为交流电力电子开关,可以实现交流调压和交流调功。交流调压电路通过晶闸管的相位控制来实现调压,交流调功电路通过通、断控制来调节负载的平均功率。

在直流电源供电的 DC/DC、DC/AC 变换电路中,晶闸管需采用强迫换相或谐振电路换相,使关断电路变得十分复杂,且开关频率不宜太高(一般只用到几百赫)。随着全控型器件的迅速发展,晶闸管在这方面的应用已逐渐被全控型器件所取代。

## 2.1.3 门极关断晶闸管

门极可关断晶闸管(GTO)是晶闸管的一种派生器件,因可以通过在门极施加负脉冲电流而使其关断而得名。GTO 用正脉冲电流触发开通,负脉冲电流触发而关断,因此属全控型器件。GTO 的许多性能虽然与后续描述的绝缘栅极晶体管、电力场效应晶体管相比要差,但其电压、电流容量较大,因而在兆瓦级以上的大功率场合仍有应用。

1. GTO 的主要参数

1）最大可关断阳极电流 $I_{ATO}$

$I_{ATO}$ 是指通过 GTO 的最大阳极电流，它是标称 GTO 额定电流的参数，这一点与普通晶闸管用通态平均电流作为额定电流是不同的。

2）电流关断增益 $\beta_{off}$

最大可关断阳极电流 $I_{ATO}$ 与门极负脉冲电流最大值 $I_{GM}$ 之比称为电流关断增益，即

$$\beta_{off} = \frac{I_{ATO}}{I_{GM}} \tag{2-2}$$

式中：$I_{GM}$ 指门极负向电流，$\beta_{off}$ 一般很小，只有 5 左右。GTO 是一种电流驱动型全控器件，要求其门极驱动负电流峰值如此大是 GTO 的一个主要缺点。例如一个 1000A 的 GTO，关断时门极负脉冲电流的峰值要 200A，对于驱动电路来说这是一个相当大的数值，实现起来有一定的难度，当然其作用时间很短。

3）GTO 开通时间 $t_{on}$

GTO 的开通过程经过延迟时间 $t_d$ 和上升时间 $t_r$，即 $t_{on} = t_d + t_r$，延迟时间 $t_d$ 一般为 $1\mu s \sim 2\mu s$，上升时间 $t_r$ 随通态阳极电流值的增大而增大，通常开通时间为数微秒。

4）GTO 关断时间 $t_{off}$

$t_{off} = t_s + t_f + t_t$，GTO 关断需要在门极加幅值较大的负脉冲电流 $-i_G$。关断过程经历储存时间 $t_s$，在这个时间内抽取等效晶体管饱和导通时储存的大量载流子使 GTO 退出饱和导通状态；再经过下降时间 $t_f$，使等效晶体管从饱和区退至放大区；最后还有残存载流子复合所需时间，称为尾部时间 $t_t$，且有 $t_f < t_s < t_t$。通常 $t_{off}$ 比 $t_{on}$ 长许多，为十几微秒至数十微秒。

2. GTO 的基本应用

GTO 与 SCR 都属于大容量器件。6kA/6kV 的 GTO 器件已实用化，并因其开关速度远高于 SCR，主要应用于兆瓦级以上的大功率场合。在大功率的 DC/AC 逆变器中，一般将 GTO 制造成逆导型，即与快速电力二极管反并联集成于一体，便于续流。但这样的连接不具备反向阻断能力，当需要承受反向电压时，应和电力二极管串联使用。GTO 有关断增益小、门极关断负脉冲电流大、驱动困难、通态压降较大等主要缺点。

## 2.1.4 电力场效应晶体管

电力 MOSFET（MOSFET）是用栅极电压来控制电流的，它驱动电路简单、所需驱动功率小、开关速度快、工作频率高。但是电力 MOSFET 电流容量小、耐压低，一般只适用于功率不超过 10kW 的电力电子装置中。

MOSFET 按导电沟道可分为 P 沟道和 N 沟道。对于 N（P）沟道器件，栅极电压大于（小于）零时才存在导电沟道的称为增强型。在电力 MOSFET 中，主要是 N 沟道。小功率 MOS 管是一次扩散形成的器件，其导电沟道平行于芯片表面，是横向导电器件。而目前电力 MOSFET 大都采用具有垂直导电双扩散 MOS 结构的 VD – MOSFET，简称 VDMOS 器件。这种工艺结构大大提高了 MOSFET 器件的耐压和耐流能力。电力 MOSFET 大多是 N 沟道增强型 VDMOS。

1. 电力 MOSFET 的主要特征

(1) 由于本身结构所致，在其漏极和源极之间形成了一个与之反向并联的寄生二极管，它与 MOSFET 构成了一个不可分割的整体，使得漏源级间无反向阻断能力。因此，使用电力 MOSFET 时应注意寄生二极管的影响。

(2) 属于单极型器件，是通过电场效应形成反型层导电沟道的，这正是 MOSFET 开关频率高的根本原因，其开关时间为 10ns ~ 100ns，工作频率可达 100kHz 以上，是目前工作频率最高的电力电子器件。

(3) 通态电阻具有正温度系数，这一点对器件并联时均流有利。电力 MOSFET 的热稳定性也较好。在实际应用中，为了增大电力 MOSFET 的电流容量，往往采用多只管子并联的方法。

(4) 开关时间的长短主要取决于栅极输入电容 $C_{in}$ 充放电过程的快慢，一般靠尽量降低栅极驱动电路的内阻 $R_S$ 来减小栅极回路的充放电时间常数（即 $R_S C_{in}$），以加快管子的开关速度。

(5) 属场控器件，在静态时几乎不需要输入电流。但是，在开关工作中因需要对输入电容充放电，故仍需要一定的驱动功率。开关频率越高，所需的驱动功率越大。

(6) 电力 MOSFET 的缺点是漏源之间通态压降较大，并且通态压降随漏极电流的增大而增大比较明显；其耐压也偏低，一般只有几百伏。

2. 电力 MOSFET 的主要参数

1）漏极电压 $U_{DS}$

这是标称电力 MOSFET 额定电压的参数。

2）漏极直流电流 $I_D$ 和漏极脉冲电流幅值 $I_{DM}$

这是标称电力 MOSFET 额定电流的参数。

3）栅源电压 $U_{DS}$

栅源极之间的绝缘层很薄，$|U_{GS}| > 20V$ 将导致电场过强，会使绝缘层击穿。所以，在不使用时应将器件栅源极间短接，以防止静电感应导致绝缘层击穿。

漏源极间的耐压、漏极最大允许电流、最大耗散功率这三个参数决定了电力 MOSFET 的安全工作区。一般来说，电力 MOSFET 不存在二次击穿问题，这是它的一大优点。在实际应用中，选择器件仍需要留适当的裕量。

由于电力 MOSFET 电压、电流的小容量和高工作频率的特点，它广泛应用在 DC/DC 的开关电源和 DC/AC 的小功率、低电压逆变器电路中。

## 2.1.5 绝缘栅双极晶体管

绝缘栅双极晶体管（IGBT）综合了大功率晶体管 GTR 和电力 MOSFET 的优点，具有良好的特性。从 1986 年开始投放市场，IGBT 就迅速扩展了其应用领域，目前，已完全取代了原来的 GTR 和一部分电力 MOSFET 的市场，成为中小功率电力电子设备的主导器件，并在继续努力提高电压和电流等级，以期再取代 GTO 的地位。

PNP 晶体管与 N 沟道 MOSFET 组合而成的 IGBT 称为 N 沟道 IGBT。N 沟道 IGBT 在实际中应用较多。

## 1. IGBT 的主要性能参数

### 1）开启电压 $U_{GE(th)}$

IGBT 能实现电导调制而导通的最低栅射电压。$U_{GE(th)}$ 随温度升高而略有降低,温度每升高 1℃,其值下降约 5mV,在 25℃ 时,$U_{GE}$ 的值一般为 2V ~ 6V。当 $U_{GE} > U_{GE(th)}$ 时,IGBT 正常开通处于饱和区;当 $U_{GE} < 0$ 时,IGBT 为反向阻断工作状态。由于 IGBT 中双极型 PNP 晶体管的存在,虽然带来了电导调制效应的好处,但也引入了少子储存的现象,因而 IGBT 的开关速度要低于电力 MOSFET。

### 2）最大 集射极间电压 $U_{CES}$

IGBT 的额定电压标称值。

### 3）最大集电极电流 $I_C$

IGBT 的额定电流标称值,或用 1ms 脉宽最大电流 $I_{CP}$ 表征。

### 4）最大集电极功耗 $P_{CM}$

在正常工作温度下允许的最大耗散功率。

### 5）IGBT 的擎住自锁效应

由于某种原因,IGBT 的栅极失去了对集电极电流的控制作用,导致集电极电流急剧增大,造成期间功耗过高而损坏。引发擎住效应的原因,可能是集电极电流过大(静态擎住效应),也可能是 $du_{CE}/dt$ 过大(动态擎住效应),温度升高也会加重发生擎住效应的危险。擎住效应曾经是限制 IGBT 电流容量进一步提高的主要原因之一,自 20 世纪 90 年代后期,这个问题已得到了极大的改善,促进了研究和制造水平的迅速提高。

## 2. IGBT 的主要特点

(1) IGBT 开关速度高,开关损耗小。IGBT 的开关频率比 GTO 要高得多,但比电力 MOSFET 低一些,一般为几千赫至几十千赫。它的开关损耗与电力 MOSFET 相当。

(2) 通态压降比电力 MOSFET 低,特别是在电流较大的区域。

(3) 输入阻抗高,驱动电流小,驱动电路简单。

(4) 电压、电流容量比电力 MOSFET 高得多。

(5) IGBT 在相同电压和电流额定情况下,比 GTR 和电力 MOSFET 具有耐脉冲电流冲击的能力,但不如 SCR 和 GTO 之类器件。

为了满足实际电路应用的要求,IGBT 往往与反并联的快速二极管集成封装在一起,构成逆导开关器件,并制成 IGBT 功率模板。IGBT 主要应用于中小功率的 DC/AC 逆变器中,随着其电压、电流等级的逐步提高,也逐步向大功率逆变器领域发展。

# 2.1.6 功率模块与智能功率模块

## 1. 功率模块

自 20 世纪 80 年代中后期开始,电力电子器件研制和开发的共同趋势是模块化。按照典型电力电子器件所需要的拓扑结构,将多个相同的电力电子器件或多个相互配合使用的不同电力电子器件封装在一个模块中。其优点是:缩小装置的体积,降低成本,提高可靠性,更重要的是对工作频率较高的电路,可以达到减少线路电感,从而简化对吸收或缓冲电路的要求。这种模块称为功率模块(Power module),如 IGBT 模块(IGBT module)。

图 2-1 是电力二极管和晶闸管组成的一些功率模块形式,还有多个晶闸管组成的功率模块,如用于三相桥电路的模块和用于三相交流调压电路的模块,都由 6 个晶闸管组成。图 2-2 为几个 MOSFET 组成的功率模块,或为了构成电路组合起来安装方便,或为了增大器件的容量。

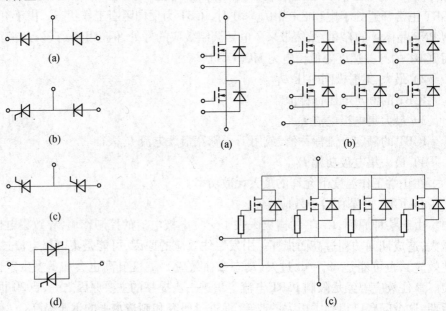

图 2-1　电力二极管和晶闸管模块
(a) 两只二极管串联;(b) 晶闸管与二极管串联;
(c) 两只晶闸管串联;(d) 两只晶闸管反并联。

图 2-2　MOSFET 功率模块
(a) 双开关模块;(b) 三相桥模块。(c) 四个开关并联。

图 2-3 所示模块为由 7 个 IGBT 和 14 个电力二极管组成的三相 AC/DC/AC 变换电路(变频器)功率模块。其集成度已经很高,可以作为小容器变频器的主要电路。$A$、$B$、$C$ 三端引入交流输入电源,$U$、$V$、$W$ 三相输出至交流负载,$L$、$P$、$Q$、$N$ 四端子引出外接体积大而不能装在模块内的电路元件。例如,$P$、$N$ 两端或 $L$、$N$ 两端外接滤波电容 $C$,$L$、$Q$ 两端外接能耗制动电阻 $R$,$P$、$L$ 两端外接三相桥的输入电路开关或熔断器等元件。

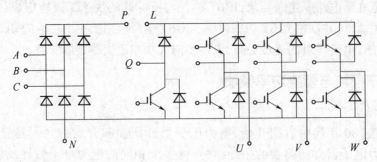

图 2-3　三相 AC/DC/AC 变换电路(变频器)功率模块

## 2. 智能功率模块

更进一步,如果将电力电子器件与逻辑、控制、保护、传感、检测、自诊等信息电子电路制作在同一芯片上,则称为功率集成电路(PIC)。高低压电路之间的绝缘问题,以及温升和散热的有效处理,是功率集成电路的主要技术难点。

智能功率模块(IPM)则是在一定程度上回避了这两个难点,只将保护和驱动电路与IGBT器件集成在一起,也称智能IGBT(Intelligent IGBT),这些年来获得了迅速发展,在中小功率有广泛的应用场合,在个别较大功率场合也有一定的应用。

IPM是先进的混合集成功率器件,由高速、低耗的IGBT芯片和优化的门极驱动级保护电路构成。由于采用了能连续监控功率器件电流的、有电流传感功能的IGBT芯片,从而实现了高效的过流保护和短路保护。IPM还集成了过热和欠压保护电路,系统的可靠性得到了进一步提高。日本三菱电机于1991年首次推出系列IPM,至今已发展到了第三代。图2-4是IPM的电路结构。

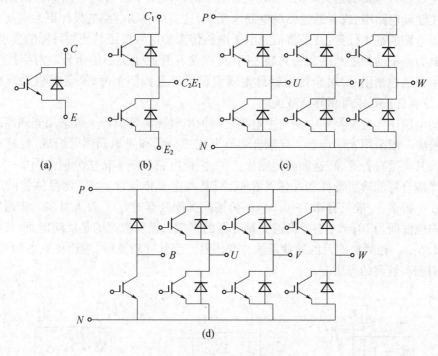

图2-4 IPM的电路结构
(a) 单管封装;(b) 双管封装;(c) 六合一封装;(d) 七合一封装。

设计和开发IPM产品的主导思想是为应用装置的生产厂家降低在设计、开发和制造上的成本。与普通IGBT相比,在系统性能和可靠性上有进一步的提高,使设计和开发变得简单。由于IPM集成了驱动和保护电路,使用户产品设计变得相对容易,缩短产品上市的时间。由于IPM通态损耗和开关损耗都比较低,使得散热器减小,因而系统尺寸也减小。所有的IPM均采用同样的标准化与逻辑电平控制电路相连的栅极接口,在产品序列扩充时,不需要另行设计驱动电路。IPM在故障情况下的自保护能力,减少了器件在开发测试和使用中过载情况下的损坏机会。

IPM有精良的内置保护电路以避免因电路相互干扰或承受过应力而使功率器件损坏。所设置的故障检测和关断功能允许最大限度地利用功率器件而不牺牲其可靠性。主要的保护环节：①控制电压欠压锁定（UV）；②过热保护（OT）；③过电流保护（OC）；④短路保护（SC）。

## 2.2　电力电子器件的驱动

### 2.2.1　电力电子器件驱动电路概述

电力电子器件的驱动电路是电力电子主电路与控制电路之间的接口，是电力电子装置的重要环节，对整个装置的性能有很大的影响。采用性能良好的驱动电路，可使电力电子器件工作在较理想的的开关状态，缩短开关时间，减小开关损耗，对装置运行效率、可靠性和安全性都有重要的意义。另外，对电力电子器件或整个装置的一些保护措施也往往就近设在驱动电路中，或者通过驱动电路来实现，这使得驱动电路的设计更为重要。

驱动电路的基本任务：就是将信息电子电路传来的信号按照其控制目标的要求，转换为加在电力电子器件控制端和公共端之间，可以使其开通或关断的信号。对半控型器件只需提供开通控制信号，对全控型器件则既要提供开通控制信号，又要提供关断控制信号，以保证器件按要求可靠导通或关断。

驱动电路还要提供控制电路与主电路之间的电气隔离环节。一般采用光隔离或磁隔离。光隔离一般采用光耦合器。光耦合器有发光二极管和光敏晶体管组成，封装在一个外壳内。其类型有普通、高速和高传输比三种，内部电路和基本接法分别如图2-5所示。普通型光耦合器的输出特性和晶体管相似，只是其电流传输比 $I_C/I_D$ 比晶体管的电流放大倍数 $\beta$ 小得多，一般只有 0.1~0.3。高传输比光耦合器的 $I_C/I_D$ 要大得多。普通型光耦合器的响应时间为 $10\mu s$ 左右。高速光耦合器的光敏二极管流过的是反向电流，其响应时间小于 $1.5\mu s$。磁隔离的元件通常是脉冲变压器。当脉冲较宽时，为避免铁芯饱和，常采用高频调制和解调的方法。

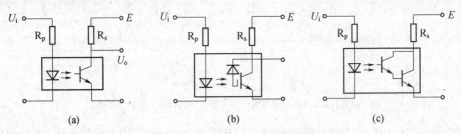

图 2-5　光耦合器的类型及接法

(a) 普通型；(b) 高速型；(c) 高传输比型。

按照驱动电路加在电力电子器件控制端和公共端之间信号的性质，可以将电力电子器件分为电流驱动型和电压驱动型两类。晶闸管虽然属于电流驱动型器件，但是它是半控型器件，因此下面将单独讨论其驱动电路。晶闸管的驱动电路常称为触发电路。对典型的全控型器件 GTO、GTR、电力 MOSFET 和 IGBT，则将按电流驱动型和电压驱动型分别讨论。

对一般的电力电子器件使用者来讲最好采用由专业厂家或生产电力电子器件的厂家提供的专用驱动电路，其形式可能是集成驱动电路芯片，可能是将多个驱动电路芯片和器件集成在内的带有单排直插引脚的混合集成电路，对于大功率器件来讲还可能是将所有驱动电路都封装在一起的驱动模块。而且为达到参数优化配合,一般应首先选择所用电力电子器件的生产厂家专门为其器件开发的专用驱动电路。电力电子器件目前的发展趋势是采用专用的集成驱动电路。当然,即使是采用成品的专用驱动电路,了解和掌握各种驱动电路的基本结构和工作原理也是很有必要的。

### 2.2.2　晶闸管的触发电路

晶闸管触发电路的作用是产生符合要求的门极触发脉冲,保证晶闸管在需要的时刻由阻断转为导通。广义上讲,晶闸管触发电路往往还包括对其触发时刻进行控制的相位控制电路,但这里专指触发脉冲的放大和输出环节,相位控制电路已在介绍整流电路时讨论。

晶闸管触发电路应满足下列要求。

(1)触发脉冲的宽度应保证晶闸管可靠导通,对感性和反电动势负载的变流器应采用宽脉冲或脉冲列触发,对双反星形带平衡电抗器电路的触发脉冲应宽于30°,三相全控桥式电路应宽于60°或采用相隔60°的双窄脉冲。

(2)触发脉冲应有足够的幅度,对工作温度较低的场合,脉冲电流的幅度应增大为器件最大触发电流的3倍~5倍,脉冲前沿的陡度也需增加,一般需达 $1A/\mu s \sim 2A/\mu s$。

(3)所提供的触发脉冲应不超过晶闸管门极的电压、电流和功率定额,且在门极伏安特性的可靠触发区域之内。

(4)应有良好的抗干扰性能、温度稳定性及与主电路的电气隔离。

理想的触发脉冲电流波形如图2-6所示。

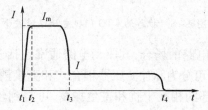

图2-6　理想的晶闸管触发脉冲电流波形

图2-7给出了常见的晶闸管触发电路。它由 $VT_2$、$VT_3$ 构成的脉冲放大环节和脉冲变压器 TM 和附属电路构成的脉冲输出环节两部分组成。当 $VT_2$、$VT_3$ 导通时,通过脉冲变压器向晶闸管的门极和阴极之间输出触发脉冲。$VD_1$ 和 $R_3$ 是为了 $VT_2$、$VT_3$ 由导通变为截止时脉冲变压器 TM 释放其储存的能量而设的。为了获得触发脉冲波形中的强脉冲部分,还需适当附加其他电路环节。

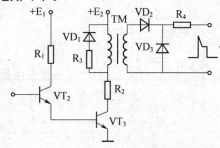

图2-7　常见的晶闸管触发电路

### 2.2.3 典型全控型器件的驱动电路

**1．电流驱动型器件的驱动电路**

GTO 和 GTR 是电流驱动型器件。

GTO 的开通控制与普通晶闸管相似,但对触发脉冲前沿的幅值陡度要求高,且一般需在整个导通期间施加正门极电流。使 GTO 关断需施加负门极电流,对其幅度和陡度的要求更高,幅值需达阳极电流的 1/3 左右,陡度需达 50A/$\mu$s,强负脉冲总宽约 30$\mu$s,负脉冲总宽约 100$\mu$s,关断后还应在门、阴极之间施加约 5V 的负偏压,以提高抗干扰能力。推荐的 GTO 门极电压电流波形如图 2-8 所示。

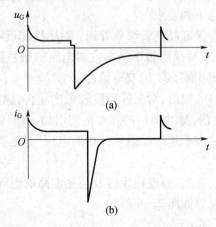

图 2-8 推荐的 GTO 门极电压电流波形

GTO 一般用于大容量电路的场合,其驱动电路通常包括开通驱动电路、关断驱动电路和门极反偏电路三部分,可分为脉冲变压器耦合式和直接耦合式两种类型。直接耦合式驱动电路可避免电路内部的相互干扰和寄生振荡,可得到较陡的脉冲前沿;但其功耗大,效率较低。图 2-9 为典型的直接耦合式 GTO 驱动电路,该电路的电源由高频电源经二极管整流后提供,二极管 VD$_1$ 和电容 C$_1$ 提供 +5V 电压,VD$_2$、VD$_3$、C$_2$、C$_3$ 构成倍压整流电路提供 +15V 电压,VD$_4$ 和电容 C$_4$ 提供 -15V 电压。场效应晶体管 VT$_1$ 开通时,输出正强脉冲;VT$_2$ 开通时,输出正脉冲平顶部分;VT$_2$ 关断而 VT$_3$ 开通时,输出负脉冲;VT$_3$

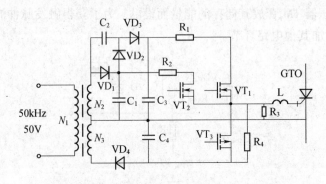

图 2-9 典型的直接耦合式 GTO 驱动电路

关断后,电阻 $R_3$ 和 $R_4$ 提供门极负偏压。

使 GTR 开通的基极驱动电流应使其处于准饱和导通状态,使之不进入放大区和深饱和区。关断 GTR 时,施加一定的负基极电流有利于减小关断时间和关断损耗,关断后同样应在基射极之间施加一定幅值(6V 左右)的负偏压。GTR 驱动电流的前沿上升时间应小于 $1\mu s$,以保证它能快速开通和关断。理想的 GTR 基极驱动电流波形如图 2-10 所示。

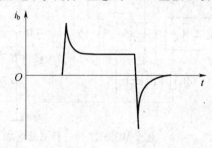

图 2-10　理想的 GTR 基极驱动电流波形

图 2-11 给出了 GTR 的一种驱动电路,包括电气隔离和晶体管放大电路两部分。其中二极管 $VD_2$ 和电位补偿二极管 $VD_3$ 构成贝克箝位电路,也就是一种抗饱和电路,可使 GTR 导通时处于临界饱和状态。当负载较轻时,如果 $VT_5$ 的发射极电流全部注入 VT,会使 VT 过饱和,关断时退饱和时间延长。有了贝克箝位电路之后,当 VT 过饱和使得集电极电位低于基极电位时,$VD_2$ 就会自动导通,使多余的驱动电流流入集电极,维持 $U_{bc} \approx 0$。这样,就使得 VT 导通时始终处于临界饱和。图中,$C_2$ 为加速开通过程的电容。开通时,$R_5$ 被 $C_2$ 短路。这样可以实现驱动电流的过冲,并增加前沿的陡度,加快开通。

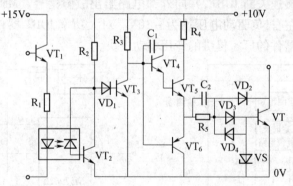

图 2-11　GTR 的一种驱动电路

**2. 电压驱动型器件的驱动电路**

电力 MOSFET 和 IGBT 是电压驱动型器件。电力 MOSFET 的栅源极之间和 IGBT 的栅射极之间都有数千皮法左右的极间电容,为快速建立驱动电压,要求驱动电路具有较小的输出电阻。使电力 MOSFET 开通的栅源极间驱动电压一般取 10V ~ 15V,使 IGBT 开通的栅射极间驱动电压一般取 15V ~ 20V。同样,关断时施加一定幅值的负驱动电压(一般取 -5V ~ -15V)有利于减小关断时间和关断损耗。在栅极串入一只低值电阻(数十欧左右)可以减小寄生振荡,该电阻阻值应随被驱动器件电流额定值的增大而减小。

图 2-12 给出了电力 MOSFET 的一种驱动电路,也包括电气隔离和晶体管放大电路

25

两部分。当无输入信号时,高速放大器 A 输出负电平,$VT_3$ 导通输出负驱动电压。当有输入信号时,A 输出正电平,$VT_2$ 导通输出正驱动电压。

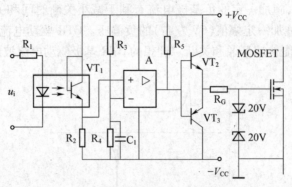

图 2 - 12　电力 MOSFET 的一种驱动电路

常见的专为驱动电力 MOSFET 而设计的集成驱动电路芯片或混合集成电路有很多,三菱公司的 M57918L 就是其中之一,其输入信号电流幅值为 16mA,输出最大脉冲电流为 +2A 和 -3A,输出驱动电压为 +15V 和 -10V。

IGBT 的驱动多采用专用的混合集成驱动器,常用的有三菱公司的 M579 系列( 如 M57962L 和 M57959L ) 和富士公司的 EXB 系列( 如 EXB840、EXB841、EXB850 和 EXB851 )。同一系列的不同型号其引脚和接线基本相同,只是适用被驱动器件的容量和开关频率以及输入电流幅值等参数有所不同。图 2 - 13 给出了 M57962L 型 IGBT 驱动器的原理和接线图。这些混合集成驱动器内部都具有退饱和、检测和保护环节,当发生过电流时能快速响应应但慢速关断 IGBT,并向外部电路给出故障信号。M57962 L 输出的正驱动电压均为 +15V 左右,负驱动电压均为 -10V。对大功率 IGBT 器件来讲,一般采用由专业厂家或生产该器件的厂家提供的专用驱动模块。

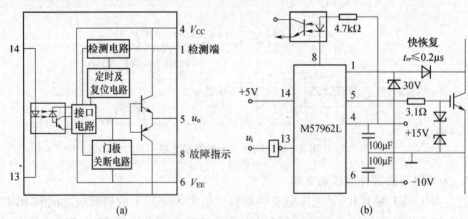

图 2 - 13　M57962L 型 IGBT 驱动器的原理和接线图

## 2.3　电力电子器件的保护

在电力电子电路中,除了电力电子器件参数选择合适、驱动电路设计的良好外,采用合适的过电压保护、过电流保护、$\mathrm{d}u/\mathrm{d}t$ 保护和 $\mathrm{d}i/\mathrm{d}t$ 保护也是必要的。因为保护是电力电子变流器中必不可少的重要环节。强电系统所涉及的能量大,故障率和危害性一般比弱电系统高,所以,强电系统就更应该设置各种保护环节来保障人身安全和设备安全,减小经济损失。

## 2.3.1 过电压的产生及过电压保护

电力电子装置中可能发生的过电压分为外因过电压和内因过电压两类。

1. 过电压产生的原因

1) 外因过电压

外因过电压主要来自雷击和系统中的操作过程等外部原因。

(1) 操作过电压:由分闸、合闸等开关操作引起的过电压,电网侧的操作过电压会由供电变压器电磁感应耦合,或由变压器绕组之间存在的分布电容静电感应耦合过来。

(2) 雷击过电压:由雷击引起的过电压。

2) 内因过电压

内因过电压主要来自电力电子装置内部器件的开关过程。

(1) 换相过电压:由于晶闸管或与全控型器件反并联的二极管在换相结束后不能立刻恢复阻断能力,因而有较大的反向电流流过,使残存的载流子回复,而当恢复了阻断能力时,反向电流急剧减小,这样的电流突变会因线路电感而在晶闸管阴阳极之间或与续流二极管反并联的全控型器件两端产生过电压。

(2) 关断过电压:全控型器件在较高频率下工作,当器件关断时,因正向电流的迅速降低而由线路电感在器件两端感应出的过电压。

2. 过电压保护措施

图 2-14 示出了电力电子变流系统中可能采用的过电压抑制措施及其配置位置,各电力电子装置可视具体情况只采用其中几种。其中缓冲电路为抑制内因过电压的措施。

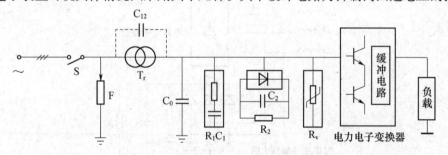

图 2-14　过电压抑制措施及配置位置

F—避雷器;$C_0$—静电感应过电压抑制电容;$R_1C_1$—阀侧浪涌过电压抑制用 RC 电路;

$R_2C_2$—阀侧浪涌过电压抑制用反向阻断式 RC 电路;$R_V$—压敏电阻过电压抑制器。

图中交流电源经交流断路器 S 送入降压变压器 $T_r$。当雷电过电压从电网窜入时,避雷器 F 对地放电防止雷电进入变压器。$C_0$ 为静电感应过电压抑制电容器,当 S 合闸,电网高压加到变压器一次绕组,经一、二次绕组耦合电容 $C_{12}$ 把电网交流高压直接传至二次侧时,由于 $C_0 \geqslant C_{12}$,故 $C_0$ 上感应的操作过电压值不高,保护了后面的开关器件免受合闸操作过电压的危害。图中 $R_1C_1$、$R_2C_2$ 为两种过电压抑制电路。当电路上出现过电压时,

过电压对 $C_1$、$C_2$ 充电，$C_1$、$C_2$ 两端电压不能突变，其充电过程限制了电压的上升率，减小了开关器件所能承受的过电压及其变化率 $du/dt$。RC 过电压抑制电路中的 $C$ 越大、$R$ 越小，过电压保护作用越好。图中简单的 $R_1C_1$ 过电压抑制电路中，过电压对 $C_1$ 充电后，$C_1$ 上的高电压对 $R_1$ 放电时，可能会危害保护设备，而在 $R_2C_2$ 过电压抑制电路中，$C_2$ 被过电压充电后对 $R_2$ 放电时，则不会危害电路中的其他器件，故这种放电阻止型（图中的整流二极管阻止了放电电流进入电网）$R_2C_2$ 过电压抑制电路在高压大电容系统中应用得比较多。图中的 $R_v$ 为非线性压敏电阻，当其端电压超过其阈值电压时，其等效电阻立即从无限大下降，流过大电流，此时，其端电压仍仅比阈值电压有很小的上升，因此它能将线路上的过电压限制到其阈值电压，实现开关器件的过压保护。

抑制外因过电压的措施中，采用 RC 过电压抑制电路是最为常见的，其典型连接方式如图 2-15 所示。RC 过电压抑制电路可接于供电变压器的两侧（通常供电网一侧称网侧，电力电子电路一侧称阀侧），或电力电子电路的直流侧。

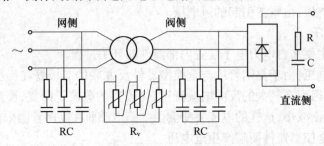

图 2-15　三相 RC 过电压抑制电路连接方式

对大容量的电力电子装置，可采用图 2-16 所示的反向阻断式 RC 电路。保护电路有关的参数计算可参考相关的工程手册。采用雪崩二极管 金属氧化物压敏电阻、硒堆和转折二极管等非线性元件来限制或吸收过电压也是较常使用的措施。

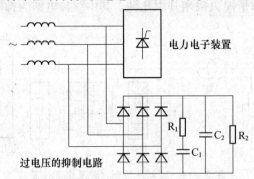

图 2-16　反向阻断式 RC 过电压抑制电路连接方式

### 2.3.2　过电流保护

电力电子电路运行不正常或者发生故障时，可能会发生过电流，造成开关器件的永久性损坏。过电流分过载和短路两种情况。图 2-17 给出了各种过电流保护措施及其配置位置，其中快速熔断器、直流快速断路器和过电流继电器是较为常用的措施。一般电力电子装置均同时采用几种过电流保护措施,以提高保护的可靠性和合理性。在选择各种保护措施时应注意相互协调。

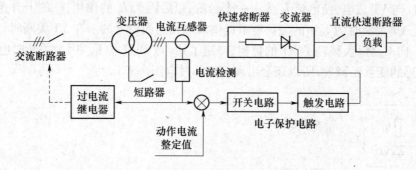

图 2 – 17　过电流保护措施及配置位置

快速熔断器(简称快熔)是电力电子装置中最有效、应用最广的一种过电流保护措施。快熔对器件的保护方式可分为全保护和短路保护两种。全保护是指不论过载还是短路均由快熔进行保护,此方式适用于小功率装置或器件裕度较大的场合。短路保护是指快熔只在短路电流较大的区域起保护作用,此方式下需与其他过电流保护相配合。快熔电流容量的具体选择方法可参考有关的工程手册。

直流快速断路器整定在电子电路动作之后实现保护;过电流继电器整定在过载时动作。

对一些重要的且易发生短路的晶闸管设备,或者工作频率较高、很难用快速熔断器保护的全控型器件,需采用电子电路进行过电流保护。电子电路作为第一保护措施,是延时最短但动作阈值最高的一级保护,当电流传感器检测到过流值超过动作电流整定值时,电子保护电路输出过流信号、封锁驱动信号、关断变流器中的开关器件、切断过流故障源。现在很多全控型器件的驱动电路中已设置过电流保护环节,这样器件对电流的响应是最快的。

### 2.3.3　缓冲电路

缓冲电路(Snubber Circuit)又称为吸收电路。其作用是抑制电力电子器件的内因过电压、$du/dt$ 或者过电流和 $di/dt$,减小器件的开关损耗。缓冲电路可分为关断缓冲电路和开通缓冲电路。关断缓冲电路又称为 $du/dt$ 抑制电路,用于吸收器件的关断过电压和换相过电压,抑制 $du/dt$,减小关断损耗。开通缓冲电路又称为 $di/dt$ 抑制电路,用于抑制器件开通时的电流过冲和 $di/dt$,减小器件的开通损耗。可将关断缓冲电路和开通缓冲电路结合在一起,称为复合缓冲电路。还可以用另外的分类方法:缓冲电路中储能元件的能量消耗在其吸收电阻上,则称为耗能式缓冲电路;如果缓冲电路能将其储能元件的能量回馈给负载或电源,则称为馈能式缓冲电路,或称无损吸收电路。

如无特殊说明,通常讲缓冲电路专指关断缓冲电路,而将开通缓冲电路区别叫做 $di/dt$ 抑制电路。图 2 – 18(a)给出的是一种缓冲电路和 $di/dt$ 抑制电路的电路图,图 2 – 18(b)是开关过程集电极电压 $u_{CE}$ 和集电极电流 $i_C$ 的波形,其中虚线表示无抑制电路和缓冲电路时的波形。

在无缓冲电路的情况下,绝缘栅双极晶体管 VT 开通时电流迅速上升,$di/dt$ 很大,关断时 $du/dt$ 很大,并出现很高的过电压。在有缓冲电路的情况下,VT 开通时缓冲电容 $C_s$ 先通过 $R_s$ 向 VT 放电,使电流 $i_C$ 先上一个台阶,以后因为 $L_i$ 的作用,$i_C$ 的上升速度减慢。$R_i$、$VD_i$ 是 VT 关断时为 $L_i$ 中的磁场能量提供放电回路而设置的。在 VT 关断时,负载电流通过 $VD_s$ 向 $C_s$ 分流,减轻了 VT 的负担,抑制了 $du/dt$ 和过电压。因为关断时电路中(含布线)电感的能量要释放,所以还会出现一定的过电压。

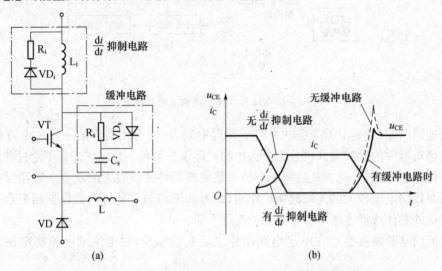

(a)　　　　　　　　　　(b)

图 2-18　$di/dt$ 抑制电路和充放电型 RCD 缓冲电路及波形

(a) 电路;(b) 波形。

图 2-19 给出了关断时的负载曲线。关断前的工作点在 $A$ 点。无缓冲电路时,$u_{CE}$ 迅速上升,在负载 $L$ 上的感应电压使续流二极管 VD 开始导通,负载线从 $A$ 移动到 $B$,之后 $i_C$ 才下降到漏电流的大小,负载线随之移动到 $C$。有缓冲电路时,由于 $C_s$ 的分流使 $i_C$ 在 $u_{CE}$ 开始上升的同时就下降,因此负载线经过 $D$ 到达 $C$。可以看出,负载线在到达 $B$ 时很可能超出安全区,使 VT 受到损坏,而负载线 $ADC$ 是很安全的。而且,$ADC$ 经过的都是小电流、小电压区域,器件的关断损耗也比无缓冲电路时大大降低。

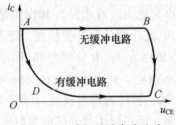

图 2-19　关断时的负载曲线

## 2.4　电力电子器件的串联和并联使用

对较大型的电力电子装置,当单个电力电子器件的电压或电流定额不能满足要求时,往往需要将电力电子器件串联或并联起来工作,或者将电力电子装置串联或并联起来工作。本节将先以晶闸管为例简要介绍电力电子器件串、并联应用时应注意的问题和处理措施,然后概要介绍应用较多的电力 MOSFET 并联以及 IGBT 并联的一些特点。

## 2.4.1 晶闸管的串联

当晶闸管的额定电压小于实际要求时,可以用两个以上同型号器件相串联。理想的串联希望各器件承受的电压相等,但实际上因器件特性的分散型性,即使是标称定额相同的器件之间其特性也会存在差异,一般都会存在电压分配不均的问题。

串联器件流过的漏电流总是相同的,但由于静态伏安特性的分散性,各器件所承受的电压是不相等的。如图 2 – 20(a)所示,两个晶闸管串联,在同一个漏电流 $I_R$ 下所承受的正向电压是不同的。若外加电压继续升高,则承受电压高的器件将首先达到转折电压而导通,使另外一个器件承担全部电压也导通,两个器件都失去控制作用。同理,反向时,因伏安特性不同而不均压,可能是其中一个器件反向击穿,另一个随之击穿。这种由于器件静态特性不同而造成的均压问题称为静态不均压问题。

为达到静态均压,首先应选用参数和特性尽量一致的器件,此外可以采用电阻均压,如图 2 – 20(b)中的 $R_P$。$R_P$ 的电阻应比任何一个器件阻断时的正、反向电阻小得多,这样才能使每个晶闸管分担的电压取决于均压电阻的分压。

类似地,由于器件动态参数和特性的差异造成的不均压问题称为动态不均压问题。为达到动态均压,同样首先应选择动态参数和特性尽量一致的器件,另外还可以用 RC 并联支路作动态均压,如图 2 – 20(b)所示。对于晶闸管来讲,采用门极强脉冲触发可以显著减小器件开通时间上的差异。

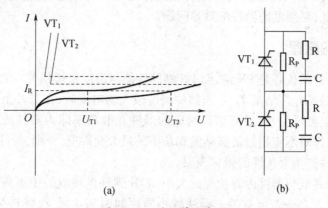

图 2 – 20　晶闸管的串联
(a)伏安特性差异;(b)串联均压措施。

## 2.4.2 晶闸管的并联

大功率晶闸管装置中,常用多个器件并联来承担较大的电流。同样,晶闸管并联就会分别因静态和动态特性参数的差异而存在电流分配不均匀的问题,均流不佳。有的器件电流不足,有的过载,有碍提高整个装置的输出,甚至造成器件和装置的损坏。

均流的首要措施是挑选特性参数尽量一致的器件,此外还可以采用均流电抗器;同样,门极强脉冲触发也有助于动态均流。

当需要同时串联和并联晶闸管时,通常采用先串后并的方法连接。

### 2.4.3　电力 MOSFET 的并联和 IGBT 的并联

电力 MOSFET 的通态电阻 $R_{on}$ 具有正温度系数,并联时有一定的电流自动均衡能力,因而并联使用容易。但也要注意选用通态电阻 $R_{on}$、开启电压 $U_T$、$G_{fs}$ 和输入电容 $C_{iss}$ 尽量相近的器件并联;并联的电力 MOSFET 及其驱动电路的走线和布局应尽量对称,散热条件也要尽量一致;为了更好地动态均流,可在源极电路中串入小电感,起到均流电抗器的作用。

IGBT 的通态降压一般在 1/3～1/2 额定电流以下的区段具有负温度系数;在以上的区段则具有正温度系数;因而 IGBT 在并联使用时也具有一定的电流自动均衡能力,与电力 MOSFET 类似,易于并联使用。当然,不同的 IGBT 产品其正、负温度系数的具体分界点不一样。实际并联使用 IGBT 时,在器件参数和特性选择、电路布局和走线、散热条件等方面也应尽量一致。不过,近年来许多厂家都宣称他们最新 IGBT 产品的特性一致性很好,并联使用时只要是同型号和批号的产品都不必再进行一致性的挑选。

# 2.5　电力电子器件的散热

电力电子器件的特性和安全工作区与温度密切相关。当器件结温升高时,其安全工作区将缩小,如果器件开关轨迹不变,将有可能超出安全工作区而损坏。当结温超过最高允许值时,器件将产生永久性损坏。器件在工作过程中的导通损耗和开关损耗使其本身成为发热源,因此,必须考虑器件的散热问题。

### 2.5.1　散热的原理

各种功率器件的核心是 PN 结,而 PN 结的性能与温度密切相关。为了保证器件正常工作,必须规定最高允许结温 $T_{JM}$。当器件流过较大的电流时,在芯片上产生相应的功率损失,引起芯片温度增加,与最高结温对应的器件耗散功率即为器件的最大允许耗散功率。器件正常工作时不应超过最高结温和功率的最大允许值,否则,器件特性将要发生变化,甚至导致器件产生永久性的损坏现象。

芯片温度的高低与器件内部功耗的大小、芯片到外界环境的传热条件(传热机构、材料、冷却方式等)及环境温度有关。设法减小器件的内部功耗、改善传热条件,对保证器件长期可靠运行有极其重要的作用。

为了便于散热,电力电子器件多安装散热器,结温升高后的散热过程和路线为:芯片上内部功耗产生的热能以传导方式由芯片传到固定它的外壳的底座上,再由外壳将部分热能以对流和辐射的形式传到环境中去,大部分热能则是通过底座直接传到散热器上,最后由散热器传到空气中。

### 2.5.2　常用冷却方式及使用条件

1. 常用冷却方式及特点

散热器是以对流和辐射的方式将热量传送到环境中去。常用的散热方式有自冷、风冷、水冷和沸腾冷却四种。

自冷是利用空气的自然对流及辐射作用将热量带走的冷却方式,它结构简单,无噪声,无需维护,但散热效率低。

风冷是采用强迫通风,加强对流的散热方式,一般为自冷散热效率的2倍~4倍,噪声大。

水冷方式散热效率极高,其对流换热系数可达空气自然换热系数的150倍以上,冷却介质除水外还可采用变压器油等,缺点是设备庞杂,投资大,占地面积大。

沸腾冷却将介质放在密闭容器中,通过媒质特有的变化进行冷却,效率极高,且装置体积小,但造价昂贵。

电力电子器件常用的冷却方式及特点见表2-1。

表2-1 常用冷却方式及特点

| 序号 | 冷却方式 | 特点 | 用途 | 备注 |
|---|---|---|---|---|
| 1 | 自然对流冷却(自冷) | 结构简单、噪声小、维护方便,但单位功率体积大 | 20A以下的器件,或安装于过载度很高的装置中的中、大功率器件 | 散热器叶片应垂直空气自然对流方向 |
| 2 | 强迫空气冷却(风冷) | 单位功率体积小,但噪声大,维护量较大,装置结构相对复杂 | 额定电流50A~500A的器件,以及额定电流50A~800A的IGBT模块 | 风速2m/s~6m/s |
| 3 | 循环水冷却 | 单位功率的体积很小,噪声小,但易凝露,维护量大,需水处理 | 400V以上的中、高压设备,及大电流低电压的装置,如铝电解装备等 | 水质中对pH值、氯化物、硝酸盐、硫酸盐、不溶物质含量有要求 |
| 4 | 流水冷却 | 与循环水相比,设备简单,不需水处理和循环设备,但耐压低,冷却水耗量大 | 在400V以下的低压设备(如电镀、电解设备等)中使用 | |
| 5 | 循环油冷却 | 与水冷相比,不易冻结,不需要水处理设备,但冷却效率比水差 | 用于电解设备 | 流速2m/s~3m/s |
| 6 | 油浸自冷却(变压器油) | 与循环油冷相比,不需循环设备,冷却效率相比较差 | 用于电镀设备 | |
| 7 | 热管散热器 | 一种外部散热片,采用自冷或风冷的沸腾散热器,结构简单、可靠、噪声小、冷却效率高,可用于分立器件或模块 | 可用于各种功率等级的器件,目前国内已有输出200A整流柜采用热管散热器 | 目前多采用水作为工作媒介的重力回流式热管散热器 |

2. 散热器的选择

(1)保证散热器可靠工作的正常环境条件见表2-2。

表 2-2 散热器可靠工作的正常环境条件

| 序号 | 项目 | 要求 | 说明 |
|---|---|---|---|
| 1 | 海拔 | <1000m | 海拔决定了空气密度(压强)空气密度直接影响风冷散热器的冷却效率。当海拔高于1000m时,应作修正 |
| 2 | 最高环境(冷却介质)温度 | 空气冷却40℃,水冷却35℃ | 当温度高于规定值时,作修正 |
| 3 | 最低工作温度 | 水冷却不小于+5℃,油冷却不小于-5℃,空气冷却-10℃ | 水的凝固点是0℃,标准规定额定温差为5K,故取5℃;油温下限值取决于油(变压器油)的黏度;对空气冷却的下限温度规定仅是为了保证电子器件在冷态启动的可靠性 |
| 4 | 最低储运温度(去除冷却液) | -40℃ | 最低储运温度,对散热器采用的塑料件、密封垫圈、气密焊接等可能产生不能恢复的影响 |
| 5 | 温度变化率 | ≤5K/h | 环境温度和相对温度变化率对散热器,特别是水冷散热器, |
| 6 | 相对湿度变化率 | ≤5%h | 可能引起凝露或气密、液密接合焊缝的泄漏 |
| 7 | 相对湿度 | ≤90%(25℃) | 对应露点应低于散热器进水温度 |
| 8 | 冷却水的电阻率 $\rho$ | 冷却水大于2500Ω·cm(25℃)循环水不小于 $10^5$ Ω·cm ~ $10^6$ Ω·cm | 电压较低时,例如,$U_{dN}=600V \sim 800V$ 时,取 $\rho=5 \times 10^5 \Omega \cdot cm$;电压较高时,例如,高压直流输电装置,取 $\rho \geq 10^6 \Omega \cdot cm$ |

(2)水冷散热器的凝露与防止。凝露现象一般发生于湿热季节,此时空气中的相对湿度很高,当冷却表面的温度低于露点时,就会引起凝露和由此引起器件绝缘破坏。要估算无露运行的冷却水最低温度,必要时冷却水应有加热装置或有冷却水温度检测装置,实行自动报警。

(3)散热器的安装工艺。器件与散热器之间的装配质量,归结为规定要求均匀涂抹导热硅脂,并施加合适的紧固力矩,使器件外壳对散热器的接触热阻 $R_{cs}$ 不超过数据手册要求的值。

(4)散热器类型。国产电力电子器件用散热器的类型和系列代号见表2-3。散热器详细的系列、品种和规格请参阅相关的工程手册。

表 2-3 散热器类型和代号

| 类 型 代 号 | 冷却和安装方式(系列)代号 | |
|---|---|---|
| S 铸造类散热器<br>X 型材类散热器<br>R 热管类散热器 | P—自冷、片性<br>Z—自冷、螺栓形<br>L—风冷、螺栓形<br>F—风冷、平板形 | S—水冷、平板形<br>M—自冷、模块形<br>K—风冷、模块形 |

## 思考题及习题

**2-1** 电力电子器件的驱动电路对整个电力电子装置有哪些作用?

**2-2** 为什么要对电力电子主电路和控制电路进行电气隔离? 其基本方法有哪些? 各自的基本原理是什么?

**2-3** 晶闸管对触发电路有哪些要求? 为什么必须满足这些要求?

**2-4** IGBT、GTR、GTO 和电力 MOSFET 的驱动电路各有什么特点?

**2-5** 电力电子器件过电压的产生原因有哪些?

**2-6** 电力电子器件过电压保护和过电流保护各有哪些主要措施?

**2-7** 不使用过电压、过电流保护,而选用较高电压等级与较大电流等级的晶闸管行不行?

**2-8** 电力电子器件缓冲电路是怎样分类的? 全控型器件的缓冲电路的主要作用是什么? 试分析 RCD 缓冲电路中各元件的作用。

**2-9** 晶闸管串联使用时需要注意哪些事项? 电力 MOSFET 和 IGBT 各自并联使用时需要注意哪些问题?

**2-10** 电力电子器件为什么需要散热? 常用有哪些散热方式?

# 第3章 整流应用技术

在电力电子技术课程中,介绍整流电路是对最基本、最常用的几种可控整流电路进行分析,研究其工作原理、基本数量关系及负载性质对整流电路的影响。

本章学习整流应用技术,是针对整流装置(或整流器)进行全面的研究,它拓展到对多脉波的整流电路及系统内其他辅助环节的研究,是一个对装置全方位的研究。

## 3.1 整流电路的类型和性能指标

### 3.1.1 整流电路的类型及基本组成环节

电能变换技术是指在电源和负载之间,利用电力电子开关器件的通、断控制,改变电压、电流、频率(包括直流)、相位、相数中一个以上的量,来实现电能的变换和控制技术。能实现这种电能变换和控制的变流电路称为电力电子变流电路。电力电子变流电路种类繁多,常常按照不同的侧重点将其分为若干类型。其中,将交流电能变为直流电能的变换统称为 AC/DC 变换。这种变换的功率可以是双向的,功率由电源向负载传送的变换称为"整流",功率由负载传输回电源的变换称为"有源逆变"。实现 AC/DC 变换的电力电子开关电路连同其辅助器件和系统称为整流器。

整流器的类型很多,按整流输出电压的脉波数来分,有 3 脉波、6 脉波及多脉波整流电路;按交流电路所采用器件的不同类型分为全控电路、半控电路和不可控电路;按交流电源相数分为单相、三相和多相整流电路;按控制的原理分为相控整流和高频整流等。总之,整流电路或装置泛指 AC/DC 变换电路或装置,是国民经济中广泛应用的一种电能变换装置。

如图 3-1 所示,可控整流电路通常由交流电源(由工频电网或整流变压器二次侧来)、整流主电路、滤波电抗器、负载及控制电路等基本环节组成。其最基本的工作原理是:整流电路从工频电网吸收电能,通过整流电路转换成直流电能输送到负载,为了限制输出电流的脉动,保证输出电流的连续,改善整流装置供电的负载特性,在装置的输出电路中接入与负载串联的滤波电抗器,控制电路实现整流输出电压按指令值调节,以满足负

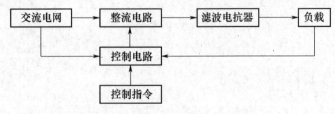

图 3-1 可控整流电路的一般结构

载的需要。

在实际应用中,对一个可控整流装置的基本技术要求如下:

(1)直流输出电压可调范围大,电压的谐波含量控制在允许范围内,负载电流脉动小,整流器带载能力强。

(2)交流电源侧功率因数高,电流中的谐波电流应控制在允许范围内。

(3)充分而合理地利用元件的电压、电流定额,尽可能延长整流元件导电时间。

(4)防止变压器的直流磁化,提高变压器利用率。

对变流电路的分析方法:

在分析一个实际的整流电路时,常常将系统中某些次要的或非本质的因素忽略(或暂时忽略),即在理想条件下来研究它,以便获得主要的结论。常常假设的理想条件如下:

(1)理想器件。变流元件具有理想特性,一般情况下认为整流变压器绕 组无漏感,无内阻,无铁耗,铁芯的导磁系数为无穷大,变比常常简化为1。

(2)理想电源。交流电网有足够大的容量,电源为恒频、恒压和三相对称,因而整流电路接入点的网压为无畸变正弦波。

(3)理想负载。整流电路输出端滤波电抗器的电感量足够大,因而负载电流的交流分量几乎为零,这样,整流装置都输出无脉动的平直电流等。

当获得主要的结论后,再将暂时被忽略的因素考虑进去加以修正和完善,使结论更加接近一个实际的系统。尽管这样得到的结果仍然是真实系统的近似,但随着控制技术和控制方法的不断进步,这种近似与工程实际的误差必将越来越小,因而一般能够满足工程的要求。

## 3.1.2 整流电路的基本性能指标

评价整流电路的性能有多种指标,如其成本、效率、重量、体积、控制精度、对指令的响应速度、电磁干扰(EMI)和电磁兼容性(EMC)等,但就其整流器输入、输出电压和电流的质量来考虑,主要的性能指标有六个。

1. 电压波形系数(Form Factor,FF)

FF 定义为输出电压有效值 $U$ 与直流平均值 $U_d$ 之比,即

$$FF = U/U_d \tag{3-1}$$

2. 电压纹波系数(Ripple Factor,RF)

RF 定义为输出脉动直流电压的交流谐波分量(又称为纹波电压)有效值 $U_h$ 与直流电流平均值 $U_d$ 之比,常用 $\gamma_u$ 表示,即

$$\gamma_u = RF = U_h/U_d \tag{3-2}$$

式中:$U_h = \sqrt{U^2 - U_d^2}$,$U$ 为输出脉动直流电压有效值。因此

$$\gamma_u = RF = U_h/U_d = \sqrt{\left(\frac{U}{U_d}\right)^2 - 1} = \sqrt{FF^2 - 1}$$

3. 电压脉动系数 $S_n$

$S_n$ 定义为第 $n$ 次谐波幅值 $U_{nm}$ 与直流平均值 $U_d$ 之比,即

$$S_n = U_{nm}/U_d \tag{3-3}$$

4. 变压器利用系数(Transformer Utilization Factor,TUF)

TUF 定义为输出直流功率平均值 $P_d$ 与整流变压器二次侧伏安数之比,以三相为例,有

$$\begin{cases} TUF = P_d/3U_2I_2 \\ P_d = U_dI_d \end{cases} \tag{3-4}$$

式中:$U_2$、$I_2$、$I_d$ 分别为给整流器供电的变压器二次侧相电压有效值、相电流有效值和整流输出电流平均值。

5. 输入电流总畸变率(Total Harmonic Distortion,THD)或电流谐波因数(Harmonic Factor,HF)

THD(或 HF)定义为除基波电流外的所有谐波电流有效值与基波电流有效值之比,即

$$THD = \frac{\sqrt{I_1^2 - I_{11}^2}}{I_{11}} = \left[ \left( \frac{I_1}{I_{11}} \right)^2 - 1 \right]^{\frac{1}{2}} = \frac{\sqrt{\sum_{n=2}^{\infty} I_{1n}^2}}{I_{11}} \tag{3-5}$$

式中:$I_1$、$I_{11}$、$I_{1n}$ 分别为变压器一次侧(电源输入端)相电流有效值、相电流基波有效值和第 $n$ 次谐波电流有效值。

6. 输入功率因数(Power Factor,PF)

PF 定义为交流电源输入有功功率平均值 $P$ 与其视在功率 $S$ 之比,即

$$PF = \frac{P}{S}$$

因为输入电压为无畸变的正弦波(假定电网容量足够大,电压畸变可以忽略),所以只有输入电流 $I_1$ 的基波分量 $I_{11}$ 形成有功功率。以三相为例,有

$$P = 3U_1I_{11}\cos\varphi_1$$

式中:$\varphi_1$ 为输入电压和输入电流基波之间的相位角,称为位移角;$\cos\varphi_1$ 定义为基波位移因数(Displacement Factor,DPF),也即基波功率因数;$U_1$ 为变压器一次侧(电源输入端)相电压有效值,即

$$DPF = \cos\varphi_1$$
$$S = 3U_1I_1$$

于是交流侧功率因数可表示为

$$PF = P/S = 3U_1I_{11}\cos\varphi_1/3U_1I_1 = \frac{I_{11}}{I_1}\cos\varphi_1 = \zeta\cos\varphi_1 \tag{3-6}$$

式中:$\zeta = I_{11}/I_1$ 定义为输入电流的基波因数,它表明电流波形对正弦的偏离度,较大的 $\zeta$ 值表明电流波形较接近正弦波。

PF 是一个重要的参数,交流输入电流中谐波含量大、基波电流位移角大,都会导致功率因数减小,因此,减少交流侧谐波电流和减小基波位移角成为相控整流电路提高功率因数诸多措施的基本出发点。

## 3.2 整流电路的典型结构及特性

### 3.2.1 多相半波整流电路

如图 3-2 所示，$m$ 相半波整流电路的交流电源为在相位上互差 $\frac{2\pi}{m}$ 的 $m$ 相平衡对称正弦波，整流输出电压为一周期有 $m$ 个脉波的直流脉动电压。为了将交流电源的相数和直流输出的脉波数区分开来，直流输出电压的脉波数一般用 $p$ 来表示，在 $m$ 相半波整流电路中 $p = m$。

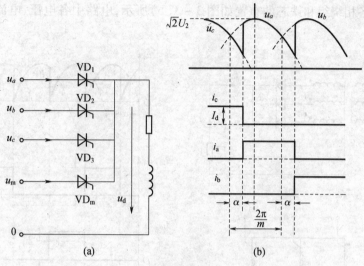

图 3-2 $m$ 相半波整流电路及整流电压波形

(a) $m$ 相半波整流电路；(b) 整流电压波形。

设整流器交流侧相电压有效值为 $U_2$（一般是整流变压器的二次绕组电压），为方便计算，把纵轴坐标选在整流输出电压的峰值处，如图 3-2(b) 所示，则

$$u_{2a} = \sqrt{2} U_2 \cos\omega t$$

整流输出电压平均值为

$$U_d = \frac{\sqrt{2} U_2}{2 \frac{\pi}{m}} \int_{\alpha-\frac{\pi}{m}}^{\alpha+\frac{\pi}{m}} \cos\omega t \, d(\omega t) = \sqrt{2} U_2 \frac{\sin\frac{\pi}{m}}{\frac{\pi}{m}} \cos\alpha = U_{d0}\cos\alpha \qquad (3-7)$$

式中：$U_{d0} = \sqrt{2} U_2 \dfrac{\sin\frac{\pi}{m}}{\frac{\pi}{m}}$，是整流器在 $\alpha = 0°$ 时的最大输出电压，$m = 2,3,4,\cdots$。

对于 R-L 负载，输出直流电流平均值为

$$I_d = \frac{U_d}{R}$$

39

晶闸管电流的平均值和有效值分别为

$$I_{dV} = \frac{1}{m}I_d$$

$$I_V = \sqrt{\frac{1}{m}}I_d$$

**1. 三相半波整流电路**

在图 3-2 中,当 $m = 3$ 时,就成为三相半波整流电路,这是应用最广泛的整流电路之一。

**1) 基本电量计算**

整流变压器作星形(Y)、反星形(Yn)连接的晶闸管三相半波整流电路结构如图 3-3(a)所示,其各相绕组和铁芯的布置如图 3-3(b)所示,电路中各电压、电流的波形如图 3-3(c)所示。

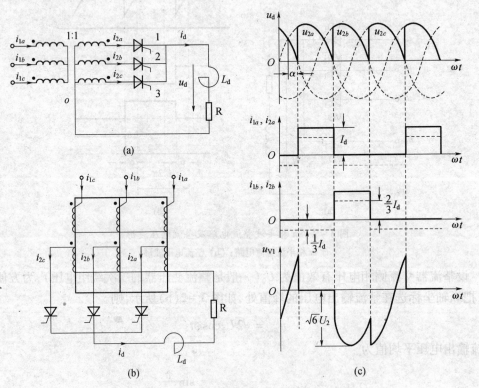

图 3-3  晶闸管三相半波整流电路
(a) 主电路结构;(b) 各相绕组和铁芯的布置;(c) 电压、电流的波形。

根据式(3-7),三相半波整流电路的输出电压平均值为

$$U_d = \sqrt{2}U_2\frac{\sin\frac{\pi}{3}}{\frac{\pi}{3}}\cos\alpha = \frac{3\sqrt{6}}{2\pi}U_2\cos\alpha = U_{d0}\cos\alpha = 1.17U_2\cos\alpha \qquad (3-8)$$

对于 R-L 负载,负载平均电流为

$$I_d = \frac{U_d}{R}$$

通过晶闸管电流的平均值和有效值分别为

$$I_{dV} = \frac{1}{3}I_d$$

$$I_V = \sqrt{\frac{1}{3}}I_d$$

晶闸管承受最大正反向电压为

$$U_{Vm} = \sqrt{6}\,U_2$$

2）整流变压器的磁势关系

假定整流变压器铁芯的导磁系数为无穷大,每相铁芯柱上的磁势相等(其值为 $M$），一次、二次绕组匝比为1,所有绕组匝数为 $W$。据此可写出铁芯磁势平衡方程式,即

$$\begin{cases} M = i_{1a}W - i_{2a}W \\ M = i_{1b}W - i_{2b}W \\ M = i_{1c}W - i_{2c}W \end{cases}$$

将上述三式相加得

$$3\,\frac{M}{W} = i_{1a} + i_{1b} + i_{1c} - (i_{2a} + i_{2b} + i_{2c})$$

根据电路的工作原理,可知任意一瞬间,有

$$i_{1a} + i_{1b} + i_{1c} = 0$$
$$i_{2a} + i_{2b} + i_{2c} = I_d$$

所以有

$$M = -\frac{1}{3}I_d W$$

由此得出变压器一次、二次侧电流的关系为

$$\begin{cases} i_{1a} = i_{2a} - \frac{1}{3}I_d \\ i_{1b} = i_{2b} - \frac{1}{3}I_d \\ i_{1c} = i_{2c} - \frac{1}{3}I_d \end{cases}$$

变压器一次侧电流的波形如图3-3(c)中的虚线所示。

三相半波整流电路的变压器铁芯柱中存在着方向和数值不变的直流磁势 $\frac{1}{3}I_d W$，直流磁势在三相铁芯中产生方向一致、大小相等的直流磁通,导致不希望的铁芯饱和。

3）整流变压器容量

整流变压器二次侧电流有效值为

$$I_2 = I_V = \sqrt{\frac{1}{3}}I_d$$

一次侧电流的有效值为

$$I_1 = \sqrt{\frac{1}{2\pi}\left[\left(\frac{2}{3}I_d\right)^2 \times \frac{2\pi}{3} + \left(-\frac{1}{3}I_d\right)^2 \times \frac{4\pi}{3}\right]} = \frac{\sqrt{2}}{3}I_d$$

变压器一次侧的容量为

$$S_1 = 3U_1I_1 = 3 \times \frac{2\pi U_{d0}}{3\sqrt{6}} \times \frac{\sqrt{2}}{3}I_d = 1.21P_{d0}$$

其中

$$P_{d0} = U_{d0}I_d$$

变压器二次侧的容量为

$$S_2 = 3U_2I_2 = 3 \times \frac{2\pi U_{d0}}{3\sqrt{6}} \times \sqrt{\frac{1}{3}}I_d = 1.48P_{d0}$$

由上述分析知，$S_1 < S_2$，这是因为变压器二次侧存在着直流磁势的缘故。

在工程上规定变压器一次、二次侧容量的平均值为该变压器的标称容量 $S$，即

$$S = \frac{1}{2}(S_1 + S_2) = 1.34P_{d0}$$

三相半波整流电路接线简单，但该电路中变压器利用率低，整流电压脉动系数大，输出电压较低。尽管三相半波整流电路的应用范围受到限制，但这种整流电路是大多数多相整流电路的基本单元，因此对三相半波整流电路的研究成为认识多相整流电路的基础。

**2. 六相半波整流电路**

如图 3-4(a)所示，当 $m=6$ 时，就成为六相半波整流电路。六相半波整流电路任何瞬时只有一个元件导电，每个元件导电的时间为 1/6 周期，输出为 6 脉波的脉动直流电压。

1）基本电量计算

根据 $m$ 相半波整流的一般工作原理，可以绘出整流输出电压的波形，整流变压器一、二次侧电流波形及变压器铁芯磁势的波形，如图 3-4(b)所示。

根据式(3-7)，六相半波整流电路输出平均电压及平均电流为

$$
\begin{cases}
U_d = \sqrt{2}U_2 \dfrac{\sin\dfrac{\pi}{6}}{\dfrac{\pi}{6}}\cos\alpha = \dfrac{3\sqrt{2}}{\pi}U_2\cos\alpha = 1.35U_2\cos\alpha \\
\\
I_d = \dfrac{U_d}{R}
\end{cases}
\tag{3-9}
$$

通过晶闸管的平均电流和有效值电流为

$$
\begin{cases}
I_{dV} = \dfrac{1}{6}I_d \\
\\
I_V = \sqrt{\dfrac{1}{6}}I_d
\end{cases}
$$

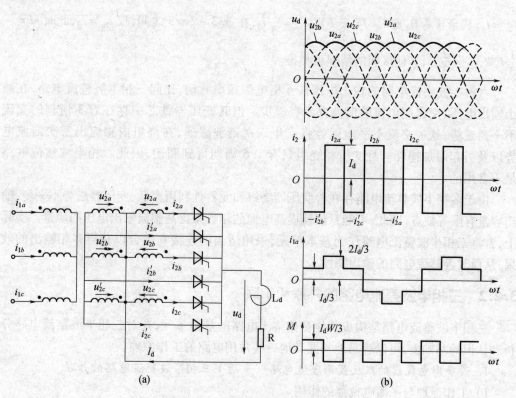

图 3-4 六相半波整流电路

(a) 主电路结构；(b) 电压、电流及磁势波形。

晶闸管承受最大电压为

$$U_{\mathrm{Vm}} = 2U_{2m} = 2 \times \sqrt{2}\,U_2 = 2.82U_2$$

2) 整流变压器的磁势关系

假定变压器原、副边绕组匝比为 1∶1∶1，根据磁势平衡原理，从图 3-4 (a) 可列出

$$\begin{cases} i_{1a} - i_{2a} + i'_{2a} = \dfrac{M}{W} \\[2mm] i_{1b} - i_{2b} + i'_{2b} = \dfrac{M}{W} \\[2mm] i_{1c} - i_{2c} + i'_{2c} = \dfrac{M}{W} \end{cases}$$

将上述三式相加，得

$$(i_{1a} + i_{1b} + i_{1c}) - (i_{2a} + i_{2b} + i_{2c} - i'_{2a} - i'_{2b} - i'_{2c}) = \frac{3M}{W}$$

因为 $i_{1a} + i_{1b} + i_{1c} = 0$，所以有

$$i_{2a} + i_{2b} + i_{2c} - i'_{2a} - i'_{2b} - i'_{2c} = \frac{3M}{W}$$

如图 3-4 所示，$i_{2a} + i_{2b} + i_{2c} - i'_{2a} - i'_{2b} - i'_{2c}$ 按 3 倍电源频率在 $I_{\mathrm{d}}$ 和 $-I_{\mathrm{d}}$ 之间脉动，可见磁势 $M$ 也按 3 倍电源频率在 $+\dfrac{1}{3}I_{\mathrm{d}}W$ 和 $-\dfrac{1}{3}I_{\mathrm{d}}W$ 之间脉动。例如，在 $0 \sim \pi/3$ 之间，仅

$i'_{2b} = I_d$,其余皆为 0,此时 $M = \frac{1}{3} I_d W, i_{1a} = \frac{1}{3} I_d$,在 $\pi/3 \sim 2\pi/3$ 之间,仅 $i_{2a} = I_d$,此时 $M = -\frac{1}{3} I_d W, i_{1a} = \frac{2}{3} I_d$,其他区间的情况可类推。

六相半波整流电路的输出电压按 6 倍电源频率脉动,比起三相半波整流电路,在减小输出电压、交流侧电流的谐波方面有进步。但其变压器铁芯中存在着 3 倍频的交流不平衡磁势,这一交流不平衡磁势将产生三次谐波磁通,在绕组内感应出三次谐波电势以及引起附加损耗。且变压器绕组只有 1/6 周期得到利用,因此六相半波整流电路是不常用的。

由于多相半波整流电路存在着变压器绕组和元器件利用率低、变压器磁势不平衡、输出容量有限等缺点,因此,不能只依赖提高电源的相数来提高整流输出电压的质量。实际上,常将三相半波整流电路作为基本单元,采用适当的连接和组合以获得多相输出的效果,从而改善整流电路的输出特性。

### 3.2.2 三相半波整流电路的并联和串联

三相半波整流电路是构成其他多相整流电路的基本单元,在对三相半波整流电路分析和认识的基础上,可以容易地掌握其他一些常用电路的工作原理。

1. 带平衡电抗器的双反星形整流电路——两个三相半波整流电路的并联

1) 工作原理与平衡电抗器的作用

图 3-5(a)是带平衡电抗器的双反星形整流电路,它实际是由两个独立的三相半波整流电路并联组成的,整流变压器的一次侧接成三角形,二次侧两套绕组在相位上相差 180°。两路的输出通过平衡电抗器相互连接,平衡电抗器对整流电路的直流分量无扼流作用,而对交流分量的感抗很大。正是平衡电抗器的电抗平衡了两组三相半波整流电路之间的电位差,才使两组三相半波电路各自独立导电,任何瞬时并联工作,共同支持着负载。

图 3-5(a)所示电路中各电压电流波形如图 3-5(b)所示。两个三相半波整流电路的输出电压在相位上错开 $\frac{\pi}{3}$,其输出整流电压的瞬时值之差降落在平衡电抗器 $L_P$ 上。平衡电抗器两端电压 $u_{LP}$ 为 3 倍基频、近似于三角形的波,它不含直流成分,只含级次为 3,9,15,…这些 3 的奇数倍次的谐波。$u_{LP}$ 必然引起不通过负载的交变环流 $i_h$,其大小取决于平衡电抗器的电抗值。实际上,加接电抗器就是为了限制交变的环流,而 $i_h$ 实际上成为平衡电抗器的励磁电流。这样,每个整流电路的负载电流是在各自分担的负载电流 $\frac{1}{2} I_d$ 的基础上叠加相对微弱的环流电流而构成的。

当负载电流远小于平衡电抗器的励磁电流(其值为额定负载电流的 1% ~2%)时,平衡电抗器失去作用,该电路即成为六相半波整流,输出电压将有一跃增,对负载非常不利,其外特性曲线如图 3-5(c)所示。因此,带平衡电抗器的双反星形整流电路,其"空载"整流电压的大小必须要保证负载电流能满足平衡电抗器励磁的需要,可见它不可能在真正的空载条件下运行。

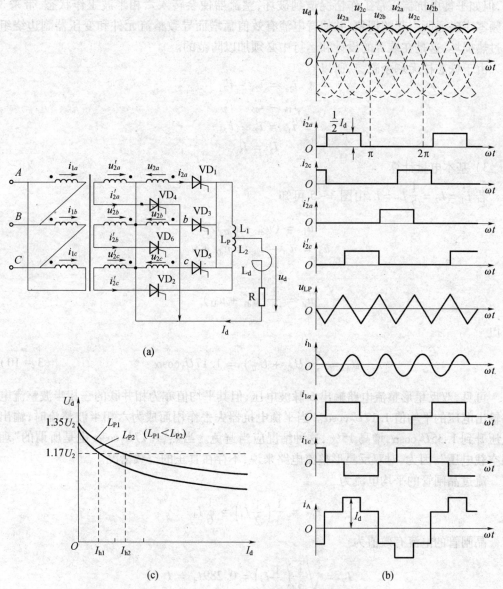

图 3-5  带平衡电抗器的双反星形整流电路

(a) 主电路结构；(b) 电压电流波形；(c) 外特性曲线。

2）变压器的磁势平衡关系

根据磁势平衡的原则，可得到和六相半波电路中相同的磁势平衡方程，即

$$i_{1a} + i_{1b} + i_{1c} - (i_{2a} + i_{2b} + i_{2c} - i'_{2a} - i'_{2b} - i'_{2c}) = \frac{3M}{W}$$

但由于变压器二次绕组各相电流是导电角为 $\frac{2\pi}{3}$ 的矩形波（不同于六相半波导电角为 $\frac{2\pi}{6}$），所以 $i_{2a} + i_{2b} + i_{2c} - i'_{2a} - i'_{2b} - i'_{2c} = 0$。又因 $i_{1a} + i_{1b} + i_{1c} = 0$，所以 $M = 0$。也就是说，这种整流电路，不论变压器原边绕组为星形或三角形接线，正常情况下各铁芯柱均无剩余磁

45

势,但如平衡电抗器正常工作情况遭到破坏,整流器便会转入六相半波工作状态,带来3倍频零序磁通所引起的现象,并使臂电流有效值猛增而导致整流元件和变压器副边绕组等过热损坏,这是在装置的设计和运行中必须加以防范的。

由于铁芯柱无剩余磁势,所以

$$i_{1a} = i_{2a} - i'_{2a}$$
$$i_{1b} = i_{2b} - i'_{2b}$$
$$i_{1c} = i_{2c} - i'_{2c}$$
$$I_2 = I_V$$

3) 基本电量计算

若 $L_1 = L_2 = \frac{1}{2}L_P = L$,由图 3 - 5 可知

$$u_L = (u_{d1} - u_{d2})/2$$
$$u_d = u_{d1} - u_L = u_{d2} + u_L$$

则

$$u_d = \frac{1}{2}(u_{d1} + u_{d2})$$

所以

$$U_d = \frac{1}{2}(U_{d1} + U_{d2}) = 1.17U_2\cos\alpha \qquad (3 - 10)$$

可见,双反星形整流电路输出 6 脉波电压,但其平均值亦为相并联的三相半波整流电路输出电压的平均值 $1.17U_2\cos\alpha$。当平衡电抗器失去作用而成为六相半波整流时,输出电压升到 $1.35U_2\cos\alpha$,增高 15%,这种情况应当避免。当然,$1.17U_2\cos\alpha$ 也是所谓的"理想空载电压",因为,对双反星形整流电路来说,不存在真正的空载情况。

流过晶闸管的平均电流为

$$I_{dV} = \frac{1}{3}\left(\frac{1}{2}I_d\right) = \frac{1}{6}I_d$$

晶闸管的电流有效值为

$$I_V = \sqrt{\frac{1}{3}\left(\frac{1}{2}I_d\right)} = 0.289I_d = I_2$$

晶闸管承受最大电压为

$$U_{Vm} = 2U_{2m} = 2.83U_2$$

变压器二次侧容量为

$$S_2 = 6U_2I_2 = 6\frac{2\pi U_{d0}}{3\sqrt{6}} \times 0.289I_d = 1.48P_{d0}$$

式中:$P_{d0} = U_{d0}I_d$。

变压器一次绕组电流有效值为

$$I_1 = \sqrt{\frac{2}{3}\left(\frac{1}{2}I_d\right)} = \frac{1}{\sqrt{6}}I_d$$

变压器一次侧容量为

$$S_1 = 3U_1I_1 = 1.05P_{d0}$$

所以

$$S = \frac{1}{2}(S_1 + S_2) = 1.265P_{d0}$$

双反星形整流电路有如下的特点:由两组三相半波整流电路并联,输出 6 脉波的整流电压,输出脉动情况得到改善,实现了在相同的整流电压、不增加元件定额的条件下使负载电流增大 1 倍,这对于一些要求电流容量大的工艺,如电解、电镀等电源具有特别实际的意义;和三相半波整流相比,变压器不再存在直流不平衡磁势;和六相半波整流相比,变压器绕组的利用率提高了。

2. 三相桥式整流电路——两个三相半波整流电路的串联

1) 工作原理及基本电量计算

三相全控桥式整流电路在工业领域获得广泛应用。如图 3-6(a)所示,变压器一般都采用三角形(D)、星形(Y)连接,它相当于两组互差 180° 换相的三相半波整流电路串联而成。

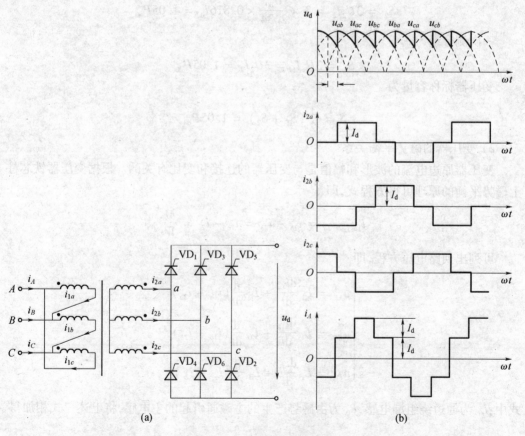

图 3-6 三相桥式整流电路
(a) 主电路结构;(b) 电压、电流波形。

分析图 3-6(b)所示的波形可知,它的输出和一个相电压为 $\sqrt{3}U_2 = U_{2l}$ 的六相半波整流电路相当,所以其三相全控桥式整流电路输出电压平均值为

$$U_{\mathrm{d}} = \sqrt{2}\,\sqrt{3}\,U_2\,\frac{\sin\dfrac{\pi}{6}}{\dfrac{\pi}{6}}\cos\alpha = 1.17U_2\cos\alpha \times 2$$

$$= 2.34U_2\cos\alpha = 1.35U_{2\mathrm{l}}\cos\alpha \tag{3-11}$$

式中:$U_{2\mathrm{l}}$ 为整流变压器二次侧线电压。

变压器二次侧电流有效值为

$$I_2 = \sqrt{\frac{2}{3}}\,I_{\mathrm{d}} = 0.816I_{\mathrm{d}}$$

变压器一次侧线电流有效值为

$$I_A = I_B = I_C = \sqrt{\frac{1}{\pi}\left[I_{\mathrm{d}}^2 \times \frac{2\pi}{3} + (2I_{\mathrm{d}})^2 \times \frac{\pi}{3}\right]} = \sqrt{2}\,I_{\mathrm{d}}$$

变压器二次侧容量为

$$S_2 = 3U_2I_2 = 3 \times \frac{U_{\mathrm{d}0}}{2.34} \times 0.816I_{\mathrm{d}} = 1.05P_{\mathrm{d}0}$$

一次侧容量为

$$S_1 = 3U_1I_1 = 3U_2I_2 = 1.05P_{\mathrm{d}0}$$

变压器标称容量为

$$S = \frac{1}{2}(S_1 + S_2) = 1.05P_{\mathrm{d}0}$$

2) 变压器的磁势平衡关系

变压器原边电流的波形和幅值是与变压器的连接和变比有关的。根据变压器铁芯柱上磁势平衡的原理可得方程式,即

$$i_{1a} - i_{2a} = i_{1b} - i_{2b} = i_{1c} - i_{2c} = \frac{M}{W}$$

可列出回路电压方程,即

$$\begin{cases} u_{AB} = L_1\,\dfrac{\mathrm{d}i_{1a}}{\mathrm{d}t} + L_0\,\dfrac{\mathrm{d}}{\mathrm{d}t}(i_{1a} - i_{2a}) \\[2mm] u_{BC} = L_1\,\dfrac{\mathrm{d}i_{1b}}{\mathrm{d}t} + L_0\,\dfrac{\mathrm{d}}{\mathrm{d}t}(i_{1b} - i_{2b}) \\[2mm] u_{CA} = L_1\,\dfrac{\mathrm{d}i_{1c}}{\mathrm{d}t} + L_0\,\dfrac{\mathrm{d}}{\mathrm{d}t}(i_{1c} - i_{2c}) \end{cases}$$

式中:$L_1$ 为原边绕组漏电感,$L_0$ 为由磁势产生的主磁通引起的主电感,将上述三式相加得

$$u_{AB} + u_{BC} + u_{CA} = (L_1 + L_0)\,\frac{\mathrm{d}}{\mathrm{d}t}(i_{1a} + i_{1b} + i_{1c}) - L_0\,\frac{\mathrm{d}}{\mathrm{d}t}(i_{2a} + i_{2b} + i_{2c})$$

因电源为三相对称正弦电压,故 $u_{AB} + u_{BC} + u_{CA} = 0$;因控制的对称性二次三相电流对称,任一瞬间 $i_{2a} + i_{2b} + i_{2c} = 0$,故一次三相电流亦是对称电流,所以 $i_{1a} + i_{1b} + i_{1c} = 0$,变压器不存在剩余磁势,$M = 0$,于是得

$$\begin{cases} i_{1a} = i_{2a} \\ i_{1b} = i_{2b} \\ i_{1c} = i_{2c} \end{cases}$$

和

$$\begin{cases} i_A = i_{1a} - i_{1c} = i_{2a} - i_{2c} \\ i_B = i_{1b} - i_{1a} = i_{2b} - i_{2a} \\ i_C = i_{1c} - i_{1b} = i_{2c} - i_{2b} \end{cases}$$

和三相半波整流电路相比,三相桥式整流电路在不提高交流电压和不增加整流器工作峰值电压的情况下,将直流输出电压提高了1倍,并在每一臂电流具有相同波形系数的情况下,获得6脉波的输出,从而减小了输出电压的脉动;三相桥式电路的变压器各铁芯柱没有直流或交流剩余磁势,消除了交直流磁势不平衡,提高了变压器的利用率,正因为三相桥式整流电路的诸多优越性,使其在大功率整流中获得极其广泛应用。

### 3.2.3 整流装置的多重化

#### 1. 整流装置多重化的目的

从前面的分析中可以看出,整流电路输出电压的脉波数越多,越有利于提高装置能量变换的效率和减小输出电压的脉动。进一步的分析将会表明,构成尽可能多脉波数的整流装置对减小交直流两侧的谐波含量和提高系统的功率因数起到至关重要的作用。但增加整流输出脉波数的方法不能依赖增加多相半波整流的相数来实现,因为半波整流电路相数越多,整流元件和变压器绕组利用越不充分。在实际中常采用的措施是,将多个基本单元电路或多个整流机组按照一定的方式多重连接而复合使用,以构成多脉波的输出,即多重化结构。多重化的另一个目的,便是提高整个装置的容量。因为在大功率整流或逆变装置中,仅靠提高元件的耐压或增加元件的串、并联数来提高单一机组的容量是远远不够的。

#### 2. 常用的多重化结构

图3-7所示为由两个双反星形整流电路并联构成的12脉波(12相)整流电路,实际是4个三相半波整流电路的并联,目的在于得到低压大电流的整流装置。在结构方面,因为12脉波输出电压每个波头应该错开30°,为此,两台整流变压器Ⅰ和Ⅱ的一次侧分别接成三角形和星形,使得两组整流装置交流侧电压相位上相差30°。为使整流输出电压具有相同的幅值,它们的匝数比应满足图3-7所示的关系。

图3-8(a)、(b)分别表示两个三相桥式整流电路串联和并联以获得等效12相的结构。两个桥式电路的电源由一台三绕组变压器供电,二次侧的两个绕组,一个接成星形,另一个接成三角形,从而使两个整流桥输出瞬时电压在相位上错开30°。在将两桥并联时,须通过平衡电抗器来平衡两组6脉波输出电压的瞬时差异,防止负载电流在两个整流桥中上下波动。平衡电抗器的工作频率是整流器交流电源频率的6倍,铁芯和绕组制造材料的利用率较高。等效12相整流电路的网侧电流仅含$12k \pm 1$次($k = 1,2,3,\cdots$)谐波,即$11,13,23,25,35,37,\cdots$次谐波,其幅值与次数成反比而降低。

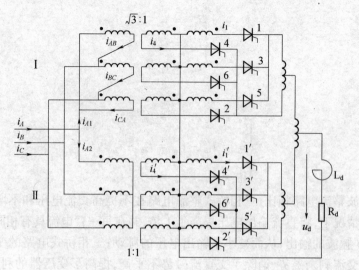

图 3-7 两组双反星形整流电路并联构成的 12 脉波整流电路

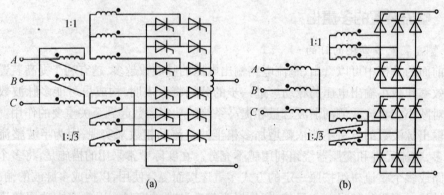

图 3-8 由两组桥式整流电路构成的 12 脉波整流电路

(a) 两组桥式整流电路的并联;(b) 两组桥式整流电路的串联。

该电路的其他特性如下:

输入电流有效值为

$$I_1 = 1.577I_d$$

输入电流总畸变率为

$$\text{THD} = 0.1522$$

位移因数为

$$\varphi_1 = \cos\alpha$$

基波因数为

$$\xi = \frac{\dfrac{A_1}{\sqrt{2}}}{I_1} = 0.9886$$

功率因数为

$$\text{PF} = 0.9886\cos\alpha$$

50

从理论上讲,按照组成 12 脉波输出相类似的方法,采用变压器的移相功能,使并联或串联的各个整流机组获得需要的相位移动,以构成更多脉波数的整流电路是可行的。例如,通过依次相差 20° 的三个变压器绕组分别供电给三个三相整流桥就可以获得 18 脉波的整流电路,其网侧电流仅含 $18k \pm 1$ 次谐波;通过依次相差 15° 的四个变压器绕组分别供电给四个三相整流桥就可以获得 24 脉波的整流电路,其网侧电流仅含 $24k \pm 1$ 次谐波;而36 脉波的输出需要 10° 的相位移⋯⋯各种等效多相连接,可以是不可控的、半控的,也可以是全控的。当各单元换流组串联运行时,单元之间的不同控制方式并不带来什么问题。而当多个换流组并联运行时,除配备额定电压和工作频率都符合要求的平衡电抗器外,还要求控制方式一致。当然,相数过多就会使结构复杂、不易得到精确的相移角、控制难度增大、安装费用增加,因此要从技术、经济指标全面衡量后作出抉择,目前用得最多的还是12 相。

## 3.3 整流变压器和电抗器

整流变压器和电抗器是构成电力电子装置和系统的重要辅助器件,它们极大地影响着装置和系统的运行性能。本节在读者已经掌握了变压器和电抗器基本工作原理的基础上,就整流变压器和电抗器的特性、连接方式和参数的计算原则做一介绍。

### 3.3.1 整流变压器特性与连接方式

**1. 整流变压器的工作特性**

整流变压器在系统中有着变换电压,一、二次侧电压隔离以及移相等功能,特别是在整流装置和逆变装置的多重化结构中起着特殊的作用。整流变压器为整流器提供电源,其一次侧接交流电网,常称为网侧;二次侧接整流器,常称为阀侧。整流变压器不同于电力变压器之处在于以下两点。

(1)电流不是正弦波。由于相控整流器各臂在一周期内轮流导通,流经整流臂的电流波形为断续的近似矩形波,所以整流变压器各相绕组中的电流波形也不是正弦波,其谐波将使铁芯涡流损耗增大。

(2)整流变压器因整流装置的不同要求而不同。如用于电化学(电解、电镀)的整流变压器要求阀侧低电压大电流,电压可低到数伏至数十伏,而电流可达到数万安;电气化铁道干线电力机车由单相电源供电,采用单相变压器和单相整流;在大功率整流装置中常采用多个机组的组合,这时要求变压器二次侧具有多套绕组,以便提供多个电压以适应移相或调压的要求等。

**2. 整流变压器常用的连接方式**

根据整流变压器的不同用途和特点,阀侧线圈有许多特殊的连接法,下面仅就几点考虑来说明整流变压器的几种常见连接法。

1)消除直流磁化

在三相半波整流电路中,变压器铁芯柱上的直流磁势 $\frac{1}{3}I_d W$,会导致不希望的铁芯饱和。为了消除整流变压器的直流磁化,可有多种对策。如采用双反星形整流电路的变压器结构,其变压器的每相铁芯在一周期中受到来自两个三相半波换相组的正、反方向相等的磁化,因而不存在直流剩余磁势。一些称为双拍的整流电路(电流可以在变压器绕组中双向流动的整流电路),如单相桥式或三相桥式整流变压器的阀侧电流在绕组中沿两个方向流动,也消除了直流磁化。还有,将单拍电路(电流只可以在变压器绕组中单向流动的整流电路),如三相半波整流电路的各相阀侧绕组分成两段,采用曲折形连接来消除直流磁势的不平衡。不过,在改善整流特性的同时,也会降低变压器绕组的利用率。图3-9表明了曲折形接法主电路结构和电压向量关系。

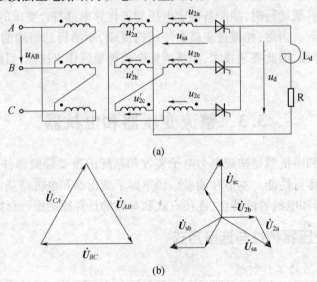

(a)

(b)

图 3-9 整流变压器的曲折形连接

(a) 主电路结构;(b) 电压向量。

2) 消除三次谐波磁通

变压器要工作,必须得建立主磁通,通过铁芯,将电势从原边感应到副边,变压器的空载电流,就具备两个功能:一个是建立主磁通;另一个是给变压器提供铁损耗,由于主磁通电流(激磁电流)远大于铁损电流,所以可以称空载电流为激磁电流,用于建立主磁通。

由于变压器磁化曲线的非线性,在铁芯中要得到正弦主磁通,激磁电流必定要含有三次谐波。

当三相变压器作星形-星形连接时,由于没有中线引出而使三次谐波电流无法流通,故激磁电流中不可能有三次谐波,这样,激磁电流就接近于正弦波形,这将使铁芯中的主磁通呈现平顶波形。至于影响多大,则要看磁路的结构。对于由三个单相变压器组成的三相变压器组,由于各相有单独的磁路而彼此没有联系,每一相的三次谐波磁通能够在各自的铁芯磁路内存在,从而感应出较大的三次谐波电势,在通常的磁密下,三次谐波电势可达到基波的50%~60%,使相电压升高呈尖顶波状,危及变压器的绝缘。对于三铁芯柱变压器,三次谐波磁通不可能在铁芯内构成闭合回路,只能通过铁芯外的非磁性介质完成闭合回路而被大大削弱,使主磁通仍接近于正弦,因此相电压中也没有明显的三次谐波成分。不过,仍有一定数量的三次谐波磁通通过油箱壁及其他金属构件在其中产生涡流,增大损耗,使变压器的效率降低,且局部过热对安全运行危害极大。因此国家对于星形-星形连接变压器的容量作出限制,星形-星形接线在大功率整流电路中一般不宜采用,即使在小功率整流电路中采用也需考虑这个异常的情况。

当三相变压器的一次侧或二次侧有一边连接成三角形时,因为闭合回路容许三次谐波电流通过,可以供给产生正弦磁通所需要的三次谐波电流,情况就和上面所述的大不相同了。当三角形连接用在一次侧时,磁通和电势接近正弦很容易理解。当变压器采用星形－三角形连接时,激磁电流中不允许有三次谐波而使主磁通成为平顶波,其中的三次谐波磁通将在二次相绕组感应三次谐波电势,且相位滞后三次谐波磁通90°,而三次谐波电势在三角形连接绕组内产生的环流接近于滞后三次谐波电势90°,这样三次谐波环流所产生的磁通与三次谐波磁通相位相反,基本抵消,这也使得主磁通和感应电势接近正弦波。

从整个磁路来看,根据全电流定律,主磁通是一次和二次绕组合成的磁势共同产生的,可见变压器在一次或二次绕组中有一边接成三角形的特殊作用。在大型电力电网中,当高低压绕组边都需要中点接地保护而必须接成星形－星形时,为使电势仍保持正弦波形,有时就在变压器中再加一个第三绕组,且把它接成三角形,称辅助绕组,其任务就是为了提供激磁电流所需要的三次谐波分量。但由于短路情况的要求,第三绕组的容量应不小于额定容量的1/3。

当容量一定,使用星形连接时绕组中的电流比三角形连接大$\sqrt{3}$倍,而承受的电压为三角形连接的$1/\sqrt{3}$,所以常常在变压器高压侧使用星形连接,低压侧使用三角形连接。

3)实现移相

脉波数大于12的整流设备通常由相互间位移一个角度的两个或多个整流器装置串联或并联构成。相位移可以通过改变连接,或者在变压器的一次侧或调压变压器的二次侧增设移相线圈来得到。如图3－10所示,为了给两台机组供电,整流变压器的两个二次绕组分别采用星形和三角形连接,这样二次侧线电压可得到30°的移相角。对于桥式全控整流电路,两个机组不论并联还是串联,都可得到12相整流输出。

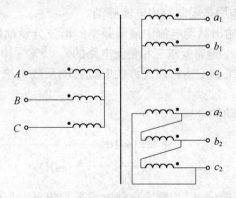

图3－10　变压器二次星形—三角形接线变压器连接方式

图3－11为由移相20°的三个桥式整流电路串联构成的18脉波整流电路。18脉波整流电路输入谐波次数为17,19,35,53,55,…,基波因数达到0.9949。

## 3.3.2　电抗器的设置和计算

在电力电子装置中设置的各种电抗器,其作用在于提高对负载供电的性能,保证系统

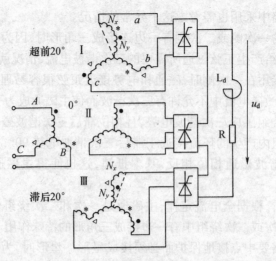

图 3-11  18脉波整流电路结构

运行的稳定、安全和可靠。具体起着滤波、平波、均流、能量转换及减缓电流变化率的作用。流过电抗器的电流和电抗器的电感量是设计电抗器的重要参数,前者根据负载来给定,应当是一个已知量,而电抗器的电感量则要根据其在电路中所起的主要作用来加以计算。下面将介绍电抗器的几种主要用途和计算原则。

1. 限制输出电流脉动的电感量 $L_m$

常在整流器的直流侧设置带有空气隙的铁芯电抗器。相控整流装置输出脉动直流电压波,在它的作用下脉动电流除了直流分量外,还存在由一系列谐波组成的交变分量,且谐波的幅值随着控制角 $\alpha$ 的增大而显著上升,并在 $\alpha = 90°$ 时达到最大。谐波分量对直流负载是有害的,因此,在整流装置的输出端串联电抗器,使输出电压中的谐波分量基本都降落在电抗器上,则负载就能够得到比较恒定而平直的电压和电流,使运行特性得到改善。因此电抗器的一个作用是限制输出电流脉动。

电流脉动系数 $s_i$,为输出脉动电流中最低频率的谐波分量幅值 $I_{hm}$ 与输出脉动电流平均值 $I_d$ 之比,即 $s_i = I_{hm}/I_d$。通常要求三相整流电路的 $s_i < 5\% \sim 10\%$,单相整流电路的 $s_i < 20\%$。因此,可以根据系统额定运行所允许的电流脉动系数 $s_i$ 来计算与负载串联电抗器的电感量 $L_m$。

据分析,限制电流脉动的电感量为

$$L_m = \frac{\left(\dfrac{U_{hm}}{U_2}\right) \times 10^3}{2\pi f_h} \frac{U_2}{s_i I_{dN}} \text{(mH)} \tag{3-12}$$

式中:$U_2$ 为电源相电压有效值;$I_{dN}$ 为额定负载电流平均值;$U_{hm}$ 为最低次谐波电压幅值;$f_h$ 为最低次谐波频率;$s_i$ 为整流电路允许电流脉动系数。

除了限制电流脉动外,负载电流小到一定程度时,输出电流就会不连续而使系统运行特性变坏,通常电机电枢电感较小并不能满足电流连续的要求,故必须在整流装置的输出电路中接入与负载串联的、旨在保持电流连续的临界电感量 $L_1$,具体内容请见第 5 章。

2. 电机电感量和变压器漏电感量

限制电流脉动的电感量 $L_m$ 和临界电感量 $L_1$ 应包括电流路径中所有的电感量,其中

54

最主要的是折合到变压器二次侧每相的漏电感量 $L_B$ 和负载电机的电感量 $L_D$。因此,为了准确地设计电抗器,计算出来的 $L_m$ 和 $L_l$ 应该减去电机和变压器的电感量。

电机电感量为

$$L_D = K_D \frac{U_N}{2pnI_N} \times 10^3 (\text{mH}) \tag{3-13}$$

式中:$U_N$ 和 $I_N$ 分别为电机的额定电压和额定电流;$n$ 和 $p$ 分别为电机的额定转速（r / min）和磁极对数;$K_D$ 为计算系数（对于一般无补偿电机 $K_D = 8 \sim 12$,对于快速无补偿电机 $K_D = 6 \sim 8$;对于有补偿电机 $K_D = 5 \sim 6$）。

变压器的漏感抗为

$$x_B = 2\pi f L_B = \frac{U_2}{I_2} \frac{u_k}{100}$$

如果用额定负载电流 $I_d$ 来代替上式中的变压器二次侧电流有效值 $I_2$,通过整理就得到折合至变压器二次侧每相的漏电感量 $L_B$,且

$$L_B = K_B \frac{u_k}{100} \frac{U_2}{I_d} (\text{mH}) \tag{3-14}$$

式中:$U_2$ 为整流变压器二次相电压有效值（V）;$I_d$ 为整流装置直流侧的额定负载电流（A）;$u_k$ 为变压器的短路比（%）;$K_B$ 为与整流主电路形式有关的系数,单相桥 3.18,三相半波 6.75,三相桥 3.9,带平衡电抗双反星形 7.8。

与负载串联的限制电流脉动的实际电感量 $L_{ma}$ 应从式（3-12）所得到的 $L_m$ 中扣除,即

$$L_{ma} = L_m - (L_D + L_B)$$

同理保证电流连续的实际临界电感量为

$$L_{la} = L_l - (L_D + L_B)$$

在具体计算时应当注意,对于三相桥式系统,因为变压器两相串联导电,计算时应取 $2L_B$ 代入;对于双反星形应取 $\frac{1}{2}L_B$ 代入。

在不可逆整流电路中,可以只用一只电抗器,使它在额定时的电感量不小于 $L_{ma}$,而在最小负载电流时电感量不小于 $L_{la}$。如果根据计算所得的 $L_{ma}$ 和 $L_{la}$ 相差不多,则 $L_{ma}$ 和 $L_{la}$ 合并考虑后设置的电抗器统称为平波电抗器。

3. 限制环流的平衡电抗器电感量

为使不同时换相的两个并联的整流电路能够独立工作,共同支撑负载,须在两个环流组的输出之间设置平衡电抗器,用以平衡非同期换相组间的瞬时电位差。平衡电抗器在整流电路中的一般接线如图 3-12 所示,电抗器的中点 $O$ 接到直流侧,两个端点 $O_1$、$O_2$ 分别接到两个换相组各自的公共连接点。平衡电抗器的两个支路对于交变电位差来说是串联的,对于直流电流来说则是并联的。平衡电抗器铁芯一般为单相双柱式,磁路中一般无间隙,电抗器两个支路的线圈绕向应使支路中的直流电流所产生的磁势相互抵消。

除用来均衡并联工作的两个机组的负载外,在有环流的可逆调速系统中也设置均衡电抗器,其核心作用是限制不同时换相的两个机组之间的环流,保证两个机组电流连续而

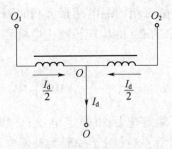

图 3 - 12　平衡电抗器接线原理

都不断流,使反并联工作的两个机组能够相互配合,共同实现对负载的协调控制。可见,均衡电抗器电感量的计算原理和使输出电流连续临界电感量的计算原理相同,计算公式也相同。关于电抗器的计算见第5章。

# 3.4　脉冲宽度调制整流电路

目前,在各个领域实际应用的整流电路几乎都是晶闸管相控整流电路或二极管整流电路。晶闸管相控整流电路的输入电流滞后于电压,其滞后角随着触发延迟角 $\alpha$ 的增大而增大,位移因数也随之降低。同时,输入电流中谐波分量也相当大,因此功率因数很低。随着以 IGBT 为代表的全控型器件的不断进步,脉冲宽度调制(PWM)控制技术的应用与发展为整流器性能的改进提供了变革性的思路和手段,把逆变电路中的 SPWM 控制技术用于整流电路,就形成 PWM 整流电路。通过对 PWM 整流电路的适当控制,可以使其输入电流非常接近正弦波,且和输入电压同相位,因而具有网侧电流为正弦波、功率因数可以控制、电能双向传输和动态响应快等优良特性。PWM 整流器亦称为"高频整流器"或"四象限变流器",还有叫"斩控式整流器"、"升压整流器"或"有源整流器"。

## 3.4.1　PWM 整流电路结构和原理

和逆变电路相同,PWM 整流电路也可以分为电压型和电流型两大类。目前研究和应用较多的是电压型 PWM 整流电路,因此这里主要介绍电压型的电路。

1. 单相电压型 PWM 整流电路拓扑结构和工作原理

电压型单相全桥 PWM 整流电路,其结构和单相全桥逆变电路几乎一样,图 3 - 13(a)和(b)分别为单相半桥和全桥电压型 PWM 整流电路。对于半桥电路来说,直流侧电容必须有两个电容串联,其中点和交流电源连接。对于全桥电路来说,直流侧电容只要一个就可以了。交流侧电感 $L_s$ 包括外接电抗器的电感和交流电源内部电感,是电路正常工作所必需的。电阻 $R_s$ 包括外接电抗器中的电阻和交流电源的内阻。

下面以全桥电路为例说明 PWM 整流电路的工作原理。由 SPWM 逆变电路的工作原理可知,按照正弦信号波和三角波相比较的方法对图 3 - 13(b)中的 $VT_1 \sim VT_4$ 进行 SPWM 控制,就可以在桥的交流输入端 $A$、$B$ 产生一个 SPWM 波 $u_{AB}$。

$u_{AB}$ 中含有和正弦信号波同频率且幅值成比例的基波分量,以及和三角波载波有关的频率很高的谐波,而不含有低次谐波。由于 $L_s$ 的滤波作用,高次谐波电压只会使交流电

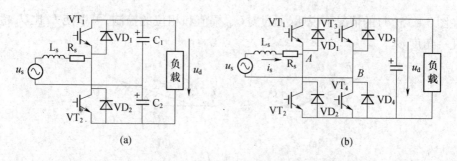

图 3-13 单相电压型 PWM 整流电路

(a) 单相半桥电路；(b) 单相全桥电路。

流 $i_s$ 产生很小的脉动，可以忽略。这样当正弦信号波的频率和电源频率相同时，$i_s$ 也为与电源频率相同的正弦波。图 3-14 示出电压 $u_{AB}$ 及其基波 $u_{ABf}$、电源电压 $u_s$ 的波形和相位关系。

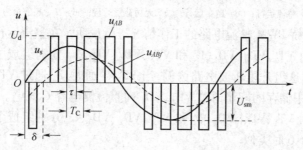

图 3-14 电压 $u_{AB}$ 及其基波 $u_{ABf}$、电源电压 $u_s$ 的波形和相位关系

在交流电源电压 $u_s$ 一定的情况下，$i_s$ 的幅值和相位仅由 $u_{AB}$ 中基波分量 $u_{ABf}$ 的幅值及其与 $u_s$ 的相位差来决定。改变 $u_{ABf}$ 的幅值和相位，就可以使 $i_s$ 和 $u_s$ 同相位、反相位，$i_s$ 比 $u_s$ 超前 90°，或使 $i_s$ 与 $u_s$ 的相位差为所需要的角度。图 3-15 的相量图说明了这几种情况，图中 $\dot{U}_S$、$\dot{U}_L$、$\dot{U}_R$ 和 $\dot{I}_S$ 分别为交流电源电压 $u_s$、电感 $L_s$ 上的电压 $u_L$、电阻 $R_s$ 上的电压 $u_R$ 以及交流电流 $i_s$ 的相量，$\dot{U}_{AB}$ 为的 $u_{AB}$ 相量。

图 3-15(a) 中，$\dot{U}_{AB}$ 滞后 $\dot{U}_S$ 的相角为 $\delta$，$\dot{I}_S$ 和 $\dot{U}_S$ 完全同相位，电路工作在整流状态，且功率因数为 1，是 PWM 整流电路最基本的工作状态。

图 3-15(b) 中，$\dot{U}_{AB}$ 超前 $\dot{U}_S$ 的相角为 $\delta$，$\dot{I}_S$ 和 $\dot{U}_S$ 的相位正好相反，电路工作在逆变状态。说明 PWM 整流电路可以实现能量正反两个方向的流动，既可以运行在整流状态，从交流侧向直流侧输送能量，也可以运行在逆变状态，从直流侧向交流侧输送能量。而且，这两种方式都可以在单位功率因数下运行。这一特点对于需要再生制动运行的交流电机调速系统是最重要的。

图 3-15(c) 中 $\dot{U}_{AB}$ 滞后 $\dot{U}_S$ 的相角为 $\delta$，$\dot{I}_S$ 超前 $\dot{U}_S$ 90°，电路在向交流电源送出无功功率，这时的电路被称为静止无功功率发生器(Static Var Generator，SVG)。一般不再称为 PWM 整流电路了。

在图 3-15(d) 的情况下说明,通过对 $\dot{U}_{AB}$ 幅值和相位的控制,可以使 $\dot{I}_s$ 比 $\dot{U}_s$ 超前或滞后任一角度 $\varphi$。

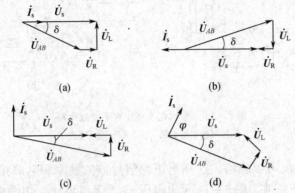

图 3-15　PWM 整流电路的运行方式相量图

(a) 整流运行；(b) 逆变运行；(c) 无功补偿运行；(d) $\dot{I}_s$ 超前角为 $\varphi$。

下面对于单相桥 PWM 整流电路的工作情况进行说明。在整流运行状态下:

当 $u_s > 0$ 时,由 $VT_2$、$VD_4$、$VD_1$、$L_s$ 和 $VT_3$、$VD_1$、$VD_4$、$L_s$ 分别组成了两个升压斩波电路。以包含 $VT_2$ 的这组升压斩波电路为例,当 $VT_2$ 导通时,$u_s$ 通过 $VT_2$、$VD_4$ 向 $L_s$ 储能;当 $VT_2$ 关断时,$L_s$ 中储存的能量通过 $VD_1$、$VD_4$ 向直流侧电容 $C$ 充电。

当 $u_s < 0$ 时,由 $VT_1$、$VD_3$、$VD_2$、$L_s$ 和 $VT_4$、$VD_2$、$VD_3$、$L_s$ 分别组成了两个升压斩波电路,工作原理和 $u_s > 0$ 时类似。

因为电路按升压斩波电路工作,所以如果控制不当,直流侧电容电压可能比交流电压峰值高出很多倍,对电力半导体器件形成威胁。另一方面,如果直流侧电压过低,例如低于 $u_s$ 的峰值,则 $u_{AB}$ 中就得不到图 3-14 中所需要的足够高的基波电压幅值,或 $u_{AB}$ 中含有较大的低次谐波,这样就不能按照需要控制 $i_s$,$i_s$ 波形就会发生畸变。

从上述分析可以看出,电压型 PWM 整流电路是升压型整流电路,其输出直流电压可以从交流电源电压峰值附近向高调节,如要向低调节就会使电路性能恶化,以致不能工作。

**2. 三相 PWM 整流电路**

图 3-16 是三相桥式 PWM 整流电路,这是最基本的 PWM 整流电路之一,其应用也最为广泛。图中 $L_s$、$R_s$ 的含义和图 3-13(b) 中的单相全桥 PWM 整流电路完全相同。工作原理也和前述的单相全桥电路相似,只是从单相扩展到三相。对电路进行 SPWM 控制,在桥的交流输入端 $A$、$B$ 和 $C$ 可得到 SPWM 电压,对各相电压按图 3-15(a) 的相量图进行控制,就可以使各相电流 $i_a$、$i_b$、$i_c$ 为正弦波且和电压相位相同,功率因数近似为 1。和单相电路相同,该电路也可以工作在图 3-15(b) 的逆变运行状态及图 3-15(c) 或(d) 的状态。

图 3-17 是由两个三相桥式 PWM 变流器级联而成的电压型双 PWM 变流电路,它作为可逆 AC/DC/AC 功率变换器,成为 PWM 整流器的重要应用之一。其典型的控制方式是,当电机处于电动状态时,电源侧 PWM 变流器作为整流器运行,电机侧 PWM 变流器作为逆变器运行,中间直流电压可在一定范围内调节,交流侧电压电流的相位角 $\varphi$ 在 0° ~

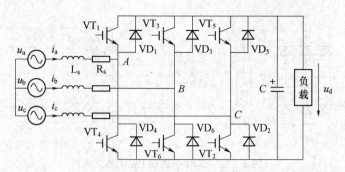

图 3-16　三相桥式 PWM 整流电路

90°范围内设置,当 $\varphi$ 为 0°时系统功率因数为 1。当电机进入再生制动时,首先是电机侧 PWM 整流器把再生能量回馈到中间直流环节,使直流侧电压升高,电源侧 PWM 整流器自动进入有源逆变状态,将电机的机械能转换为电能回馈电网。此时相位角 $\varphi$ 可在 90°～180°范围内设置。

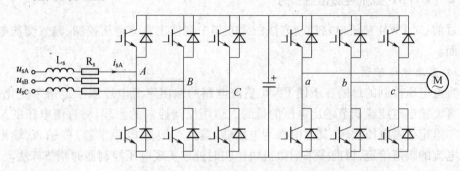

图 3-17　电压型双 PWM 变流电路

电压型双 PWM 变频电路非常适合于电机频繁再生制动的场合,如可逆轧机、电力机车牵引、矿井升降机驱动等。

**3. 电流型 PWM 整流电路**

电流型三相桥式 PWM 整流电路如图 3-18(a)所示。这种变流器交流侧采用电感、电容滤波,滤除与开关频率有关的高次谐波。直流侧为大电感滤波,直流侧电流恒定,主电路开关管不须反并联续流二极管,因此主电路结构简单,但开关管须承受正、反向的耐压。当某一桥臂上管导通,则必须有且唯一的一个下管导通,为防止大电感电路的断开,桥臂的两个开关管在换流时应保证先通后断,即不须设置死区时间。利用正弦波调制的方法控制直流电流 $I_d$ 在各开关器件的分配,使各相交流电流波形接近正弦波,且和电源电压同相位。

和图 3-17 电压型双 PWM 变频电路一样,图 3-18(b)的电流型双 PWM 变频电路也构成交直交变频调速系统的典型应用,电机在电动状态和制动状态时都可控制交流侧电流为正弦波,且功率因数近似为 ±1。

电流型 PWM 整流器应用不广泛有两个原因。一是电流型整流器输出电感体积、重量和损耗都比较大。二是常用的现代全控器件如 IGBT、MOSFET 都是具有反并联二极管(或集成在器件内部的二极管)反向自然导电的开关器件,若用在电流型装置中,还须再

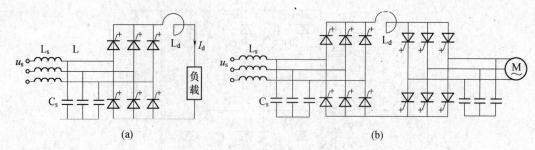

图 3 - 18　三相电流型 PWM 整流电路

(a) 电流型三相桥式 PWM 整流电路；(b) 电流型双 PWM 变频电路。

串联一个二极管阻止电流反向,其主电路构成复杂且通态损耗也大。为此,电流型 PWM 装置通常只在功率非常大的场合应用,此时所用的开关器件(如 GTO)本身只有单向导电特性。电流型 PWM 整流器可靠性较高,对电路保护有利。

### 3.4.2　PWM 整流电路的控制

目前,对 PWM 整流电路控制方法的研究集中在输出直流电压控制、输入交流电流控制方面。

#### 1. 直流电压控制

直流电压控制的目的在于使 PWM 整流电路的输出直流电压随给定指令变化,达到稳定直流输出电压或调节输出电压的目的。运用反馈控制的原理,将直流电压的采样反馈值与给定参考电压比较,其差值作为电压调节器(一般是 PI 调节器)的输入,输出作为交流电流的幅值给定,目前多采用微机快速实时处理实现电压控制器的调节算法。

#### 2. 交流电流控制

控制 PWM 整流电路的目的之一是使输入电流的波形接近正弦并与输入的电网电压同相位,从而获得单位功率因数。根据是否选取瞬态输入交流电流作为反馈控制量, PWM 整流电路的控制可以分为间接电流控制和直接电流控制两种,没有引入输入电流反馈的称为间接电流控制,引入输入电流反馈的称为直接电流控制。下面分别介绍这两种控制方法的基本原理。

#### 1) 间接电流控制

间接电流控制也称为幅值和相位控制。这种方法就是按照图 3 - 15(a)和(b)的相量关系来控制整流桥交流输入端电压,使得输入电流和电压同相位,从而得到功率因数为 1 的控制效果。

图 3 - 16 所示的三相 PWM 变流器,其间接电流控制的系统结构如图 3 - 19 所示。控制系统的外环是整流器直流侧输出电压控制环。直流电压给定信号 $u_d^*$ 和实际的直流电压 $U_d$ 比较后送入 PI 调节器,PI 调节器的输出为一直流指令信号 $i_d$,$i_d$ 的大小和整流器交流输入电流的幅值成正比。稳态时,$u_d = u_d^*$,PI 调节器输入为零,PI 调节器的输出 $i_d$ 和整流器负载电流大小相对应,也和整流器交流输入电流的幅值相对应。

图 3 - 19 中的两个乘法器均为三相乘法器的简单表示,实际上两者均由三个乘法器组成。上面的乘法器是 $i_d$ 分别乘以和 $a$、$b$、$c$ 三相相电压同相位的正弦信号,再乘以电阻 R,就可以得到各相电流在 $R_S$ 上的降压 $u_{Ra}$、$u_{Rb}$ 和 $u_{Rc}$；下面的乘法器是 $i_d$ 分别乘以比 $a$、

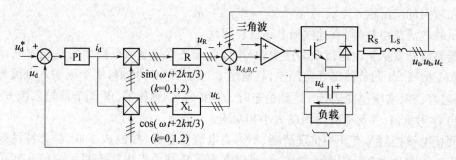

图 3 - 19　间接电流控制系统结构图

$b$、$c$ 三相相电压相位超前 $\pi/2$ 的余弦信号,再乘以电感 L 的感抗,得到各相电流在电感 $L_s$ 上的压降 $u_{La}$、$u_{Lb}$ 和 $u_{Lc}$。各相电源相电压 $u_a$、$u_b$、$u_c$ 分别减去前面求得的输入电流在电阻 R 和电感 L 上的压降,就可得到所需要的交流输入端各相的相电压 $u_A$、$u_B$ 和 $u_C$ 的信号,用该信号对三角波载波进行调制,得到 PWM 开关信号去控制整流桥,就可以得到需要的控制效果。电阻 $R_s$ 上的压降、电感 $L_s$ 上的压降和桥臂中点 PWM 斩控电压 $u_A \sim u_C$ 分别为

$$\begin{cases} u_{Ra} = i_d R_s \sin\omega t \\ u_{Rb} = i_d R_s \left( \sin\omega t - \dfrac{2\pi}{3} \right) \\ u_{RC} = i_d R_s \left( \sin\omega t - \dfrac{4\pi}{3} \right) \end{cases} \quad (3-15)$$

$$\begin{cases} u_{La} = i_d x_L \cos\omega t \\ u_{Lb} = i_d x_L \left( \cos\omega t - \dfrac{2\pi}{3} \right) \\ u_{Lc} = i_d x_L \left( \cos\omega t - \dfrac{4\pi}{3} \right) \end{cases} \quad (3-16)$$

$$\begin{cases} u_A = u_a - u_{Ra} - u_{La} \\ u_B = u_b - u_{Rb} - u_{Lb} \\ u_C = u_c - u_{Rc} - u_{Lc} \end{cases} \quad (3-17)$$

经过式(3-15)~式(3-17)的逻辑算法得到的桥臂中点 PWM 斩控电压 $u_A \sim u_C$,便能满足稳定直流输出电压和使交流输入电流与电源电压同相的目的,这就是 PWM 整流电路的控制目标。不过,控制目标归根到底是通过对 PWM 变流器开关逻辑信号的控制来实现的。控制变流器 PWM 开关逻辑信号的方法很多,图 3-19 采用 SPWM 方式,由信号 $u_A \sim u_C$ 对三角波载波进行调制,所产生的 PWM 开关信号去控制变流器的开关管,以达到需要的控制效果。

对照图 3-15(a)所示的相量图来分析控制系统结构图,可以对图中各环节输出的物理意义和控制原理有更为清楚的认识。

电压环稳定输出电压的调节过程如下:

负载电流增大时,直流侧电容器 $C$ 放电而使 $u_d$ 下降,PI 调节器的输入端出现正偏差,使其输出 $i_d$ 增大,进而使交流输入电流增大,也使直流侧电压 $u_d$ 回升。达到新的稳态时 $u_d$ 和 $u_d^*$ 相等,PI 调节器输入仍恢复到零,而 $i_d$ 则稳定为新的较大的值,与较大的负载

电流和较大的交流输入电流对应。

负载电流减小时,调节过程和上述过程相反。

若整流器要从整流运行变为逆变运行时,首先是负载电流反向而向直流侧电容 C 充电,使 $u_d$ 抬高,PI 调节器出现负偏差,其输出 $i_d$ 减小后变为负值,使交流输入电流相位和电压相位反相,实现逆变运行。达到稳态时,$u_d$ 和 $u_d^*$ 仍然相等,PI 调节器输入恢复到零,其输出 $i_d$ 为负值,并与逆变电流的大小相对应。

间接电流控制具有开关机理清晰、不需要电流传感器、控制成本低、静态特性好等主要优点。但它也存在几方面的缺陷:一是对变流器桥臂中点电压向量的幅值和相位由电压闭环和基于稳态的数学运算加以控制,这两个环节的响应速度差别较大,难以保证系统具有良好的动态特性;二是从稳态向量关系出发进行的电流控制,其前提条件是电网电压不发生畸变,而实际由于电网内阻的存在、负载的变化及各种非线性负载等扰动引起的瞬态电网波形的畸变,会直接影响控制系统的效果;三是由于交流电流不作为直接的反馈控制量,系统缺乏自身的限流功能,需要专设过流保护电路。因此,间接电流控制的系统应用较少。

2) 直接电流控制

直接电流控制的主要特点在于引入电流控制环对电流进行闭环控制,使系统动态性能明显改善。直接电流控制一般采用电压外环、电流内环的双闭环控制方式,动态响应快,控制精度高,是目前应用最广泛、最实用化的控制方式。

在这种控制方法中,通过运算求出交流输入电流指令值,再引入交流电流反馈,通过对交流电流的直接控制而使其跟踪指令电流值,因此这种方法称为直接电流控制。直接电流控制中有不同的电流跟踪控制方法,图 3 - 20 给出的是一种最常用的采用电流滞环比较方式的控制系统结构图。

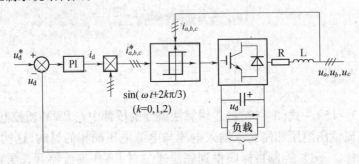

图 3 - 20    直接电流控制系统结构图

图 3 - 20 所示的控制系统是一个双闭环控制系统。其外环是直流电压控制环,内环是交流电流控制环。外环的结构,工作原理均和图 3 - 19 所示的间接电流控制系统相同,前面已经详细分析,这里不再重复。外环 PI 调节器的输出为 $i_d$,$i_d$ 分别乘以和 $a$、$b$、$c$ 三相相电压同相位的正弦信号,得到三相交流电流的正弦指令信号 $i_a^*$、$i_b^*$ 和 $i_c^*$。可以看出,$i_a^*$、$i_b^*$ 和 $i_c^*$ 分别和各自的电源电压同相位,其幅值和反映负载电流大小的直流信号 $i_d$ 成正比,这是整流器作单位功率因数运行时所需的交流电流指令信号。该指令信号和实际交流电流信号比较后,通过滞环对器件进行控制,便可使实际交流输入电流跟踪指令值。图 3 - 21 给出了采用滞环控制方式的输出电流波形,其跟踪误差在由滞环环宽所决

62

定的范围内。

采用滞环电流控制的优点是：交流电流的畸变可以始终保持在一个给定的容差范围内，而不受电网电压波动和负载变化的影响；由于直接调节交流电流，系统动态响应快；控制运算中不使用电路参数而不受电路参数变化的影响。滞环电流控制的主要问题是：由于滞环宽度一般固定，PWM 整流器开关状态的转换时刻是由交流电流决定的，因此平均开关频率随直流侧负载电流的变化而变化。重载时，开关频率显著增加，瞬间开关频率可能更高，使得开关器件的应力过大。为此已出现不少改进的方法，如采用滞环宽度变化或自适应调节来得到大致固定的开关频率。

总之，采用滞环电流比较的直接电流控制系统结构简单，电流响应速度快，控制运算中未使用电路参数，系统鲁棒性好，因而获得了较多的应用。

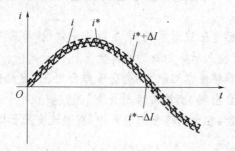

图 3-21 滞环比较方式的指令电流和输出电流

### 3.4.3 PWM 整流电路的应用

经过几十年的研究和发展，PWM 整流电路已日趋成熟。其主电路已从早期的半控型器件桥路发展到全控型器件桥路；拓扑结构已从单相、三相电路发展到多相组合及多电平拓扑电路；PWM 开关控制由单纯的硬开关调制发展到软开关调制；功率等级从千瓦级发展到兆瓦级。由于 PWM 整流电路实现了网侧电流正弦化、单位功率因数运行、能量双向传输等优良特性，使其控制技术和应用领域获得进一步的发展和拓宽。PWM 高频整流电路应用领域按其功率等级大致分为 3 个主要部分。

（1）中小功率应用主要体现产生精度高、动态响应快的 AC/DC 电源，应用场合主要解决功率因数和波形质量问题，实现功率因数校正，如磁场加速电源、充电电源、通信电源、计算机电源和家用电器电源等。

（2）中大功率应用体现在交直流电气传动领域。由 PWM 高频整流电路供电的直流调速系统具有交流侧功率因数高、交流侧电流正弦化、直流输出电压纹波小、动态响应快、控制精度高和可以实现多象限运行等特点；由 PWM 高频整流电路和 PWM 高频逆变器构成的新型 AC/DC/AC 交流传动供电系统可方便地完成交流电机的四象限驱动，目前已成为交流调速系统的主要形式。

（3）大功率应用体现在交、直流输电系统中。例如高压直流输电（HVDC）和柔性交流输电（FACTS）中的某些装置，其典型应用如新型静止无功发生器（ASVG）和有源电力滤波器（APF）。

简单地说，ASVG 就是将桥式变流电路通过电抗器并联到电网上，或是直接并联到电网上,通过适当地调节桥式电路交流侧输出电压的相位和幅值(间接电流控制),或者直接控制其交流侧电流(直接电流控制),使该电路吸收或者发出满足要求的无功电流,实现动态无功补偿的电力变流器。

APF 是一种将系统中所含有害电流(高次谐波电流、无功电流及负序电流)检出,通过电力电子变流器产生补偿电流以抵消母线中有害电流,实现动态抑制和补偿的电力电子变换装置。APF 具有补偿性能不受电网变化的影响、不易和电网阻抗发生谐振、动态性能和快速性好等优点。关于 APF 的更多知识请读者见后面章节。

## 思考题及习题

3－1　说明技术指标电压波形系数、电压纹波系数、脉动系数、电流畸变因数、电流谐波因数、位移因数和整流输入功率因数的具体含义。

3－2　在哪些大功率整流电路中,整流变压器会出现"直流磁势不平衡"的情况?哪些整流电路的变压器又会出现"交流磁势不平衡"呢?磁势不平衡的特点和危害是什么?为了避免和削弱其危害性,在大功率整流装置中,在整流变压器的接线形式上采取了哪些措施?

3－3　带平衡电抗器的双反星形整流电路比六相半波整流电路有什么优越性?双反星形整流电路主电路的电量应如何计算?外特性曲线如何解释?

3－4　电镀用整流装置,要求直流电压为 18V,电流为 3000A,用带电平衡电抗器的双反星形线路,整流变压器采用角/星连接,一次侧线电压为 380V,考虑到 $\alpha_{min} = 30°$,求变压器二次侧相电压,并估算变压器的容量。如果要求当负载电流降至 300A 时仍保证电路正常运行,估算平衡电抗器的最小电感量。如果要求降至 60A 仍正常工作,电感量又为多大?

3－5　在大功率直流电路中,为什么常常采用多重化的结构形式?在现实多机组串联或并联的多重化结构中应注意哪些问题?多机组串联、并联比单一机组采用元件串、并联有什么优越性?

3－6　试分析单相全桥电压型 PWM 整流电路的工作原理。

3－7　试分析 PWM 整流电路和相控整流电路工作原理的根本区别。PWM 整流电路具有哪些优良性能?

3－8　在 PWM 整流电路中,什么是间接电流控制?什么是直接电流控制?分析其原理。

3－9　为什么说 APF 和 ASVG 是 PWM 整流电路的具体应用?它们之间在控制目标、控制方式上有何异同?

# 第4章 逆变应用技术

逆变技术作为现代电力电子技术的重要组成部分,正成为电力电子技术中发展最为活跃的领域之一,其应用已渗透到国民经济的各个领域和人们生活的方方面面。特别是近年来,随着全控型器件的发展成熟,逆变器性能和逆变技术的应用都进入了崭新的发展阶段,可以说,逆变技术已经和每一个人的生活息息相关。本章将对逆变这种电能变换形式所涉及的主要技术问题进行分析和阐述,为读者从事电力电子技术的研究,特别是逆变技术的应用研究打下基础。

## 4.1 逆变应用技术概述

### 4.1.1 逆变应用技术基本概念和分类

随着各个领域对产品性能要求的不断提高,以及越来越多的用电设备对供电电源要求的多元化,由交流电网提供工频交流电源的单一供电方式已经不能满足产品和生产实际的需要。很多产品和电气设备都要求将不同形式的原始输入电能进行变换,以得到幅值和频率等参数符合各自要求的电能形式,如通信电源、弧焊电源、医用电源、感应加热电源、化工电源、汽车电源和电机调速电源等。现 在,这些电能变换大多都采用各种电力电子技术,其中,采用整流和逆变相组合的方式来实现对原始电能的变换是最基本的变换方式之一。

通常,把交流电变换成直流电的过程称为"整流",而将直流电变换成交流电的过程则称为"逆变";完成逆变功能的电路称为逆变电路,实现逆变过程的装置则称为逆变器或逆变设备。逆变应用技术是研究逆变理论和逆变器应用及设计方法的一门技术。实用电力电子技术是建立在微电子技术、功率半导体技术、电力电子变流技术、控制技术和磁性材料等多门学科基础之上的交叉技术,逆变技术作为实用电力电子技术的重要组成部分,已经随着相关技术和产品的发展渗透到各种电力电子产品之中。

逆变电路的种类很多,可以按不同的标准进行分类,常见的分类方式如下:

(1)按输出相数分类,有单相、三相、多相逆变电路。

(2)按主电路使用的功率开关分类,有半控型(晶闸管)器件和全控型器件逆变电路。

(3)按直流电源的性质分,有电压型和电流型逆变电路。

(4)按输出波形调制方式分有正弦波和非正弦波逆变电路。

除此以外,还有按逆变输出能量的去向,分为有源逆变和无源逆变;按逆变器输出交流电的频率,分为工频逆变(50Hz～60Hz)、中频逆变(几百赫至十几千赫)和高频逆变(十几千赫至十几兆赫);按控制方式,可分为调频式(PFM)逆变、调幅式(PAM)逆变和脉冲宽度调制(PWM)逆变等。各种形式的逆变电路都各有其特点和适用的领域,并在各种不同的电气设备和产品中获得了广泛的应用。

## 4.1.2 逆变技术的应用领域

### 1. 逆变技术的应用领域概述

逆变是将原始的直流电能变换成所需交流电能的一种过程,需要这种电能变换的场合很多,下面列举一些最主要的应用领域。

#### 1)交流电机的变频调速

通过控制交流电机的电压、电流和频率来调节交流电机转速的变频调速技术和产品,可广泛应用于风机、水泵、机床、轧机、机车牵引、电梯等场合。例如,在钢材轧制方面,大功率轧机电机往往使用直流电机调速运行,由于交流电机在成本、功率/重量比、较少维护性等方面优于直流电机,交流调速技术已成为大功率轧机传动的发展方向,其中关键技术之一就是无源逆变技术。

#### 2)不间断电源系统

为了保证对重要设备,如计算机、通信设备、检测设备和安全设备等的安全可靠和优质的供电,常常采用不间断电源。不间断电源的核心技术就是将蓄电池中的直流电能逆变为交流电能的逆变技术。

#### 3)感应加热

由逆变器产生较高频率的交流电,利用涡流效应使金属被感应加热,达到加热和熔化的目的,中频炉、高频炉和电磁炉等设备就是感应加热的典型应用。

#### 4)开关电源

由一种直流电获得其他形式(不同电流、电压和稳定度)的直流电,包括各种体积小、重量轻的高频开关电源,其中绝大多数包含了 DC/AC 高频内调制的中间过程。

#### 5)变频电源

变频电源输出不同于电网频率的恒压、恒频交流电,它们为从电网向采用不同制式的设备供电提供了方便。比如飞机上设备的供电制式为 400Hz 的交流电,为了在地面对这些设备进行调试、实验等工作,就必须采用输出频率为 400Hz 的变频电源。

#### 6)电子整流器

普通日光灯整流器由于工作在工频电压下,不但功率因数差、效率低,而且体积大、重量重。采用逆变技术设计的电子整流器,能有效地提高效率和功率因数,并可以大幅度降低体积和重量,实现了绿色照明。

#### 7)家用电器

为了节能和改善使用性能,在现代的家用电器中,无不渗透着电力电子技术的最新成就,一些技术含量很高的新产品不断上市,如变频空调、电磁灶、微波炉等。

#### 8)风力发电

受风力变化的影响,风力发电机所发出的交流电很不稳定,并网或直接供应给用电设备都非常危险。为此,可利用逆变技术,先将风力发电机产生的交流电整流为直流电,然后再利用逆变器将它逆变为幅值和相位都稳定的交流电馈送入电网或供用电设备使用。

交流电机的变频调速和开关电源是逆变技术最典型的应用,本书在后面设专门章节详细介绍。

2. 逆变应用技术是可持续发展的重要措施

世界能源日趋紧张,以最少的能源和材料消耗换取最大的产出,就是在有限能源和有限资源的条件下,保持人类生存环境少受污染、保证经济可持续发展的重要条件。实现高效节能是国民经济可持续发展的重要措施。

逆变技术除了完成电能变换这个基本任务外,更为深远和重大的意义在于它节能、高效和低耗等方面的显著优势,因此在世界能源短缺的今天,逆变技术更显其强大的生命力和不容置疑的发展前景。

1) 提高供电频率,可减少用电设备的体积和重量

众多电气设备的体积和重量在很大程度上取决于所使用变压器和电抗器的体积和重量。对于工作在交流回路中的这类感性器件,有

$$U = k f N S B_{\mathrm{m}} \qquad\qquad (4-1)$$

式中:$U$ 为绕组电压(V);$k$ 为电压波形系数(正弦波为 4.44,方波为 4);$f$ 为电压频率(Hz);$S$ 为磁芯有效横截面积($\mathrm{m}^2$);$B_{\mathrm{m}}$ 为磁芯工作最大磁通密度(T);$N$ 为绕组匝数。

对于某种磁性材料,在特定的应用情况下,如果 $U$、$k$、$B_{\mathrm{m}}$ 为定值保持不变时,则 $NS$ 与 $f$ 成反比关系,即

$$NS \propto \frac{1}{f} \qquad\qquad (4-2)$$

可见,如果能提高供电电源的工作频率,那么对于这些感性器件,所需要的匝数和磁芯的有效横截面积就都可以成比例降低,从而大大降低器件的体积、重量和成本。将该优势充分发挥并得到最广泛应用的产品是开关电源。通过开关电源中开关管的高频开关动作(小功率开关电源的开关频率可达 MHz 以上,大功率的开关电源一般也有几千赫),直流电被逆变为高频交流电。由于高频变压器和高频电感的体积和重量较低频情况大幅度降低,使得开关电源在小型化、轻量化和成本上都较传统电源(采用工频供电)有着十分明显的优势,这也是发展高频电力电子技术的重大意义之一。

2) 交流电机变频调速的节能效果

在现代交流调速技术中,通过改变交流电机供电频率以达到调速目的的变频调速具有工作效率高、调速范围宽和运行精度高的性能,因此被认为是交流电机的一种比较合理和理想的调速方法。作为将直流逆变为交流的静止变流设备,逆变器可以方便、灵活地实现对交流电机供电频率的控制,且控制性能优异、成本低廉、维护工作量小。随着逆变技术和交流电机控制技术的飞速发展,在大多数应用领域,以"逆变器 + 交流电机"为核心的交流电机调速系统已广泛取代传统调速系统,成为交流电机调速的主要形式。表 4-1 是交流电机调速系统一些主要应用和其简要的说明。下面仅就表中节能一项中的风机类应用作一些简单的说明。

表4-1 交流电机调速系统的应用举例

| 应用效果 | 应用领域 | 应用方法 | 传统的方式 |
|---|---|---|---|
| 节能 | 风机、水泵等 | ·调速运转<br>·采用工频电源恒速运转与逆变器调速运转相结合 | ·采用工频电源恒速运转<br>·采用挡板、阀门控制<br>·液压耦合器 |
| 自动化 | 各种传动机械 | ·多台电机比例速度运转<br>·联动、同步运转 | ·机械式变速减速机<br>·电磁滑差离合器 |
| 提高舒适性 | 空调机 | 采用压缩机调速运转,进行连续温度控制 | 采用工频电源的通、断控制 |
| 减少维护 | ·各种生产线传动设备<br>·机床的主轴传动<br>·车辆传动 | 取代直流电机 | 直流电机 |
| 提高加工质量 | 机床、搅拌机、生产线 | 无级选择最佳的运转速度 | 采用工频电源恒速运转 |

"逆变器+交流电机"的调速系统,其最典型的应用之一是实现各种机械的节能运行,其中又以风机、水泵类机械的转速控制所占比重最大。有资料称这类负载所消耗的功率占整个电力消耗的70%以上,因此提高它们的运行效率对于节约能源具有举足轻重的作用。

大多数风机和泵类都采用交流电机驱动,传统的方法是采用调节闸阀(挡板)来控制流量。显然,在小流量情况下,大量的电能被消耗在克服挡板所引入的阻力上,驱动系统并没有因流量减小而降低功率。据全国各行业不完全统计,风机和泵类平均只需运行在70%的额定功率上,许多场合并非要保持额定转速、满载运行。采用调节电机的转速来控制流量,节能的效果是显著的,因为风机泵类控制的流量与转速成正比($Q \propto n$),负载转矩一般与转速的平方成正比($T \propto n^2$),而消耗的功率却与转速的立方成正比($P \propto n^3$),所以通过调速来控制流量可以大幅度降低电机所消耗的功率,达到节能的目的。如将速度调节到80%的额定速度上,则大约可节能50%,而根据统计,采用逆变器对风机进行变频调速,一般情况下平均节能在15%~20%的范围内。由此可见,利用逆变技术实现交流电机的变频调速可带来巨大的经济效益。

通过上面的分析不难发现,逆变所涵盖的技术和应用领域,其实早已远远超出了"将直流电能变换为交流电能"的概念。不过在习惯上,包括本章之后的内容,当提到"逆变技术",特别是"逆变装置"或"逆变器"时,其所包含的意义往往更着重于"变频器",也就是将直流电变换为"正弦"交流电的装置。对于本节中所提及与逆变技术有关的其他产品或应用,由于涉及的技术比较综合,且因应用领域不同而其核心技术各有特点,将分别在专门的章节中进行讨论,如交流电机变频调速技术和开关电源技术等。

逆变技术应用主要包括功率半导体器件及其应用技术、逆变电路设计和分析技术以及逆变控制技术三方面内容,本章将综合这三方面的内容进行阐述。

## 4.2 逆变器基本工作原理及设计技术

与所有电力电子装置一样,根据功能的不同,可以将逆变器划分为主电路、控制电路和辅助电路三大部分,本节将主要讲述主电路,也就是将直流电能变换为交流电能的直接执行电路的基本工作原理和设计技术。

按照一般的定义,逆变就是将直流变换为交流的过程。逆变器输入的直流电量可以有两种基本的形式:一种是利用电容进行滤波,直流回路的电压波形平直,输出呈低阻抗,逆变器中开关管的通断作用就是将直流电压以一定的方向和次序分配给负载的各相,形成矩形波(或阶梯波)、PWM 波等交流电压,这种逆变器称为电压型逆变器;另一种则是利用电感加以滤波,直流回路的电流波形平直,输出呈高阻抗,逆变器中开关管的通断作用就是将直流电流以一定的方向和次序分配给负载的各相,形成矩形波(或阶梯波)、PWM 波交流电流,这种逆变器称为电流型逆变器。随着功率半导体开关器件的发展,在绝大多数领域都采用高效、简便的电压型逆变器,而且目前使用最多的功率半导体开关器件是 IGBT。

本章将以应用最为广泛的二电平式三相全桥 IGBT 电压型逆变器为例,讨论其主电路的基本工作原理及设计技术等方面的问题。

## 4.2.1　逆变器主电路工作原理

对于图 4-1 所示的二电平式三相全桥 IGBT 电压型逆变器,在分析主电路工作原理的时候,一般先作如下假设。

(1)所有功率半导体器件均为理想器件,即忽略开关过程、导通压降等。

(2)忽略所有线路中分布电感、分布电容的影响。

(3)直流环节输入电压为恒定的直流。

(4)逆变器的三相负载对称,即 $Z_A = Z_B = Z_C$。

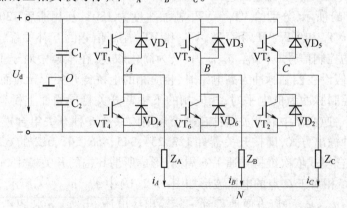

图 4-1　二电平式三相桥电压型逆变器主电路原理

1. 逆变器工作原理和输出电压波形

在图 4-1 中,假定 6 个全控型功率半导体开关器件 $VT_1 \sim VT_6$(图中符号表示为 IGBT)在控制信号为高电平时导通、低电平时截止。由于大多数逆变器的负载均呈感性,在开关器件关断时,为了给负载电流提供续流回路,每个开关管的两端都必须反并联一个续流二极管,即图中的 $VD_1 \sim VD_6$。图中的 $C_1$ 和 $C_2$ 为电压型逆变器直流输入端的滤波电容,用以稳定直流输入电压、吸收负载无功功率和减小对电网的谐波干扰。图中滤波电

容 $C_1$、$C_2$ 串联并引出中点 $O$ 作为电位参考点的接法,不仅是为了便于下面对主电路的分析,而且在实际的逆变器中,当中间环节电压设计超过电容额定电压时,常采用多个电容串联的方法以降低对直流滤波电容额定电压的要求,而其中应用最多的就是两个电容串联。

对于图 4－1 所示的逆变器,理想情况下其输出电压的波形完全取决于开关器件的控制信号:当某相上桥臂开关管($VT_1$,$VT_3$,$VT_5$)导通时(当然,为了避免直流电压被短路,该相下桥臂的开关管必须同时处于关断状态),该相相电压(相对于中间直流环节的 $O$ 点)为 $U_d/2$;反之,当某相下桥臂开关管($VT_2$,$VT_4$,$VT_6$)导通时(自然,上桥臂开关管应同时处于截止状态),该相相电压为 $-U_d/2$。

根据上、下桥臂开关管导通和关断的时间关系,逆变器的控制方式可以分为 120° 导电型和 180° 导电型两种类型。

(1) 对于 180° 导电型,上、下桥臂开关管控制信号完全互补,即其中一个导通时另一个立即关断。因此在每个 360° 周期内,上、下桥臂开关管分别导通 180°。

(2) 对于 120° 导电型控制,上、下桥臂开关管在 360° 周期内各自导通 120°,两者的导通信号之间存在 60° 的间隙。对于 120° 导电型控制,任一时刻上、下桥臂各只有一个桥臂导通,每次换流都只在上桥臂三个开关管或下桥臂 3 个开关管之间进行。虽然不存在上、下桥臂开关管直通短路的危险,但是由于其交流输出电压较低,再加上 180° 导电型又更便于实现 PWM 控制,因此现在一般的电压型逆变器中都采用 180° 导电型控制。

(3) 下面就以 180°导电型为例分析电压型逆变器主电路的工作原理。

图 4－2 为电压型逆变器输出电压、电流波形。

如图 4－2(a)所示,分别给 $VT_1 \sim VT_6$ 施加宽度为 180°、互相滞后 120° 的控制信号 $u_{G1} \sim u_{G6}$。由于 $VT_1$ 和 $VT_4$、$VT_3$ 和 $VT_6$,$VT_5$ 和 $VT_2$ 控制信号的互补关系,图中仅画出了 $VT_1$、$VT_3$、$VT_5$ 的控制信号 $u_{G1}$、$u_{G3}$、$u_{G5}$。另外,为简化叙述,在本章中对于上、下桥臂互补工作的情况,均假设在控制脉冲为高电平时,相应相的上桥臂开关管导通而下桥臂开关管截止;反之,当控制脉冲为低电平时,相应相的下桥臂开关管导通而上桥臂开关管截止。在这样的控制下,逆变器中的开关器件在一个周期内共有 6 种开关组合模式,与此对应,逆变器也有 6 种输出方式,即按开关器件 123、234、345、456、561、612 的 6 种组合顺序轮流工作,每种组合模式依次维持导通 1/6 周期,形成所谓 6 拍的开关模式。逆变器三个交流输出端 $A$、$B$、$C$ 相对于 $O$ 点的电压波形如图 4－2(b)中 $u_{AO}$、$u_{BO}$、$u_{CO}$ 所示,形成对称的矩形波。根据 $u_{AO}$、$u_{BO}$、$u_{CO}$ 可以方便地得到三相输出线电压 $u_{AB}$、$u_{BC}$、$u_{CA}$,图 4－2(c)中只画出了 $u_{AB}$ 的波形,$u_{BC}$、$u_{CA}$ 则可以通过分别将 $u_{AB}$ 滞后 $2\pi/3$ 和 $4\pi/3$ 角度而得到。在三相对称星接负载的情况下,相对于负载中点 $N$ 的三相相电压 $u_{AN}$ 的波形如图 4－2(d)所示,而 $u_{BN}$ 和 $u_{CN}$ 滞后 $u_{AN}$ 的角度同样是 $2\pi/3$ 和 $4\pi/3$。

分析图 4－2 可知,对于 180° 导电型控制,逆变器的输出电压具有如下特点。

(1) 相对于中间直流环节的中点 $O$,三相相电压是宽度为 180° 的矩形波,三相线电压是宽度为 120° 的矩形波。

(2) 相对于三相对称星接负载的中心点 $N$,三相相电压为六阶梯波。

对逆变器输出电压的定量分析和研究需要借助傅里叶变换,将相电压 $u_{AN}$ 和线电压

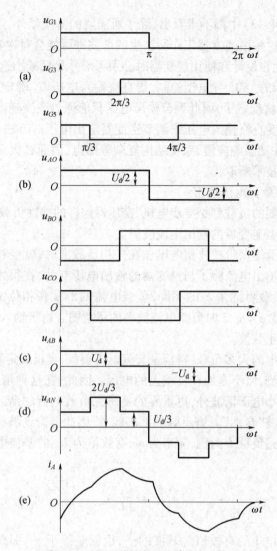

图 4-2 电压型逆变器输出电压、电流

$u_{AB}$ 展开为傅里叶级数,可得

$$
\begin{cases}
u_{AN} = \dfrac{2U_d}{\pi}\left(\sin\omega t + \sum_n \dfrac{1}{n}\sin n\omega t\right) \\[3mm]
u_{AB} = \dfrac{2\sqrt{3}\,U_d}{\pi}\left(\sin\omega t + \sum_n \dfrac{1}{n}(-1)^k\sin n\omega t\right)
\end{cases}
\tag{4-3}
$$

式中:$n = 6k \pm 1(k = 1,2,3,\cdots;\omega)$ 为逆变器输出电压角频率(常称为基波角频率)。

因此对于 180° 导电型,逆变器输出线电压和负载相电压的基波有效值分别为

$$
\begin{cases}
U_{AB1} = \dfrac{\sqrt{6}}{\pi}U_d \approx 0.78U_d \\[3mm]
U_{AN1} = \dfrac{\sqrt{2}}{\pi}U_d \approx 0.45U_d
\end{cases}
\tag{4-4}
$$

从图 4 – 2 和式(4 – 3)中都不难看出,除了所需要的基波以外,逆变器的输出电压中还包含大量的谐波。这些由逆变器工作所产生的谐波都可能会对逆变器负载的运行带来一些不利的影响,因此在设计和使用逆变器时必须考虑并尽量减小这些谐波的不利影响。

对于图 4 – 2 所示的 180° 导电型控制,当直流输入电压 $U_d$ 确定后,逆变器交流输出电压根据式(4 – 4)也就确定了,因此调节输出电压只能通过改变逆变器的直流输入电压才能实现。但通过改变直流输入电压来调节逆变器输出电压的方法(如由一个相控整流器向逆变器供电)存在动态响应慢、系统结构复杂等缺点,因而在大多数逆变器中已被更先进的脉冲宽度调制技术所取代。

### 2. 电压型逆变器输出电流波形

由于大多数逆变器的负载都是异步电机、变压器这样的感性负载,因此下面仅以感性负载为例来分析电压型逆变器的输出电流波形。

当图 4 – 2(d)所示的六阶梯波相电压加在三相负载上时,就会在逆变器的负载中产生相电流。逆变器的输出电流除了与逆变器的输出电压有关,在很大程度上还取决于负载阻抗的性质,由于负载阻抗角 $\varphi$ 的不同,负载电流的形状和相位都有所不同,图 4 – 2(e)所示是在感性负载 $\varphi < \pi/3$ 时负载电流波形的示意图。由于输入的电压不是正弦波,因此负载电流也不是正弦波。

对于由逆变器供电的大多负载,特别是交流电机负载,真正决定和影响负载运行性能的主要是负载中的电流,而不是加在负载上的电压。因此,在这种情况下,设计逆变器除了要考虑如何尽量减小电压谐波外,更重要的是研究负载电流的谐波性能。由于负载中的电感对高次电压谐波"自然"具有更强的抵御能力,因此电流谐波往往较电压谐波小得多。以最简单的纯电感负载 $L$ 为例,频率为 $\omega$、有效值为 $U_1$ 的基波电压所产生的基波电流的有效值为

$$I_1 = \frac{U_1}{\omega L} \tag{4 – 5}$$

如果第 $n$ 次谐波电压的有效值是基波的 $\frac{1}{k}$,也就是等于 $\frac{U_1}{k}$,那么它在负载中所产生的第 $n$ 次谐波电流的有效值为

$$I_n = \frac{\dfrac{U_1}{k}}{n\omega L} = \frac{I_1}{nk} \tag{4 – 6}$$

可见,由于负载中电感的感抗与频率成正比,第 $n$ 次谐波电流的大小仅为基波的 $1/nk$。从这个意义上讲,低次谐波电压的影响较高次谐波电压相对要更大,这也就是为什么在逆变器控制策略的设计和分析中往往更关心逆变器的低次谐波的主要原因之一。为此,在逆变器设计中常通过提高开关频率来减少低次谐波含量以优化逆变器的性能。图 4 – 3 所示为同一台交流异步电机由采用相同控制策略但开关频率不同的逆变器供电时的电机电流波形。从图中可以看出,开关频率为 10kHz 的电流波形明显要好于 2kHz 的电流波形。

上面所分析的 180° 导电模式,虽然控制方法简单、原理清楚,但逆变器输出电压的谐波较大,特别是大量低次谐波的存在会严重影响电机和其他负载的运行性能,如电机的转

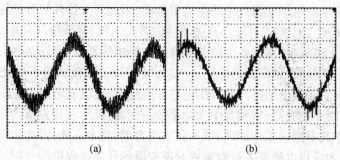

图 4-3  逆变器驱动交流异步电机的电流波形

(a) 开关频率 2kHz;(b) 开关频率 10kHz。

矩和转速脉动、运行噪声较大等。180° 导电模式之所以性能较差,主要是因为在一个周期内只有 6 次开关模式的切换,难以对输出电压进行调节和控制,要想调节输出电压大小,必须通过调整 $U_d$ 来实现。由此想到,如果提高每个周期内开关模式切换的次数,并在此基础上合理安排 6 种开关模式的组合顺序和作用时间。这样一来,逆变器的输出电压就将不是简单的六阶梯波,而是由一系列幅度和宽度不同的脉冲组合而成,这就是将在4.4 节讲述的逆变器脉冲宽度调制技术的基本思想。可见对 180° 导电型模式的认识是进一步研究、分析以及优化逆变控制技术的基础。

## 4.2.2  电压型逆变器开关过程分析

逆变器主电路中开关器件的开关工作有硬开关模式和软开关模式两种基本的方式。

硬开关模式是指开关器件在开通或关断过程中,开关器件同时完成电压和电流的通断控制。比如某个开关管在关断过程中,其电流从通态电流下降至 0,而与此同时其两端的电压则从通态压降上升至断态电压,如图 4-4 所示。

对于工作于硬开关模式的开关器件,在开关过程中会同时承担较大的电压和电流,而开关器件的开关损耗与开关过程中器件两端电压和器件中流过电流的乘积成正比,因此硬开关模式会产生较大的开关损耗。另外,快速的开关过程所引起的电压和电流剧变,对开关管的安全工作及设备的电磁兼容性能都会带来不利影响。后者对于高压或大电流逆变器的影响尤为严重。

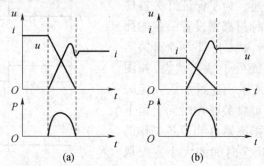

图 4-4  硬开关过程中的电压、电流及损耗

(a) 关断过程;(b) 开通过程。

在软开关工作模式中,开关器件利用零电流开关(Zero Current Switching,ZCS)、零电压开关(Zero Voltage Switching,ZVS)等方式实现对电压和电流的通断控制。即在开关过

程中,开关器件两端的电压或器件中的电流等于零,因此开关器件的开关损耗理论上也可以减小至0。软开关工作模式对减小开关器件的开关损耗、降低电压和电流峰值,以及改善开关过程 $du/dt$ 和 $di/dt$ 对设备电磁兼容性能的影响等都有明显的好处,并已在开关电源这类产品中得到了越来越广泛的应用。当然,软开关工作模式是不可能单纯依靠开关器件本身实现的,它必须借助适当的外围电路才能完成,这也就增加了电路结构和控制的复杂性及难度。对于逆变器,特别是中大功率的逆变器,虽然硬开关模式有许多不尽如人意的地方,但由于其电路的工作原理、结构和实现简单,技术成熟,因此从应用范围角度看仍占绝对优势。本章将以硬开关过程为例对逆变器的开关过程进行分析。即开关不再是前面分析逆变电路工作原理时假定的所有功率半导体器件均为理想器件,忽略开关过程,而是考虑到开关在实际工作过程中是存在动态过程的。

在进行逆变器主电路开关过程电路分析时,一般作如下假设。

(1)在开关过程中,直流中间环节滤波电容上的电压保持恒定。

(2)在开关过程中,负载电流由于感性负载的作用保持恒定。

(3)逆变器主电路中的分布电感集总为 $L_s$,如图 4-6(a)所示。

1. 逆变器的死区时间

对于逆变器的180°导电型控制,理论上要求同一桥臂上、下开关器件的控制信号应该完全互补,即当其中一个关断时另一个必须立即导通。但是,由于开关器件开关速度的限制,其开通和关断过程总需要一定的时间,因此在器件接收到关断信号到完全关断并具有可靠阻断能力的这段时间内,如果同一桥臂的另一个开关器件接收到开通信号,就可能出现上、下桥臂开关器件同时导通,直流中间环节电压被"贯穿"短路的严重后果,造成开关器件,甚至是逆变环节因短路电流过大而损坏。为此,必须在一个开关器件开通前确保同一桥臂另一个开关器件已可靠关断并恢复阻断能力。为了实现"先关后开"的原则,常用的方法是在上、下桥臂开关器件的控制信号之间设置一定的死区时间。

图4-5所示是逆变器死区时间的基本原理。图中 $u_{Gu}$ 和 $u_{Gd}$ 是桥式逆变器某一桥臂上、下两个开关管理想的互补控制信号,假设在 $t_1$ 时刻要求上管关断、下管导通,而在 $t_2$ 时刻则要求下管关断、上管导通。为了保证开关器件的可靠工作,每个开关时刻都需设置一定的死区时间 $t_d$,在死区时间 $t_d$ 内,上、下两个开关器件都因控制信号为 0 而处于截止状态,如图4-5(b)的 $u'_{Gu}$ 和 $u'_{Gd}$ 所示。通过加入死区时间,可以为开关器件的可靠关断在时间上留下一定的安全裕量,从而提高器件和设备工作的可靠性。逆变器所需死区时间的大小主要取决于逆变器中开关器件的开关速度以及对逆变器可靠性的要求。中小功率 IGBT 逆变器的死区时间一般为几微秒,而大功率逆变器的死区时间则可能需要十几微秒以上。

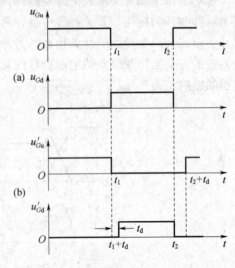

图 4-5 逆变器的死区时间

除了因开关器件开关速度的限制需要设置死区时间外,逆变器控制信号在传输、处理过程中所可能产生的延时,以及各种随机的干扰等因素都可能影响控制信号的准确传递,对逆变器的可靠运行造成威胁。以信号传输过程的延时为例,同一桥臂两个开关器件的控制信号在传输过程中的延时不可能完全一致,特别是对于大功率逆变器,由于逆变器的主电路离控制电路距离较远、传输处理环节较多等原因,延时的不一致性可能更加严重。因此,即使控制电路产生的控制脉冲严格互补并忽略开关器件开关速度的影响,但最终的驱动信号仍可能因传输延时的不同而产生上、下桥臂开关管开通信号的“重叠”,造成“贯穿”短路。

死区时间的加入虽然有利于逆变器中开关器件的可靠工作,但是它也会对逆变器的输出电压和电流波形,甚至负载的运行都产生一定的影响。特别是在逆变器采用脉冲宽度调制控制的情况下,死区时间的影响更为严重。因此不能被动地依靠提高死区时间的方法来保证开关器件的安全,更重要、更根本的做法是从提高开关器件的开关速度、改善控制信号传输处理环节的性能等方面解决问题。

2. 逆变器硬开关过程分析

由于桥式逆变器主电路中三相的结构和工作情况完全一样,而且同一桥臂上、下开关器件的开通和关断过程也完全类似。因此下面仅以图 4-1 中 A 相上管 $VT_1$ 导通、下管 $VT_4$ 关断的过程为例,介绍逆变器开关过程的分析方法。

如图 4-6 所示,假设在 $t_0$ 时刻之前,$VT_1$ 关断,$VT_4$ 导通,输出电压 $u_{AO} = -U_d/2$(在以下的分析中,输出电压均以直流中间环节中点 $O$ 为基准)。如果负载电流 $i_A < 0$,则 $i_A$ 流过 $VT_4$;相反,如果 $i_A > 0$,则负载电流不流过 $VT_4$,而是通过 $VD_4$ 续流。下面的分析将表明,逆变器输出电流极性的不同对开关过程会产生很大的影响。由于开关过程很快,假设在开关过程中,负载电流保持恒定,即 $|i_A| = I_{AO}$。

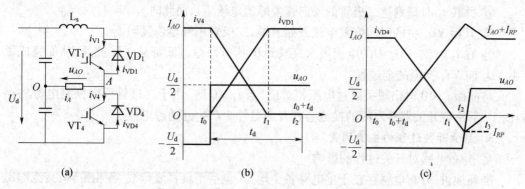

图 4-6　逆变器开关器件的电压、电流波形

(a) 单相逆变器主电路;(b) $i_A < 0$;(c) $i_A > 0$。

(1) 首先分析 $i_A = -I_{AO} < 0$ 的情况,如图 4-6(b)所示。

① 在 $t_0$ 时刻之前,$i_A < 0$,那么 $VT_4$ 承担了所有的负载电流 $I_{AO}$,$i_{VT4} = -i_A = I_{AO}$。

② $t_0$ 时刻 $VT_4$ 开始关断,由于加入了死区时间 $t_d$,因此 $VT_1$ 将在 $t_0 + t_d$ 时刻才会被触发导通。

③ 随着 $VT_4$ 的关断,$VT_4$ 中的电流“被迫”逐渐减小。

④ 由于感性负载中电感感应电势的作用,$A$ 点电位被提高并最终导致 $VD_1$ 的导通。

75

⑤ $VD_1$ 的导通将为负载电流 $i_A$ 提供所需的续流通道,负载电流逐步由 $VT_4$ 向 $VD_1$ 换流,并且有 $i_{VT4} + i_{VD1} = I_{AO}$。到 $t_1$ 时刻,$VT_4$ 中的电流已减小到 0,$VT_4$ 完成关断,全部负载电流都转移到 $VD_1$ 并通过 $VD_1$ 续流。

⑥ 在 $t_2 = t_0 + t_d$ 时刻,上桥臂的开关器件 $VT_1$ 被触发,至此关断 $VT_4$ 触发 $VT_1$ 的开关过程全部完成。值得注意的是,除非 $i_A$ 已减小到 0,否则即使在 $t_2$ 时刻触发 $VT_1$,所有的负载电流仍旧由 $VD_1$ 续流,而 $VT_1$ 中实际上并没有电流流过。

在从 $VT_4$ 向 $VD_1$ 换流的过程当中,电流的变化在主回路分布电感 $L_s$ 中产生的感应电势将与电源电压串联后加于 $VT_4$ 的两端,引起被关断开关管两端出现过电压。由于该过电压是由于开关管关断所引起的,因此超出电源电压的部分也常称为关断过电压。关断过电压的存在对开关器件的安全工作是一个严重的威胁,也是逆变器主电路设计所必需考虑的关键问题之一。

(2) 再分析 $i_A > 0$ 的情况。

① 如果在 $t_0$ 时刻 $i_A > 0$,负载电流实际上是通过 $VD_4$ 在续流,$i_{VD4} = i_A = I_{AO}$,$i_{VT4} = 0$。因此,在 $t_0$ 时刻关断 $VT_4$ 对逆变器的电压电流都不会产生任何影响,如图 4-6(c) 所示。

② 延迟死区时间 $t_d$ 后,在 $t_0 + t_d$ 时刻 $VT_1$ 被触发导通。由于二极管反向恢复特性和回路中分布电感 $L_s$ 的共同影响,$VD_4$ 并不会立即恢复阻断,$VD_4$ 中的电流也不会立即转移到 $VT_1$ 中,结果会存在一段 $VT_1$ 和 $VD_4$ 共同导通的时间。

③ 在此期间中间环节电压 $U_d$ 被加在 $L_s$ 两端,$VT_1$ 中的电流因此按 $U_d$ 和 $L_s$ 共同决定的上升率上升,而 $VD_4$ 中的电流则因负载电流保持恒定而互补下降,即 $i_{VT1} = I_{AO} - i_{VD4}$。

④ 到 $t_1$ 时刻,$VT_1$ 中的电流上升到 $I_{AO}$,而 $VD_4$ 中的电流已降至 0。

⑤ 由于二极管反向恢复特性的影响,$VD_4$ 并不会立即恢复阻断,相反其电流开始反向增大。

⑥ 并在 $t_2$ 时刻到达二极管的反向恢复峰值电流 $I_{RP}$,而此时 $i_{VT1} = I_{AO} + I_{RP}$。

⑦ 其后 $VD_4$ 中的反向恢复电流开始衰减,二极管也开始恢复阻断。

⑧ 在 $t_3$ 时刻,$VD_4$ 中的电流再次衰减到 0,所有负载电流都从 $VT_1$ 流通,从而完成了由 $VD_4$ 向 $VT_1$ 换流的全过程。

与前面 $i_A < 0$ 时出现关断过电压相对应,当 $i_A > 0$ 时,由于二极管反向恢复电流的存在,上、下桥臂开关器件之间的换流会在开通器件中产生开通过电流。

**3. 影响开关过程的主要因素**

1) 分布电感对开关过程的影响

准确地讲,分布电感存在于主电路各个地方,包括正负直流母线、各相桥臂、交流输出端和负载之间的连线,甚至在功率半导体器件的内部。

(1) 存在于交流输出连线中的分布电感:一方面可以等效集总计入感性负载的串联电感中;另一方面它们在开关换流期间可以通过续流二极管进行续流。如果续流二极管选择合适,基本上不会对逆变器的工作产生什么影响,因此在分析逆变器开关过程时一般不予以考虑。

(2) 存在于功率半导体器件内部的分布电感,只能依靠器件生产制造工艺的改进加以抑制,使用者无法控制,加之器件的物理尺寸比较小,分布电感在数值上相对较小,因此在大多数时候往往也不考虑。

（3）真正对逆变器开关过程产生显著影响的主要是正负直流母线和桥臂支路内的分布电感。

分布电感的存在对逆变器主电路开关器件的安全可靠工作威胁很大，不但会影响续流二极管的反向恢复过程，在开关管的关断过程中产生的关断过电压还可能会引起开关器件的永久损坏。由于实际上并不可能将逆变器主电路中的分布电感真正消除，因此在逆变器的设计中常采用标本兼治的方法：一方面通过优化主电路的结构尽量减小线路的分布电感；另一方面则利用各种缓冲电路吸收分布电感的储能，共同抑制分布电感所可能造成的不利影响。关于缓冲电路在第1章中已做了介绍。

2）续流二极管反向恢复特性对开关过程的影响

为了给感性负载的滞后电流提供续流回路，在电压型逆变器的每个开关器件两端都反并联了一个续流二极管。续流二极管的性能，特别是它的反向恢复特性，对逆变器开关过程的影响很大，主要表现在三个方面。

（1）从图4-6(c)中不难看出，二极管反向恢复时间的存在势必会延长换流的时间，从而限制了逆变器开关速度的进一步提高。

（2）二极管反向恢复过程中产生的反向恢复电流会加大同一桥臂另一开关管在导通过程中所承受的电流，增大开关器件的开关损耗。

（3）在二极管恢复反向阻断的过程中，其电流下降率主要取决于二极管本身的特性。如果电流下降过快，将会引起开关器件两端的电压迅速上升，容易造成开关器件的误导通。为此，在设计逆变器主电路的时候，应优先选择反向恢复时间短、反向恢复电荷较小并且具有软恢复特性的快软恢复二极管。

综合上面的分析，可以归纳出逆变器开关过程的要点如下。

① 通过开关器件的开关动作，逆变器输出相电压相对于直流环节的中点波形是幅值为 $\pm U_d/2$ 的脉冲。

② 同一桥臂上、下开关器件的导通区间之间必须设置一定的死区时间，在死区时间内上、下桥臂都处于截止状态，死区时间的设计主要取决于开关器件的开关速度。在死区时间内，输出相电压由负载电流的方向决定。

③ 开关过程受负载电流方向的影响很大，在不同的电流方向下，存在从续流二极管向开关管、开关管向续流二极管换流两种基本的开关过程，前者会在开关管中产生开通过电流，后者则会在开关管两端产生关断过电压。

④ 在硬开关过程中，开关器件同时承受较高电压和较大电流是产生开关损耗的主要原因。

⑤ 分布电感对逆变器开关过程的影响很大，尽可能减小正负直流母线和桥臂支路内的分布电感，是逆变器主电路结构设计中最关键的问题之一。

## 4.2.3　逆变器功率开关器件的运用

作为直接将直流电能变换为交流电能的执行器件，逆变器主电路功率半导体开关器件的性能，包括开关速度、可靠性和成本等，对逆变器整体性能的影响非常大。目前在逆变器的设计中，基本上都采用全控型器件，也就是具有自关断能力的功率半导体开关器件，包括大功率晶体管（GTR）、功率场效应管（Power MOSFET）、门极可关断晶闸管

(GTO)、绝缘栅极双极晶体管(IGBT)、集成门极换向晶闸管(IGCT)和智能功率模块(IPM)等。开关器件的合理运用,是逆变器设计的重要工作。

1. 逆变器功率开关器件选择标准

在一个具体的逆变器中,应该选择什么样的功率半导体开关器件,主要根据逆变器的容量、器件的开关速度以及驱动控制的难易等因素加以考虑。

(1) 驱动控制。以 IGBT 和 Power MOSFET 为代表的场控器件,属于电压控制型器件。由于它们控制极的输入阻抗极高,所需的驱动功率相对较小,再加上它们大多在控制信号撤除后即会自行关断(在大多数应用场合,为了提高关断的可靠性,仍会加上一定的负偏压),因此被普遍认为是一类高性能的自关断器件。与 GTO、GTR 等电流控制型器件相比,它们的驱动控制相对要容易很多,这对简化驱动电路的设计、降低成本和提高器件工作的可靠性都非常有利,因此应用范围更广。

(2) 器件的功率—频率范围。由于工作原理和制造工艺的不同,不同的功率半导体开关器件所能承受的电压、电流以及开关频率都不尽相同,受科技发展水平的限制,目前还没有一种器件能同时满足大功率和高开关频率两方面的要求。功率场效应管的工作频率可达几百千赫,但功率较小,最大只有几十千瓦;一般 IGBT 的频率不高于 20kHz,功率能达到几千千瓦;GTO(包括最近推出的 IGCT)虽然开关频率最低,只有几千赫,但所能控制的功率却能达到几十兆瓦,且电压电流等级远高于其他器件,在大功率逆变器中具有较大的优势。

2. 功率器件的安装及连接

对逆变器主电路的分析表明,减小主电路中各处可能存在的分布电感对于逆变器的安全可靠运行具有十分重要的意义,为此,在设计逆变器主电路时一般希望尽量缩短主电路中各连线的长度并减小电流回路所包围的面积。如果采用单独封装的 IGBT 和续流二极管来组装逆变器,不但十分麻烦、可靠性低,而且很难保证主电路的机构和连线满足降低分布电感的要求。

从简化外部连线和器件使用、降低分布电感等角度考虑,在中小功率场合更多使用的是 IGBT 模块,而其中又以半桥模块和三相全桥模块在逆变器中使用最为广泛。使用 IGBT 模块有以下几个优点。

(1) 由于开关器件被集成在一个模块之中,器件之间的连线被大大缩短,分布电感也可以大大减小,从而有利于器件可靠工作。

(2) IGBT 模块一般都采用绝缘导热的底板,器件的安装和使用非常方便和安全。

(3) 逆变器主电路的组装十分简便,只需一个三相全桥模块或三个半桥模块的简单连接就可以组成一个二电平式三相桥式逆变器。

随着对逆变器性能要求的不断提高,传统的 IGBT 模块已不能很好地满足一些逆变器的设计需要。这主要是因为传统 IGBT 器件在使用时还必须配备相应的外部电路,包括门极驱动电路、电流检测和短路保护电路、超温保护电路等。这些外部电路不但会影响逆变器结构的设计,而且所涉及的功能对 IGBT 的可靠工作有很大影响,设计上的细小失误都可能造成难以弥补的损失。因此使用者不得不花相当长时间和精力来熟悉、设计和调试这些电路,从而大大降低设计的效率。

近年来,随着功率半导体器件设计和制造技术的不断发展,一种新型的 IPM 得到了越来越广泛的应用。IPM 就是将功率半导体器件和驱动电路、过压和过流保护电路、温度监视和超温保护电路等外围电路集成在一起生产出的一种新型功率半导体开关器件。IPM 的出现使得功率半导体开关器件的使用和控制得以大大简化,同时还可以大幅度提高功率半导体器件的工作可靠性。目前 IPM 正以其高可靠性、使用方便、结构简单、成本低廉等诸多优点受到了越来越多的关注,并已成功地应用于很多电力电子变流装置中,尤其适合制作中小功率的逆变器,是一种比较理想的电力电子器件。IPM 一般采用 IGBT 作为功率半导体开关器件。

与传统的 IGBT 模块相比,IPM 具有以下优点。

(1) IPM 内部集成了 IGBT 控制所需的大部分辅助电路,可以大幅度缩短产品设计和评价的周期,降低开发风险。

(2) 内部集成的 IGBT 驱动电路由于与 IGBT 器件之间的距离非常短,因此控制性能远优于外部的驱动电路。另外 IPM 内部的驱动电路在关断 IGBT 时不需要加反向偏置电压,驱动电源也可由传统的六组隔离双电源简化成四组隔离单电源(三个下桥臂 IGBT 器件的驱动可以共用一组电源)。

(3) 内置包括短路保护、超温保护、驱动电源欠压保护在内的多种保护功能,从而极大地提高了电路工作的可靠性。另外由于 IPM 在开关器件的物理近端实现过流保护和门极信号的处理,过流保护的效果更好。

(4) 采用陶瓷绝缘结构,整个器件可直接安装在散热器上,安装、拆卸都非常容易。

当然,IPM 也存在一些缺点。例如,内部设定的过流和短路保护阈值一般不能由用户调节,使其往往只适用于定型逆变器类产品。另外,由于将六个功率半导体开关器件都集成在一个相对不大的封装中,对开关器件的散热不利,使开关频率的提高和开关器件功率处理能力的发挥都受到了一定的限制,所以,目前 IPM 只用在小容量的装置上。

### 3. 逆变器功率器件的缓冲电路

功率半导体器件在结构和工作机理上的特点,使其开关状态变化时,内部载流子的迁移和重新平衡过程,以及外部电压、电流相应变化的过程极具研究性。因为,开关过程是在微秒级的极短暂时间内完成的,而高速开关动作会引起电路中电压电流的急剧变化。这些急剧变化的电压和电流不但会使开关器件承受过大的电压和电流并增加器件的开关损耗、威胁功率半导体器件的安全工作,而且对逆变器的电磁兼容性能也会产生十分不利的影响。为了解决这些问题,经常采用的方法就是在逆变器的主电路中加设各种缓冲电路。其作用包括:

(1) 减小开关过程中过电压和过电流的大小,保证器件工作在安全工作区内,抑制过大的 $du/dt$ 和 $di/dt$。

(2) 减小开关器件的开关损耗,提高设备的效率。

(3) 提高开关器件承受过载和短路的能力。

(4) 改善设备的电磁兼容性能。

在中等容量的逆变器中,常使用 IGBT 作为功率开关器件。IGBT 在导通过程中,其电流的大小和电流的增长都可以受驱动电路的控制,而且由若干个 IGBT 胞元并联构成的大功率 IGBT 模块,其总的电流和 $di/dt$ 耐量是各个胞元的电流和 $di/dt$ 耐量之和,因此

IGBT所允许的 $di/dt$ 非常大(可达每微秒几千安)。正因为如此,在一般的IGBT逆变器中无需专门设置用于抑制 $di/dt$ 的开通缓冲电路。但是,由于IGBT具有较高的开关速度,当IGBT关断时,储存在逆变器主电路分布电感中的能量所引起的关断过电压甚为严重,为此必须设置关断过电压吸收电路。图4-7给出了三种在IGBT逆变器中常用的缓冲电路。这三个电路都能同时完成 $du/dt$ 缓冲和过压吸收功能,因此又称为吸收电路。

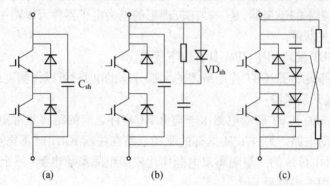

图4-7 IGBT逆变器常用吸收电路

图4-7(a)是一种最简单的吸收电路的结构,它在IGBT半桥或全桥模块的直流电源端之间直接跨接一个吸收电容 $C_{sh}$,用于吸收直流母线上分布电感的储能。为了减小吸收电路内的分布电感,提高吸收的效果,一般采用专门设计的高频聚丙烯电容,而且有些电容的外形和接线端甚至都经过专门设计,可直接装配在相应的IGBT模块的接线端子上,使用起来非常方便。这种吸收电路由于结构简单、成本低廉,在中小功率IGBT逆变器中被广泛使用。

图4-7(b)的电路由于能够吸收更多的储能,因此适用于中功率的IGBT逆变器。二极管 $VD_{sh}$ 的加入不但可以改善吸收效果,而且可以防止可能出现的振荡,吸收电容中的过多电荷则可以通过电阻逐渐泄放。该电路的缺点在于,由于电路结构变得复杂,吸收电路内的分布电感相对较大,而这对于提高吸收电路的性能是不利的。

图4-7(c)在有的文献中称为交叉钳位吸收电路。由于可以将一部分吸收的分布电感储能加以回馈利用,效率比前两种吸收电路高。与前两种电路三相可以共用一套吸收电路不同,该吸收电路是每相桥臂都需要配备一套,不但逆变器的结构比较复杂,而且成本较高,因此只在大功率IGBT逆变器中才有一定的优势。

### 4.2.4 逆变器功率器件的驱动电路

基极(门极、栅极)驱动电路是电力电子器件主电路和控制电路之间的接口,其作用是将控制电路产生的用于控制功率半导体开关器件的信号进行功率放大等处理,以便驱动开关器件完成所需要的开关动作。采用具有良好性能的驱动电路可以使器件工作在较理想的开关状态,对装置的运行效率、可靠性和安全都有十分重要的意义。驱动电路所产生驱动脉冲的幅值、波形等就直接影响着开关器件的通态压降、存储时间、开关速度、开关损耗和保护动作的速度等,因此驱动电路的设计是逆变器设计的另一关键技术。

逆变器的驱动电路一般需要完成以下基本功能。

**1. 控制信号的变换处理**

对于电压控制型场控器件,一般包括幅值放大和功率放大。而对于 GTR 和 GTO 这样的电流控制型器件,则必须产生器件控制所需的电流驱动信号,因此其驱动电路的设计较 IGBT 这样的场控器件更为复杂。

**2. 隔离**

驱动电路的另一个重要作用是实现控制电路与主电路在电气上的隔离,这不仅是为了保证设备操作和使用人员的安全,而且也可以抑制主电路工作过程中产生的电磁干扰对控制电路的影响。为了同时完成信号传递和电气隔离两方面的任务,驱动电路中使用最多的是光电耦合器和脉冲变压器。与光电耦合器相比,采用脉冲变压器可以简化供电系统的设计(通过脉冲变压器可同时完成控制信号的隔离传递以及驱动电源的隔离变换)、实现更高等级的电气隔离,甚至可以利用同一个脉冲变压器就可以完成多路信号的双向传递,但由于其电路的结构比较复杂、体积也较大,因此其应用,特别是在中小功率逆变器中的应用,远不如光电耦合器广泛。

**3. 保护**

为了提高开关器件工作的可靠性,很多驱动电路都设计有保护功能,如驱动电源异常保护、过流或短路保护、超温保护等。其中最重要的是 IGBT 驱动电路对 IGBT 过流和短路的保护。当驱动电路检测到 IGBT 中的电流超过预先设定的阈值后,驱动电路就可以直接撤除 IGBT 的驱动信号使其截止,从而抑制故障电流的进一步上升。由于无需控制电路的参与,保护动作进行得更快,也能更好地保证器件和设备的安全。

由于逆变器功率等级、使用环境和功率半导体开关器件等的不同,逆变器驱动电路的形式千差万别,而且所涉及的技术问题很多,在此不可能对驱动电路展开详细讨论。下面只归纳列出对 IGBT 驱动电路的一些主要要求。

(1) IGBT 属电压控制型器件,具有容性的输入阻抗,因此 IGBT 对门极电荷非常敏感,这就要求驱动电路必须十分可靠,并保证有一条低阻抗的充放电回路,驱动电路与 IGBT 间的引线也应尽量短。

(2) 要求驱动电路的等效输出阻抗要尽可能小,以保证门极控制电压有足够陡的前后沿,这样可以降低 IGBT 的开关损耗。

(3) 对 IGBT 驱动信号的幅值要求必须综合考虑。幅值增大,IGBT 的通态压降和开通损耗都下降,但当逆变器的输出出现短路时,短路电流也会相应增大,这不但对短路保护电路提出更加严格的要求,而且对逆变器的可靠运行也不利。因此在有可能出现短路的逆变器中,驱动信号的幅值不宜取得太高,一般为 12V ~ 15V。

(4) 在关断过程中,为了尽快抽出 IGBT 中 PNP 管的存储电荷,最好施加一个负的偏置电压,一般为 –10V ~ –1V。负偏置电压的加入不但可以加快器件的关断速度,而且对抑制 IGBT 关断过程中集电极电压上升过快所可能引起的误导通也很有效。

(5) 驱动电路要能够满足逆变器最高开关频率的要求。

(6) IGBT 的驱动电路应尽可能简单实用,并有较强的抗干扰能力。

# 4.3 逆变器常用的 PWM 控制技术

当逆变器采用4.2.1小节中讲述的180°型或120°型导电控制时,虽然逆变器也能将直流输入电压转换成为交流输出,但是这种控制方法却存在输出电压调节不方便(需通过调整直流环节电压实现,属于脉冲幅度调制)、输出电压谐波含量大等缺点。除了能通过改变输出电压脉冲的幅值对输出进行调节和控制外,功率半导体开关器件的开关动作还可以有另外两种可能的基本控制模式:脉冲宽度调制和脉冲频率调制。对于脉冲宽度调制(Pulse Width Modulation,PWM),功率半导体开关器件的开关频率相对固定不变,通过控制开通或关断的时间达到控制变换的目的,因此也常称为定频调宽控制;在脉冲频率调制(Pulse Frequency Modulation,PFM)中,功率半导体开关器件的开通或关断的时间保存相对恒定,通过改变开关的频率达到控制变换的目的,所以也常称为定宽调频控制。由于脉冲宽度调制的分析、控制和实现都较脉冲频率调制简单,因此应用更广泛,被绝大多数逆变器所采用。

自从有了全控型器件,科学家得以把通信系统中的调制概念推广应用于变频调速系统,为现代逆变技术的实用化和发展开辟了崭新的道路。经过30多年的发展,PWM技术日益成熟并被广泛应用于各种逆变装置中。近十几年,随着微处理器技术的飞速发展,数字化PWM技术又为传统的PWM技术注入了新的内涵,使得PWM方法和实现不断优化和翻新,从早期的追求电压波形正弦,到电流波形正弦,再到控制负载电机的磁通正弦,并进而发展到提高系统效率、降低电机转矩脉动和减小谐波噪声等,PWM技术正处于一个不断创新、不断发展的阶段。目前,国际、国内的学术界和工程界仍在不断地探索和创新中,足见该领域的研究和发展方兴未艾。

大部分逆变器装置的负载都是三相交流电机,因此对于大多数逆变装置而言,其PWM控制策略的选择、设计和优化不但要关心PWM技术的共性问题,而且更要考虑如何改善逆变装置供电下电机的工作性能,如减小电机的转矩脉动、提高电机的效率、扩大调速范围等。

由于逆变器应用场合不同,负载特性和要求也各异,到目前为止并没有一种PWM方法能够兼顾各方面的要求。随着逆变技术和微处理器性能(现在绝大多数PWM控制都通过微处理器来实现)的不断发展,传统的PWM控制方法不断受到新控制策略的挑战,新思想、新方法和新技术层出不穷,形成了逆变控制技术蓬勃发展的景象。

本节在简单回忆PWM控制技术的一些基本概念以后,将对目前工程上常用的正弦脉冲宽度调制、准正弦脉冲宽度调制、特定谐波消除法和电流跟踪型脉冲宽度调制方法进行分析,最后在4.4节将介绍逆变装置PWM控制的实现方法,这样,将对逆变装置的工作有一个较为全面的认识。

## 4.3.1 PWM 控制技术基本概念

PWM控制技术就是通过对一系列脉冲的宽度进行调制,来等效地获得所需要波形(含形状和幅值)。控制方法有计算法、调制法、滞环比较法。

计算法就是脉冲的宽度是根据所需的调制规律准确地用计算方法求得,并以此作为决定逆变器各功率开关器件导通或关断时刻的依据。但是,用这种方法说明 PWM 的原理比较困难,也很抽象。为此,在大多数情况下都采用如下更加直观和更易理解的方法来说明 PWM 控制的基本原理,这就是调制法。

调制法就是将所希望得到的逆变输出电压波形(常称为调制波,Modulation Wave)与载波信号(Carrier Wave)相比较(实际上就是用调制波对载波进行调制的过程),然后用比较产生的控制信号去控制功率开关器件的导通或关断,就能得到所需的 PWM 输出电压。用图 4-8 可以简单说明:正弦波是所希望的逆变器输出波形,因此 $u_m$ 就是调制波,而三角载波 $u_c$ 则受调制波的调制,称为载波。调制波和载波被分别送入一个比较器的两个输入端。在正弦波的正半周,当 $u_m > u_c$ 时,比较器输出高电平,当 $u_m < u_c$ 时,则输出低电平,这样比较器输出电压波形就如图 4-8(b)中的 $u_{PWM}$ 所示。很显然,当载波不变时,$u_{PWM}$ 的脉冲宽度受调制波波形和幅度的控制,也就是说,$u_{PWM}$ 是一个脉冲宽度受调制波控制的脉冲宽度调制(PWM)信号,用它去控制功率开关器件的导通或关断,就能得到所需的 PWM 输出电压脉冲。

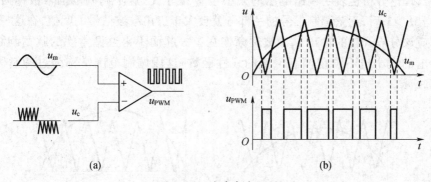

图 4-8 脉冲宽度调制
(a)脉冲宽度调制的原理;(b) PWM 脉冲的产生。

在这种利用调制信号对载波信号进行调制产生 PWM 波的方法中,载波信号可以有多种选择,而且不同的载波对 PWM 性能的影响很大。在所有信号中,三角波是最常用的一种。

由于 PWM 控制技术发展很快,各种不同的 PWM 信号产生方法(常称为 PWM 控制策略)被不断开发和应用,为了能更好地全面掌握逆变电路的 PWM 控制技术,再深入理解有关 PWM 控制技术的几个基本概念。

1. 载波比和调制深度

载波信号频率 $f_c$ 与调制信号频率 $f_m$ 之比称为载波比,用 $P$ 来表示,即

$$P = f_c / f_m \tag{4-7}$$

后面的分析将表明,在多数情况下,提高载波比对改善逆变器输出波形的质量和性能都有很大的帮助,这主要是以下两个原因。首先,PWM 控制产生的谐波在大多数时候都集中分布在载波频率的整倍数频率附近,载波比 $P$ 越大意味着在一定的调制信号频率(实际上就是逆变器的输出频率)下,载波频率越高,主要谐波的频率也就越高,而对于大多数感性负载,高频电压谐波的实际影响远比低频谐波小;其次,通过提高载波比,将主要谐波的频率提高到音频范围以外可以大大降低负载的运行噪声。当然,载波频率在绝大

多数情况下实际上就等于逆变器功率开关器件的开关频率,因此载波比的提高首先受制于开关器件的开关速度,另外,由于开关损耗等原因,开关频率在逆变器的设计和运行中还会受到很多因素的影响,相应地对载波比的大小也有一定的限制。

由于缺乏统一的定义,调制深度(modulation index)的概念比较容易引起混淆。在此用正弦调制信号与三角载波信号比较产生 PWM 脉冲的过程来说明调制深度的意义。对于图 4-9 所示的 PWM 产生过程,可以定义调制深度为

$$M = U_{\text{mp}}/U_{\text{cp}} \qquad (4-8)$$

式中: $U_{\text{mp}}$ 和 $U_{\text{cp}}$ 分别为正弦调制信号 $u_{\text{m}}$ 与三角载波信号 $u_{\text{c}}$ 的幅值。

当三角载波信号 $u_{\text{c}}$ 不变而 $M$ 变化时,由于比较器输出 PWM 脉冲串中所有脉冲的宽度都将成比例地发生改变,从而改变 PWM 输出电压的大小,因此很多时候调制深度 $M$ 都用来对 PWM 输出的大小进行控制和描述。

如图 4-9(a)所示,当 $M \leqslant 1$ 时, $U_{\text{mp}} \leqslant U_{\text{cp}}$ ,PWM 波脉冲宽度的调制规律完全受控于调制信号,理论分析也表明输出电压的大小与 $M$ 成正比,这个调制范围常被称为线性调制区。当 $M > 1$ 后,正弦调制信号的一部分就会大于三角载波信号的幅值,在这一部分区域,原本应该分隔开来的输出脉冲被逐渐连在了一起而不再遵循常规的脉宽调制规律,PWM 输出的大小也不再是调制深度的线性函数,这段调制范围常称为过调制区,如图 4-9(b)所示。

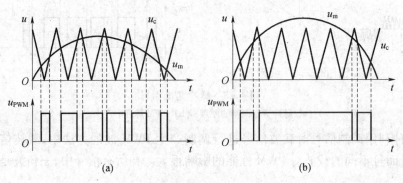

图 4-9 线性调制区和过调制区
(a) 线性调制区;(b) 过调制区。

在线性调制区内,谐波的分布情况一般比过调制区好,再加上其输出大小与调制深度成正比的特性,使其对 PWM 的控制和分析都十分有利,因此在确定 PWM 控制策略时都倾向于尽量扩大线性调制区的控制范围。

**2. 开关频率和开关损耗**

从图 4-9(a)可以看出,在线性调制区,逆变器中功率半导体开关器件的开关频率 $f_{\text{s}}$ 就等于载波信号的频率,即

$$f_{\text{s}} = f_{\text{c}} = Pf_{\text{m}} \qquad (4-9)$$

从 4.2 节对逆变器主电路工作原理的分析中得知,开关器件因采用硬开关模式(目前大多数逆变器都采用硬开关模式)而相应会产生较大的开关损耗。准确计算器件开关损耗的方法是:测量开关过程中器件的电流波形和器件两端的电压波形,然后将这两个波形逐点相乘,从而得到损耗功率的瞬时波形,瞬时功率的积分就是单次开关过程的损耗能

量,而器件总的开关损耗则和其开关频率成正比。为此,虽然提高开关频率对改善输出电压的质量和负载的性能都很有利,但还须建立如下的认识。

（1）不同类型和不同功率等级的开关器件的最高允许工作频率都有一定的限制,比如 IGBT 器件的开关频率一般就不超过 20kHz。

（2）功率半导体开关器件的开关损耗和开关频率成正比,因此功率开关器件和逆变装置的散热能力（同冷却或环境温度等条件有关）将限制逆变器开关频率的提高。

（3）开关频率还会受到微处理器（后面将要讲到在逆变器中 PWM 控制多采用各种各样的微处理器来实现）处理速度的限制。

（4）开关频率越高,逆变器工作时产生的电磁干扰往往也越严重,容易对其他设备造成较大的电磁干扰。

考虑到各种因素,在具体逆变器的控制方案中,开关频率是一个需要综合考虑和评价的重要技术参数。例如,对于 IGBT 逆变器,如果工作环境理想,散热条件较好,开关频率往往可以提高到 15kHz 以上,而中功率 IGBT 逆变器的开关频率一般在 10kHz 以内,对于大功率逆变器,受散热条件的限制,最高开关频率可能也就能达到 2kHz。

**3. 同步调制、异步调制和分段同步调制**

**1）同步调制**

如果在改变调制信号频率（也即逆变器的输出频率）$f_m$ 的同时,成比例地改变载波信号的频率 $f_c$（一般情况下等于开关频率）,从而使 PWM 脉冲的载波比 $P$ 保持不变,同时在频率改变时使载波信号和调制信号始终保持同步,这种调制方法就称为同步调制,如图 4 - 10（a）所示。以图中 $P = 45$ 的线段为例,它表示在固定载波比 $P = 45$ 的情况下,同步调制的载波频率跟随调制波频率同步变化。对于三相逆变器,为了保证三相之间的对称性,三相调制波的相位必须互差 $2\pi/3$,为此调制比 $P$ 常取为 3 的整数倍。

同步调制的最大好处在于,即使开关频率较低,仍可以保证输出波形的对称性和谐波分布特性。但是,当调制信号频率较低时,如果采用同步调制,载波频率就会很低,主要谐波的频率也很低,从而严重影响输出波形的质量。另外,由于大多数情况下都要求逆变器的输出频率能够连续变化,采用同步调制就要求载波频率也须连续变化,这对于利用微处理器进行数字化控制是极为不便的。

**2）异步调制**

在调制信号频率变化时保持载波信号频率不变的调制方法称为异步调制,参见图 4 - 10（a）中的异步调制区。显而易见,由于载波频率保持不变,在调制波频率连续变化的时候,载波比也将相应地连续变化,结果是每个调制波周期内 PWM 输出的脉冲中心位置将发生连续移动,脉冲的数目,也就是调制比,也不一定是整数。所以异步调制的缺点是:除非载波比恰好等于某些特殊的整数,输出 PWM 脉冲的对称性不可能得到保证。而对于三相逆变器,由于绝大多数时候载波比都不会凑巧等于 3 的整倍数,因此从理论上讲三相 PWM 脉冲也无法保持严格的对称关系。这些不对称性对于谐波分布和负载的运行都会产生一些不利的影响,当载波频率（准确地说应该是载波比）较低的时候,情况会变得更加严重。但另一方面,异步调制的优点也十分明显,首先,由于载波频率是固定的,在利用微处理器进行数字化控制时就会感到非常方便,软件得以大大简化。其次,在低频输出段,每个调制波信号周期内的载波周期个数可成数量级地增多,这对抑制谐波电流、减

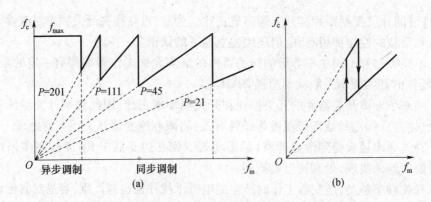

图 4-10 分段同步调制

(a) 分频同步调制；(b) 载波比的切换。

轻电机的谐波损耗及转矩脉动都大有好处,而且由于载波的边频带远离调制信号频率,因此可以更好地抑制载波边频带与基波之间的相互干扰。

随着包括 IGBT 在内的高速功率半导体开关器件的开发和普及应用,逆变器的开关频率得以大大提高。虽然在变频器中开关频率很少高于 15kHz,但对于这样高的载波频率(严格说应该是载波比),在一个调制波周期内多一个或少一个载波周期(对应 PWM 输出脉冲的数目)对输出电压的对称性和谐波分布的影响微之又微,以致可以忽略不计。因此,在载波频率较高时,采用异步调制比采用同步调制将更为有利,从而使后者几乎失去了应用的价值。但对于 GTR 和 GTO 之类开关频率较低的功率半导体开关器件,或是在开关频率受各种因素限制只能取较小值的场合,为了克服同步调制和异步调制各自的缺点,则可采用分段同步调制。

3）分段同步调制

分段同步调制就是将调制波频率分为若干个频段,在每个频段内都保持载波比 $P$ 恒定不变,不同频段的 $P$ 值则不同。频段的划分和载波比的改变主要考虑:一方面尽可能充分利用功率半导体开关器件的开关频率;另一方面又要避免控制软件过于复杂。在调制波频率的高频段采用较低的载波比,以使载波频率不致太高,从而将功率半导体开关器件的开关频率限制在允许范围以内;在调制波频率的低频段采用较高的载波比,避免因载波比太低而对负载的运行产生不利的影响。如调制波频率继续降低,则干脆转入异步调制模式。对于三相逆变器,为了保证三相的对称性和改善谐波分布,各频段的载波比都应该取 3 的整倍数且为奇数。图 4-10(a) 给出了分段同步调制的一个例子。

在对调制比 $P$ 进行切换时还应注意以下两点。

(1) 应尽量避免在载波比变化时引起电压或电流的突变。由于载波比变化时,PWM 脉冲的谐波分布也会发生相应的改变,所以必须通过合理选择切换时刻等措施减小载波比变化对负载运行可能产生的不利影响。

(2) 应避免由于输出频率的变化引起载波比的反复切换。如图 4-10(b) 所示,在切换点附近设置一定大小的滞环区域就是常用的方法之一。

## 4.3.2 正弦脉冲宽度调制

当采用正弦波作为调制信号来控制输出 PWM 脉冲的宽度,使其按照正弦波的规律

86

变化,这种 PWM 控制策略就称为正弦脉冲宽度调制(SPWM),简称正弦脉宽调制。产生 SPWM 脉冲,采用最多的载波是等腰三角波;使用较多的是规则采样双极性控制方式。下面介绍常用的三相 SPWM 控制。

三相桥式逆变器的主电路如图 4 - 1 所示。为了得到三相桥式逆变器所需的三相对称 SPWM 脉冲,逆变器三相输出端 $A$、$B$、$C$ 相电压之间的相位必须互差 $2\pi/3$。为此,三相 SPWM 最基本的设计原则之一就是,用于产生三相 SPWM 脉冲的三个正弦调制信号,即图 4 - 11 中的 $u_{ma}$、$u_{mb}$、$u_{mc}$,它们之间也必须保持 $2\pi/3$ 的相位差。从原理上讲,三相 SPWM 脉冲的产生可以每相调制波单独配备一个载波,也可以三相共用一个载波。由于后者的实现和控制更为简便,因此绝大多数三相逆变器都采用这种方法。为了严格保证三相之间的相位差,载波比应该设计为 3 的整倍数,如图 4 - 11(a)所示。图 4 - 11(b)为 $A$ 相 $VT_1$ 管的控制脉冲,$B$ 相和 $C$ 相脉冲则应该分别滞后 $A$ 相脉冲 $2\pi/3$ 和 $4\pi/3$ 角度。逆变器三相输出端相对于直流环节中点 $O$ 的相电压波形分别如图 4 - 11(c)、(d)和(e)所示。三相之间线电压波形可以通过分别将两相电压相减得到,图 4 - 11(f)中仅给出了线电压 $u_{AB}$ 的波形。

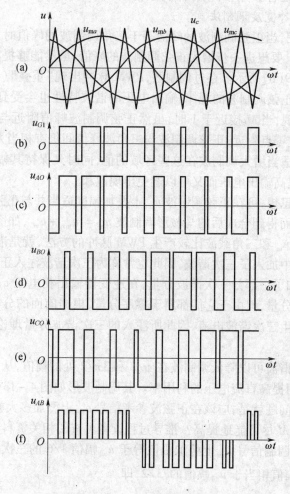

图 4 - 11　三相 SPWM 波形

SPWM 因其原理通俗直观、实现简便、谐波特性优良等优点而被广泛应用,但它也存在直流电压利用率低的缺陷。在调制深度 $M = 1$ 的情况下,三相 SPWM 逆变器的最高输出线电压的幅值仅为

$$U_{\text{lpmax}} = \frac{\sqrt{3}}{2}U_{\text{d}} \approx 0.87U_{\text{d}} \qquad (4-10)$$

也就是说,在线性调制区内,三相 SPWM 的直流电压利用率仅为 87%,如果想进一步提高直流电压的利用率,就必须采用过调制,但这样一来,SPWM 谐波特性优良的优势也就逐渐丧失了。为了解决 SPWM 所存在的直流电压利用率偏低的缺点,在它的基础上又发展出其他调制波的脉冲宽度调制法,如准正弦波调制法和梯形波调制法。

### 4.3.3 其他三相 PWM 控制

SPWM 控制的调制波是正弦波,采用正弦波调制,输出电压中的低次谐波大为减小,这是有利的,但是正弦波调制时,直流电压的利用率不高,其基波电压幅值小于电源直流电压。为了提高直流电压利用率,减小开关次数和开关损耗,也提出了其他调制方法。

#### 1. 准正弦波脉冲宽度调制法

式(4-10)表明,当正弦调制波的峰值等于三角调制波的峰值时,得到输出线电压的最高幅值达 $0.87U_{\text{d}}$,要想进一步增大正弦调制波的峰值,虽然能够提高输出电压,但会出现过调制,如图 4-9(b)所示。在过调制区,PWM 脉冲出现"重叠"(或称"饱和")现象,脉冲宽度不再遵循正弦调制波的规律,输出电压的谐波特性也会受到影响。进一步分析图 4-9(b)不难发现,当 $M$ 接近于 1 时,虽然正弦调制波峰值附近与三角波峰值间的余量越来越小,但在过零点附近,正弦调制波与三角波峰值间仍有相当大的增长空间。如果能通过一定的措施适当增大调制波在这些区域的值,同时又保持其幅值仍小于三角波的幅值,就可以继续提高输出电压而又可以避免出现饱和。

为了实现这个思想,可在正弦调制波 $u_{\text{m1}}$ 上叠加幅度适当并与正弦调制波同相位的三次谐波分量 $u_{\text{m3}}$,从而得到合成后的马鞍形调制波 $u_{\text{m}} = u_{\text{m1}} + u_{\text{m3}}$,如图 4-12 所示。这个注入了三次谐波的 $u_{\text{m}}$ 和三角载波比较产生 PWM 脉冲的方法,就是准正弦波脉冲宽度调制法。由于调制波中加入了三次谐波,因此也常称为三次谐波注入正弦脉冲宽度调制。

由于 $u_{\text{m}}$ 中叠加了一部分三次谐波分量,在逆变器输出相电压 $u_{AO}$、$u_{BO}$、$u_{CO}$ 中也会出现相应的三次谐波分量,但由于它们都属于零序分量,根据前面的分析可知,它们实际上并不会在负载中产生三次谐波电流,因此所注入的三次谐波分量理论上对负载的运行没有任何影响。

通过注入三次谐波可以降低调制波在 $\pi/2$ 和 $3\pi/2$ 处的幅值,从而可以扩大 PWM 的线性控制范围,进而提高直流电压的利用率。其调制波形如图 4-13 所示。

下面要解决的问题就是,应该在正弦波参考信号 $u_{\text{m1}}$ 上叠加多大幅值的三次谐波 $u_{\text{m3}}$,才能使其调制深度 $M$ 尽可能地提高?推导过程读者可查阅相关资料,在此不赘述。

如果在原正弦调制信号 $u_{\text{m1}}$ 上叠加幅值等于 $u_{\text{m1}}$ 幅值 1/6 的三次谐波,其结果是合成后的调制波 $u_{\text{m}}$ 的幅值相当于 $u_{\text{m1}}$ 幅值的 $\sqrt{3}/2$,即

$$U_{\text{mpmin}} = \frac{\sqrt{3}}{2}M \approx 0.866M \qquad (4-11)$$

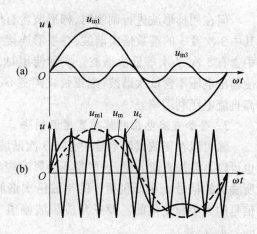

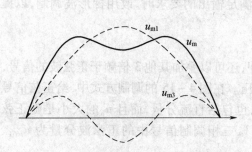

图4-12 准正弦波脉冲宽度调制法

图4-13 注入三次谐波的 PWM 调制

因此线性调制区最大可以达到 $M = 2/\sqrt{3} \approx 1.15$，即在调制不出现饱和的情况下，可使输出电压基波产生约15%的增量，从而提高逆变器直流电压的利用率。

**2. 梯形波脉冲宽度调制法**

采用梯形波作为调制信号，也可以有效地提高直流电压利用率。因为当梯形波幅值和三角波幅值相等时，梯形波所含的基波分量幅值已超过了三角波的幅值，在梯形波的顶部与三角波的交点有固定的宽度，比相同幅值的 SPWM 产生的脉冲要宽。其原理及输出电压波形如图4-14所示。

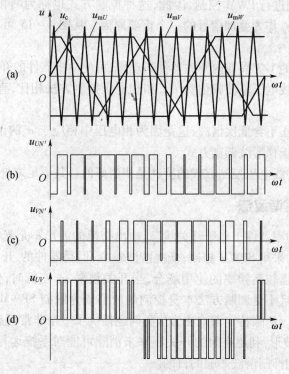

图4-14 梯形波为调制信号的 PWM 控制

但在用梯形波进行调制时,梯形波含有低次谐波,因此,输出电压中也含有低次谐波,其中 3 次及 3 的整数倍次谐波,在星形连接中,互相抵消不会对负载产生影响,负载电压中含有 5 次、7 次等低次谐波。实际使用时,可以考虑输出电压较低时采用 SPWM 调制,使输出电压不含低次谐波;当正弦波调制不能满足输出的要求时,改用梯形波调制,以提高直流电压利用率。

### 3. 叠加直流电压的脉冲宽度调制法

除可以在正弦调制信号中叠加 3 次谐波外,还可以叠加其他 3 倍频于正弦波的信号,也可以再叠加直流分量,这些都不会影响线电压。在图 4 - 15 的调制方式中,给正弦信号所叠加的信号 $u_p$ 中既包括 3 的整数倍次谐波,也包括直流分量,而且 $u_p$ 的大小是随正弦信号的大小而变化的。设三角波载波幅值为 1,三相调制信号中的正弦波分量为 $u_{mU1}$、$u_{mV1}$、$u_{mW1}$,并令

$$u_p = - \min(u_{mU1}, u_{mV1}, u_{mW1}) - 1 \tag{4 - 12}$$

则三相的调制信号分别为

$$\begin{cases} u_{mU} = u_{mU1} + u_p \\ u_{mV} = u_{mV1} + u_p \\ u_{mW} = u_{mW1} + u_p \end{cases} \tag{4 - 13}$$

可以看出,不论 $u_{mU1}$、$u_{mV1}$、$u_{mW1}$ 幅值的大小,$u_{mU}$、$u_{mV}$、$u_{mW}$ 中总有 1/3 周期的值是和三角波负峰值相等的,其值为 - 1。在 1/3 周期中,并不对调制信号值为 - 1 的一相进行控制,而只对其他两相进行 PWM 控制,因此,这种控制方式也称为两相控制方式。这也是选择式(4 - 12)的 $u_p$ 作为叠加信号的一个重要原因。从图 4 - 15 可以看出,这种控制方式有以下优点。

(1) 在信号波的 1/3 周期内开关器件不动作,可使功率器件的开关损耗减少 1/3。

(2) 最大输出线电压基波幅值为 $U_d$,和相电压控制方法相比,直流电压利用率提高了 15%。

(3) 输出线电压不含低次谐波,这是因为相电压中相应于 $u_p$ 的谐波分量相互抵消的缘故。这一性能优于梯形波调制方式。

可以看出,这种线电压控制方式的特性是相当好的。其不足之处是控制有些复杂。

## 4.3.4 消除特定谐波法

在逆变器中,功率器件工作于开关状态,输出交流的波形不是光滑连续的正弦波,都含有一定的谐波,如采用 SPWM 控制,低次谐波较少,但是器件的 开关频率越高,开关损耗越大。在一些不需较高频率的使用场合,当开关频率 $\omega_c$ 变低时,低频谐波开始增大。低频谐波幅值偏大且不受调制方法本身控制的缺陷成为限制 SPWM 在低开关频率场合应用的最主要因素。消除特定谐波法为这类问题提供了一个非常理想的解决方案。它通过直接设计 PWM 波形,利用有限的开关频率来消除可能对系统运行产生最不利影响的一些特定谐波,达到抑制谐波影响的目的。

消除特定谐波法就是 PWM 控制技术的计算法,它的核心就是通过对电压波形脉冲缺口位置的合理安排和设置,以求达到既能控制输出电压基波大小,又能有选择地消除逆

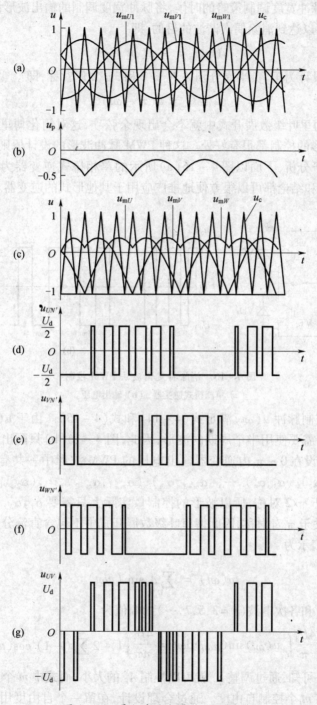

图 4 - 15　叠加直流分量的 PWM 控制

变器输出电压中某些特定谐波的目的。当然,这些缺口的位置是不可能简单地通过调制波和载波的比较来确定的,它们必须利用输出电压谐波特性的数学表达式来求解。下面就简单介绍一下消除特定谐波法计算脉冲宽度和位置的基本原理。

为了减少谐波并简化控制,要尽量使波形具有对称性。

首先在设计脉冲宽度调制策略的时候,将脉冲宽度调制的输出波形设计成正、负半周关于 π 奇对称,可以达到消除偶次谐波的目的,即

$$u(\omega t) = - u(\omega t + \pi) \qquad (4-14)$$

如果再将其设计为正、负半周分别关于 π/2 和 3π/2 偶对称,即

$$u(\omega t) = u(\pi - \omega t) \qquad (4-15)$$

那么在 $u(\omega t)$ 的傅里叶级数展开式中就不会出现余弦项,这对简化傅里叶级数的计算和分析以及实际波形的控制都很有好处。这种 PWM 脉冲波形的设计原则常用于消除特定谐波法。为了便于分析,下面以图 4-16(a) 所示的单相桥式逆变器为例进行分析。当然,所用到的方法和结论都可以很方便地推广应用于其他形式的逆变器。

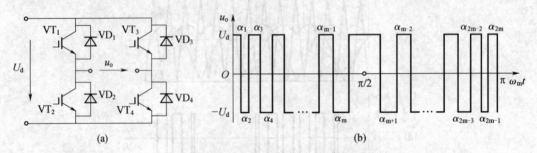

图 4-16 消除特定谐波法 PWM 控制

(a) 单相桥式逆变器;(b) 输出电压。

假设 PWM 控制脉冲 $u(\omega t)$ 满足式(4-14)和式(4-15)。由于 $u(\omega t)$ 关于 π 奇对称,傅里叶分析只需要使用半个周期的波形,因此,图 4-16(b) 只画出了 0~π 内 PWM 脉冲的波形,并假设在 0~π 内逆变器输出电压的 PWM 波形中一共有 m 个缺口,如图 4-16(b) 中 $(\alpha_1, \alpha_2)$,$(\alpha_3, \alpha_4)$,…,$(\alpha_{m-1}, \alpha_m)$,$(\alpha_{m+1}, \alpha_{m+2})$,…,$(\alpha_{2m-1}, \alpha_{2m})$。另外,由于波形同时又关于 π/2 对称,所以波形的控制量实际上只需要 $\alpha_1, \alpha_2, \cdots, \alpha_m$ 这 m 个角度。由于 $u(\omega t)$ 关于 π 奇对称,因此傅里叶级数展开式中不包含直流分量,$u(\omega t)$ 的傅里叶级数展开式可表示为

$$u(\omega t) = \sum_{n=1}^{\infty} A_n \sin(n\omega t) \qquad (4-16)$$

其中:基波($n=1$)和各次谐波($n=3,5,7,\cdots$)的幅值为

$$A_n = \frac{4U_d}{\pi} \int_0^{\frac{\pi}{2}} u(\omega t) \sin(n\omega t) \mathrm{d}\omega t = \frac{4U_d}{n\pi}\left[1 + 2\sum_{i=1}^{m}(-1)^i \cos(n\alpha_i)\right] \qquad (4-17)$$

从式(4-17)可知,通过调整 $\alpha_i$ 就可以控制 $A_n$ 的大小,而式中 m 个角度 $\alpha_i$ 也就意味着 PWM 波形共有 m 个控制自由度。通过合理设计,在留一个自由度用于基波幅值控制的前提下,剩余的 $m-1$ 个自由度就可用于消除 $m-1$ 个指定的谐波,这就是消除特定谐波法的基本原理。下面以一个简单的实例进行具体的说明。

如果我们要采用消除特定谐波法来控制输出电压,要求在 PWM 输出基波幅值等于 $U_{1m}$ 的同时能消除对大多数负载运行影响最大的 5、7、11 这三种谐波,那么根据上述原理,设计出的 PWM 脉冲在 0~π/2 内应该至少有四个缺口,对应的角度分别为 $\alpha_1$、$\alpha_2$、$\alpha_3$、$\alpha_4$。

根据式(4-17),通过列出并求解以下联立方程组,就可以得到 PWM 波形控制所需的这 4 个开关角度:

$$
\begin{cases}
A_1 = \dfrac{4U_d}{\pi}\Big[1 + 2\sum_{i=1}^{4}(-1)^i\cos(\alpha_i)\Big] = U_{1m} \\[3mm]
A_5 = \dfrac{4U_d}{5\pi}\Big[1 + 2\sum_{i=1}^{4}(-1)^i\cos(5\alpha_i)\Big] = 0 \\[3mm]
A_7 = \dfrac{4U_d}{7\pi}\Big[1 + 2\sum_{i=1}^{4}(-1)^i\cos(7\alpha_i)\Big] = 0 \\[3mm]
A_{11} = \dfrac{4U_d}{11\pi}\Big[1 + 2\sum_{i=1}^{4}(-1)^i\cos(11\alpha_i)\Big] = 0
\end{cases}
\tag{4-18}
$$

对于式(4-18)这样一个非线性超越方程,只有借助计算机才能求出其数值解。另外值得注意的是,所需的开关角度不仅与所要消除的谐波次数有关,而且还会随着所要求的基波幅值的变化而变化,这就更增加了其计算和控制的复杂性。目前惟一可行的实现方法是根据谐波消除的要求,预先计算出不同基波幅值下所需的所有角度,然后存储在控制器的内存中,而在使用时则采用计算机查表的方法得到相应的开口角度数据。显而易见,如果需要在较大范围内改变逆变器的输出电压或频率,大量的角度数据就必须占用巨大的存储空间,而且程序的编制和调试也将非常不方便。

消除特定谐波法的计算和控制过程非常繁琐,开关频率越高意味着 $m$ 越大,也就需要解更大的联立超越方程组,并占用庞大的内存来存储所有的开关角度,所以在开关频率较高的逆变器中很难采用。但在开关频率较低的场合,消除特定谐波法的优势就十分明显。一方面,联立超越方程组相对比较小、计算出的角度数量相对较少、占用的空间也有限;另一方面,利用这种方法可以有效地消除对系统运行影响最大的一些谐波(对大多数场合是 5 次、7 次、11 次等低次谐波),从而明显地提高系统的性能。

### 4.3.5　电流跟踪型 PWM 控制技术

电流跟踪型逆变器使逆变器输出电流跟随给定的电流波形变化,这也是一种 PWM 控制方法。在很多交流电机变频调速系统中,如果从电机控制的角度考虑,最好的控制对象可能是电机的定子电流,此时如果能对逆变器的输出电流,一般情况下也就是电机的定子电流,实行闭环控制,就会得到比开环电压控制更好的控制特性。

电流跟踪型 PWM 以逆变器输出电流作为控制对象,通过切换逆变器的输出电压达到直接控制电流的目的,它兼有电压型逆变器和电流型逆变器的优点:由于它可实现对电机定子电流的在线自适应控制,因而电流的动态响应速度快、系统运行受负载参数的影响小,逆变器结构简单、电流谐波小。电流跟踪型 PWM 的这些特点使其特别适用于高性能的交流电机调速控制系统。电流跟踪一般采用滞环控制,即当逆变器输出电流与设定电流的偏差超过一定值时,改变逆变器的开关状态,使逆变器的输出电流增加或减小,从而将输出电流与设定电流的偏差控制在一定范围内。其基本工作原理如下。

图 4-17 所示为单相滞环电流跟踪型 PWM 逆变器工作原理,如一个三相滞环电流跟踪型 PWM 控制逆变器则可以由三个这样的单相滞环电流跟踪型 PWM 逆变器组成。

图 4-17 中,作为给定的负载相电流参考值 $i_r$,也即是负载电流跟踪的目标。为了避免逆变器开关状态变换的速度过快,在 $i_r$ 的基础上设计了上、下两个误差滞环,分别为($i_r +$ $\Delta i$)和($i_r - \Delta i$)。当负载电流 $i_f > i_r + \Delta i$ 时,VT$_1$ 导通而 VT$_2$ 截止,负载电压 $u_o = -U_d$,$i_f$ 开始下降;当 $i_f$ 下降到 $i_f < i_r - \Delta i$ 后,VT$_1$ 导通而 VT$_2$ 截止,负载电压 $u_o = U_d$,$i_f$ 又开始上升。这样,通过滞环比较器控制 VT$_1$ 和 VT$_2$ 的交替通断动作,就可以使 $|i_f - i_r| < \Delta i$,从而实现负载电流 $i_f$ 对 $i_r$ 的跟踪。如果 $i_r$ 为正弦波,则 $i_f$ 也近似为正弦波形。

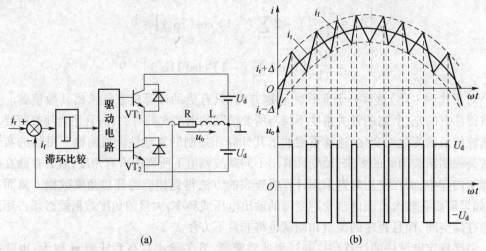

图 4-17　滞环电流跟踪型 PWM 逆变工作原理

(a)电流跟踪控制电路;(b)电流、电压波形。

滞环电流跟踪型 PWM 逆变器通过负载电流 $i_f$ 与指令电流 $i_r$ 的比较产生输出 PWM 脉冲,因此 PWM 脉冲的频率(即功率半导体开关器件的开关频率)$f_s$ 并不固定,它主要与以下一些因素有关。

(1)$f_s$ 与电流滞环的宽度 $\Delta i$ 成反比,滞环宽度 $\Delta i$ 越小,$f_s$ 越大。虽然减小滞环宽度 $\Delta i$ 可以提高负载电流的跟踪精度,但由于开关频率 $f_s$ 也会随着增大,因此必须合理设计滞环宽度 $\Delta i$,以兼顾开关频率和跟踪精度两方面的要求。

(2)逆变器直流输入电压 $U_d$ 越大,负载电流的上升和下降速度越快,$i_f$ 到达滞环上限或下限的时间也就越短,因此 $f_s$ 会随 $U_d$ 的增大而增大。

(3)负载电感越大,负载电流 $i_f$ 的变化率越小,到达滞环上限或下限的时间也就越长,$f_s$ 越小。

(4)$f_s$ 与指令电流 $i_r$ 的变化率 $di_r/dt$ 的大小也有关,$di_r/dt$ 越大(比如在正弦波的过零点附近),$f_s$ 越小。

由于滞环电流跟踪型 PWM 逆变器的开关频率受诸多因素的影响并不固定,所以具有固定滞环宽度的电流跟踪型逆变器存在明显的缺陷,即在不同的条件下逆变器开关频率的变化和差异很大。如果在某些运行点开关频率太高,就会威胁到开关器件的安全工作,相反如果用这些运行点的频率作为限制逆变器开关频率和设计 PWM 控制策略的依据,那么在其他工作点就有可能因为开关频率太低而影响电流的波形。为了克服这个缺点,可以采用具有固定开关频率的电流控制器,这方面的内容读者可以参考相关文献。

归纳滞环电流跟踪型 PWM 特点如下：

（1）控制电路的硬件十分简单，其核心只是一个滞环比较器。

（2）属于实时控制方式，与通过电压间接控制电流的方法相比，负载电流的响应速度要快很多。

（3）由于没有载波，逆变器输出电压中不包含特定频率的谐波分量，从而可以避免特定谐波可能对负载运行产生的不利影响，如谐振和噪声等。

## 4.3.6　逆变装置 PWM 技术性能指标

在电力电子技术的发展过程中，人们开发出了很多种 PWM 控制策略，而电力电子器件的发展和微处理器在逆变器控制中的广泛应用更为 PWM 控制技术的进一步发展提供了强有力的支持和保证。PWM 控制技术研究领域的活跃与繁荣，一方面是 PWM 控制技术重要性的表现，另一方面也正说明 PWM 技术性能指标的多样性给人们提供了广阔的研究和开拓空间。不同的 PWM 控制策略往往针对不同的技术性能指标，而其中比较重要的包括以下三个。

1．输出电压谐波的分布

对于一种 PWM 控制策略来说，PWM 输出谐波的分布是衡量其性能的最基本的指标之一。逆变器在 PWM 脉冲的控制下将直流电能变换成交流电能的过程中，除了产生所需要的基波成分外，还会产生大量的谐波。这些谐波的存在对逆变器供电的设备都会产生各种各样不利的影响，比如当逆变器驱动交流电机时就会出现电机的噪声和振动增大、电机转矩脉动加剧等现象。虽然输出谐波的大小直接关系到输出电能质量的好坏，但由于不同的谐波对不同设备，甚至同一设备在不同的运行条件下的影响可能都不一样，因此，在实际中不应只对输出谐波进行笼统的"大小"评价，更准确的应该是对 PWM 输出中不同谐波的分布和含量进行研究，以便寻求最佳的抑制乃至消除 PWM 逆变器谐波影响的措施。

2．开关器件的开关损耗

较高的开关频率对改善逆变装置的性能（特别是改善输出谐波的分布）一般都比较有利。但是，开关频率的提高受开关损耗和开关器件的开关速度的限制，这一矛盾在大功率装置中尤为突出。因此在这些场合，如何用较低的开关频率（当然也就意味着相对较小的开关损耗）尽可能地保证输出电能的质量，就成为 PWM 控制策略设计者必须考虑的非常重要的因素。以 50Hz 三相逆变器为例，如果开关频率较高，若能达到 3000Hz ~ 4000Hz 以上，即使简单地采用正弦脉冲宽度调制，其输出电压中也基本上不含低次谐波。相反，如果开关频率降至几百赫，那么正弦脉冲宽度调制的效果就很不理想了。在这种情况下，就可以改为采用消除特定谐波法，它可以有选择地将对系统性能影响最大的谐波，一般情况下是 5 次、7 次、11 次、13 次等低次谐波，加以抑制或消除，从而提高逆变器的性能。

3．直流环节电压的利用率

对于电压型逆变器，在一定的直流环节电压条件下，PWM 控制所能产生的最高交流输出电压代表了该 PWM 控制策略直流电压利用率的高低。为了达到充分发挥电机功率和充分利用有限的直流电压等目的，一般都希望电压利用率尽可能高。本章中将电压利

用率定义为 $U_{lpmax}/U_d$，其中 $U_{lpmax}$ 为 PWM 交流输出基波线电压峰值的最大值。比如对于常用的二电平三相全桥式电压型逆变器，在采用 4.2 节中所述的 180° 导电型控制的时候，线电压峰值为

$$U_{lpmax} = \frac{2\sqrt{3}}{\pi}U_d \approx 1.10U_d \tag{4-19}$$

因此，180° 导电型控制的线电压利用率就等于 110%。

由于大多数 PWM 控制策略通过采用适当的过调制策略都可以逐步过渡到 180° 导电型控制，按照上面的定义，它们的电压利用率都为 110%，这样一来也就失去了比较的意义。因此在评价一种调制策略的电压利用率时，往往都是采用不出现过调制的情况下所能达到的最高交流输出电压。比如在不出现过调制的情况下，正弦脉冲宽度调制的电压利用率为 86% 和 100%。

# 4.4 PWM 控制的实现方法

实现 PWM 控制的方法有很多，虽然具体的控制方案不尽相同，但不论是哪一种 PWM 控制策略，一般都必须包含两个基本的环节：一是计算并确定逆变器开关状态的切换时刻；二是在设定的时刻输出逆变器的控制脉冲。能够实现以上 PWM 控制基本任务的方法大致可以分为硬件电路生成和软件控制产生两大类。

## 4.4.1 利用硬件电路产生 PWM 脉冲

在讲述正弦脉冲宽度调制原理的时候，就曾采用正弦调制波和三角载波比较产生 PWM 脉冲的过程，来说明正弦脉冲宽度调制的原理，当该过程直接用硬件电路来实现，就引出 PWM 的硬件电路生成法。利用硬件电路产生 PWM 脉冲，其主要优点是原理简单、直观、控制成本低廉，不过受硬件电路本身功能和性能的限制，硬件电路生成法既不方便也不灵活。因此除了一些非常简单的应用场合，现基本已被软件控制产生的方法所取代，所以下面仅作一些简单的说明。

### 1. 模拟电路实现

用模拟电路来实现正弦脉冲宽度调制的原理如图 4-8 所示。正弦波发生器和三角波发生器产生的模拟正弦调制波 $u_m$ 和三角载波 $u_c$ 被分别送入模拟比较器的两个输入端，在比较器的输出端就可以得到所需的正弦脉冲宽度调制信号。这种方法的电路原理和结构都非常简单，但由于输出频率、调制深度或载波比的改变都必须通过调整正弦波或三角波的频率和幅值来完成，而利用模拟电路对模拟正弦波或三角波信号的幅值和频率进行较大范围、平滑的调整和控制是十分困难的，因此这种方法在需要变频或变压控制的三相逆变器中极少采用，其应用一般仅局限于单相的恒压恒频逆变器。

### 2. 专用集成电路

由于简单的硬件电路在控制上缺乏灵活性，人们设计出了一些专用的集成电路，由于这些专用集成电路的核心部分仍采用硬件比较器、计数器之类的结构，因此也属于硬件产生方法。

利用硬件电路产生脉冲宽度调制信号，不论是用简单的硬件电路还是采用专用的集成电路，最大的缺点是缺乏灵活性。受硬件实现手段的限制，即使先进的大规模专用集成

电路,大部分控制功能、参数甚至是 PWM 脉冲本身都不得不预先固化在硬件中。由于各种应用场合特点的不同,常常要求能对脉冲宽度调制方法实施多方面的控制,在这种情况下,利用硬件产生脉冲宽度调制信号的方法往往显得力不从心。比如在改变逆变器输出频率的时候,要求同时对载波频率、调制波频率、调制深度进行调整,而且在载波比发生变化的时刻,还要考虑如何减小载波比切换所可能带来的负载电流突变,并通过为切换频率设置滞环的方法来避免载波比的频繁变化;当输出频率较高时,受开关频率的限制,输出电压的谐波逐步恶化,为了改善逆变器的输出电压质量,可能还要求设计从正弦脉冲宽度调制过渡到消除特定谐波法,并最终过渡到六阶梯波状态。如此复杂的控制功能,用硬件电路来实现显然是十分困难的。因此,在逆变器的控制中,大量使用的是利用软件控制产生 PWM 信号的方法。

## 4.4.2 利用软件产生 PWM 脉冲

随着各种各样微处理器性能的不断提高和成本的迅速降低,以及各种应用领域对逆变器性能和功能要求的日益提高,微处理器在逆变器控制中的应用越来越广泛,利用软件完成 PWM 控制已基本取代硬件电路,成为逆变器 PWM 控制的主角。与此同时也正是借助微处理器的强大计算和逻辑处理能力,很多先进的 PWM 控制策略才真正得以推广使用。

1. 软件产生 PWM 信号的基本原理

微处理器一般利用数字比较器对计数器中的数值和计算出的给定值进行比较来产生输出脉冲,当计数器的输入频率保持相对固定的时候,输出脉冲的宽度将取决于给定值的大小。

1) 数字三角波的产生

微处理器可以简单地利用一个循环计数器来产生灵活可控的三角波,如图 4-18 所示。循环计数器对固定频率时钟信号 $f_{CLK}$ 进行计数。它先从 0 开始加 1 计数,当加到设定的峰值 $U_{cp}$ 后变为减 1 计数,在减到 0 后又重新开始下一轮的加 1 计数。如此循环的连续加/减工作就可以产生三角波载波信号 $u_c$,如图 4-18(b)所示。很明显 $u_c$ 的周期,也就是载波周期和开关周期等于 $2U_{cp}/f_{CLK}$。与之前介绍的硬件产生方法中模拟三角波电压信号惟一的不同之处在于,此处的 $u_c$ 是用数字来表示的。

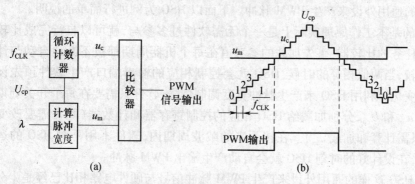

图 4-18 软件产生 PWM 脉冲
(a) 基本原理;(b) 工作波形。

2）利用数字比较器产生 PWM 输出

有了三角波载波之后，接下来要做的就是根据计算好的 PWM 控制规律控制输出脉冲的宽度。设脉冲宽度占整个周期的比例为 $\lambda$，那么就可以将 $u_m = (1-\lambda)U_{CP}$ 和循环计数器的输出 $u_c$ 一起送入数字比较器的两个输入端，如图 4-18（a）所示。同用数字表示的三角载波一样，调制波也是用数字表示的。数字比较器对三角载波 $u_c$ 和调制信号 $u_m$ 进行比较：假设当 $u_m \geqslant u_c$ 时，比较器输出低电平，而当 $u_m < u_c$ 时，比较器输出高电平，那么比较器输出脉冲就是宽度正比于 $\lambda$ 的 PWM 信号，如图 4-18（b）所示。

3）关键的控制参数

在利用软件产生 PWM 脉冲的过程中，需要计算和确定的量主要有 $f_{CLK}$、$U_{cp}$，$\lambda$ 和 $u_m$。

（1）由于是用数字比较器比较产生 PWM 脉冲，因此计数器的计数脉冲频率 $f_{CLK}$ 的大小就直接决定着脉冲宽度控制的分辨率。$f_{CLK}$ 越高意味着每个计数间隔对应的时间也越短，PWM 脉冲宽度调整和控制的分辨率也越高。对于开关周期较小的高频逆变器来说这一点非常重要；为了保证足够的控制精度，就必须采用较高频率的计数脉冲，当然这一般也就意味着工作速度更高的微处理器。

（2）因为一个载波周期 $T_c = \dfrac{2U_{cp}}{f_{CLK}}$，所以计数器计数的最大值 $U_{cp}$ 控制着 PWM 输出脉冲的频率，而逆变器开关频率 $f_s = 1/T_c$，所以在确定了开关频率 $f_s$ 之后，就可以计算出计数器控制所需要的 $U_{cp} = \dfrac{f_{CLK}}{2f_s}$。

（3）至于 $\lambda$ 和 $u_m$，它们实际上是体现了某种 PWM 控制策略的本质。由于角度的不同，在每个载波周期，PWM 脉冲的宽度都可能不一样。一般情况下，在每个载波周期的起点都必须根据所设计的 PWM 控制方法以及输出电压幅值和频率的要求，计算出该载波周期内脉冲的宽度 $\lambda$，然后刷新比较器相应的输入数据 $u_m$。

上面提到的数字比较器一般都是利用微处理器中的数字比较器来实现的，而由于所使用的比较器功能的不同，利用软件控制产生 PWM 信号的方法又可分为利用微处理器的通用外设和利用微处理器的专用外设两大类。

2. 利用微处理器的通用外设

根据生产厂商的不同，很多微处理器都可以利用与高速输出口 HSO 和比较输出端口功能相似的通用外设来产生 PWM 脉冲。下面以 HSO 为例进行简单的说明。

HSO 的基本工作原理实际上是一个无需软件过多参与，就可以自行完成比较和脉冲输出操作任务的比较器：事先加载的参考值在每个机器周期都被不断地自动与计数器的输出相比较，当两值相等的时候，HSO 就会控制相应的输出端口产生软件预先设定好的输出状态变化。利用 HSO 来产生脉冲宽度调制信号，软件只需要在每个开关周期之前将计算好的 $u_m$ 和 $U_{cp}$，分别加载给 HSO 相应的控制寄存器和计数器（除非需要改变开关频率，否则只需计算和加载 $u_m$）。在接下来的载波周期内，软件不用再对 HSO 的运行进行任何操作，在设计好的时刻 HSO 就会自动产生输出 PWM 脉冲。

利用 HSO 这样的通用外设来产生 PWM 脉冲信号与硬件电路相比已经是十分高效和方便，但在使用中仍会感到一些不便，这主要是因为：

（1）对于大多数微处理器，每个类似于 HSO 的模块只有一个输出端口，而逆变器每个桥臂的控制都需要两个互补的控制信号,因此必须在微处理器外部加设相应的脉冲分配电路。

(2) 在逆变器故障需要保护的时候,如果要求封锁所有的控制脉冲,由于软件的反应速度无法满足逆变器保护的要求,因此同样要借助外部的电路来完成。

(3) 需要设计其他保护电路来产生和插入所需的死区时间。

3. 利用微处理器的专用外设

在利用通用外设产生 PWM 脉冲时,微处理器外必须加设的辅助电路不但增加了系统的复杂程度,而且还会像所有的硬件电路一样影响控制系统的灵活性。为此,在有些微处理器中设计有特殊的外设,可以专门负责产生三相脉冲宽度调制信号。

## 思考题及习题

**4−1** 为什么说逆变技术是高效节能的技术?

**4−2** 逆变器在开关过程中为什么要设置死区时间?死区时间的存在会对逆变器的供电性能产生什么样的影响?

**4−3** 影响逆变器开关过程的主要因素是什么?试分析之。

**4−4** 为什么开关器件要设置缓冲电路?分析开关器件缓冲电路的作用。

**4−5** 简述逆变器 PWM 控制的方法及各自的基本工作原理。

**4−6** 什么叫异步调制?什么叫同步调制?假设逆变器开关频率的上限设定为 2500Hz 而下限设定为 1000Hz,试分析输出频率在 10Hz~60Hz 之间变化时,如果采用分段同步调制,应该如何设计载波比的切换?

**4−7** 采用滞环电流跟踪型 PWM 的逆变器有何特点?

# 第5章 直流电机调速系统

电力拖动实现了电能与机械能之间的能量变换,电力拖动自动控制系统也称为运动控制系统,由电机、控制装置及被拖动的生产机械所组成;任务是通过控制电机电压、电流、频率等输入量,来改变工作机械的转矩、速度、位移等机械量,使各种工作机械按人们期望的要求运行,以满足生产工艺及其他应用的需要。它是国民经济中充满活力的基础技术和高新技术,它的发展和进步已成为更经济地使用材料和能源、提高劳动生产率的合理手段,成为促进国民经济不断发展的重要因素,成为国家现代化的重要标准。工业生产和科学的发展,对运动控制系统提出新的更为复杂的要求,同时也为研制和生产各类新型控制系统提供了可能。

现代电力拖动技术以各类电机为控制对象,以计算机和其他电子装置为控制手段,以电力电子装置为弱电控制强电的纽带,以自动控制理论和信息处理理论为理论基础,以计算机数字仿真和计算机辅助设计(CAD)为研究和开发的工具。现代电力拖动技术已经成为电机学、电力电子技术、微电子技术、计算机控制技术、控制理论、信号检测与处理技术等多学科相互交叉的综合性学科。

在学习电机的拖动控制前,先对运动控制系统作一简单介绍,以进一步将各专业基础课的知识联系起来。

## 5.1 运动控制系统概述

运动控制系统由电机、功率放大与变换装置、控制器、及相应的传感器等构成,其结构如图5-1所示,下面分别介绍各组成部分。

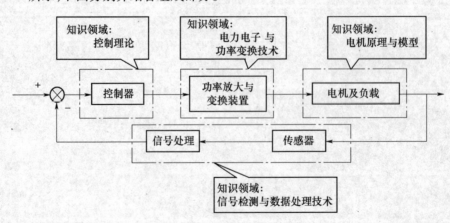

图5-1 运动控制系统及其组成

### 5.1.1　电机

运动控制系统的控制对象为电机,电机根据工作原理分为直流电机、交流感应电机(也称交流异步电机)和交流同步电机等,根据用途可分为用于调速系统的拖动电机和用于伺服系统的伺服电机。

直流电机结构复杂,制造成本高,电刷和换向器限制了它的转速与容量。交流电机(尤其是笼型感应电机)结构简单、制造容易,无须机械换向器,因此其允许转速与容量均大于直流电机。同步电机的转速等于同步转速,机械特性硬,功率因数可调。

### 5.1.2　功率放大与变换装置

功率放大与变换装置有电机型、电磁型、电力电子型等,现在多用电力电子型的。电力电子器件经历了由半控型向全控型、由低频开关向高频开关、由分立的器件向具有复合功能的功率模块发展的过程。电力电子技术的发展,使功率放大与变换装置的结构趋于简单、性能趋于完善。

晶闸管是第一代电力电子器件的典型代表,属于半控型器件,通过门极只能使晶闸管开通,而无法使它关断。该类器件可方便地应用于相控整流器(AC→DC)和有源逆变器(DC→AC),但用于无源逆变(DC→AC)或直流 PWM(脉宽调制)方式调压(DC→DC)时,必须增加强迫换流回路,使电路结构复杂。

第二代电力电子器件是全控型器件,通过门极既可以使器件开通,也可以使它关断,如 MOSFET、IGBT、GTO 等。此类器件用于无源逆变(DC→AC)和直流调压(DC→DC)时,无须强迫换流回路,主回路结构简单。第二代电力电子器件的另一个特点是可以大大提高开关频率,用 PWM 技术控制功率器件的开通与关断,可大大提高可控电源的质量。

第三代电力电子器件的特点是由单一的器件发展为具有驱动、保护等功能的复合功率模块,提高了使用的安全性和可靠性。

### 5.1.3　控制器

控制器分模拟控制器和数字控制器两类,也有模数混合的控制器,现在已越来越多地采用全数字控制器。

模拟控制器常用运算放大器及相应的电气元件实现,具有物理概念清晰、控制信号流向直观等优点,其控制规律体现在硬件电路和所用的器件上,因而线路复杂、通用性差,控制效果受到器件性能、温度等因素的影响。

以微处理器为核心的数字控制器的硬件电路标准化程度高、制作成本低,而且没有器件温度漂移的问题。控制规律体现在软件上,修改起来灵活方便。此外还拥有信息存储、数据通信和故障诊断等模拟控制器难以实现的功能。

然而,模拟控制器的所有运算能在同一时刻并行运行,控制器的滞后时间很小,可以忽略不计;而一般的微处理器在任何时刻只能执行一条指令,属串行运行方式,其滞后时间比模拟控制器大得多,在设计系统时应予以考虑。

### 5.1.4 信息监测与处理

运动控制系统中常需要电压、电流、转速和位置的反馈信号,为了真实可靠地得到这些信号,并实行功率电路(强电)和控制器(弱电)之间电气隔离,需要相应的传感器。电压、电流传感器的输出信号多为连续的模拟量,而转速和位置传感器的输出信号因传感器的类型而异,可以是连续的模拟量,也可以是离散的数字量。由于控制系统对反馈通道上的扰动无抑制能力,所以,信号传感器必须有足够高的精度,才能保证控制系统的准确性。

信号转换和处理包括电压匹配、极性转换、脉冲整形等,对于计算机数字控制系统而言,必须将传感器输出的模拟或数字信号变换为可用于计算机运算的数字量。数据处理的另一个重要作用是去伪存真,即从带有随机扰动的信号中筛选出反映被测量的真实信号,去掉随机扰动信号,以满足控制系统的需要。常用的数据处理方法是信号滤波,模拟控制系统常采用模拟器件构成的滤波电路,而计算机数字控制系统往往采用模拟滤波电路和计算机软件数字滤波相结合的方法。

### 5.1.5 运动控制系统的转矩控制规律

运动控制系统的基本运动方程式如下:

$$J \frac{d\omega_m}{dt} = T_e - T_L - D\omega_m - K\theta_m$$

$$\frac{d\theta_m}{dt} = \omega_m \tag{5-1}$$

式中:$J$ 为机械转动惯量($kg \cdot m^2$);$\omega_m$ 为转子的机械角速度($rad/s$);$\theta_m$ 为转子的机械转角($rad$);$T_e$ 为电磁转矩($N \cdot m$);$T_L$ 为负载转矩($N \cdot m$);$D$ 为阻尼转矩系数;$K$ 为扭转弹性转矩系数。

若忽略阻尼转矩和扭转弹性转矩,则运动控制系统的基本运动方程式可简化为

$$J \frac{d\omega_m}{dt} = T_e - T_L$$

$$\frac{d\theta_m}{dt} = \omega_m \tag{5-2}$$

若采用工程单位制,则式(5-2)的第1行应改写为

$$\frac{GD^2 dn}{375 dt} = T_e - T_L \tag{5-3}$$

式中:$GD^2$ 为转动惯量,习惯称飞轮力矩($N \cdot m^2$),$GD^2 = 4gJ$;$n$ 为转子的机械转速($r/min$),$n = \frac{60\omega_m}{2\pi}$。

运动控制系统的任务就是控制电机的转速和转角,对于直线电机来说是控制速度和位移。由式(5-1)和式(5-2)可知,要控制转速和转角,唯一的途径就是控制电机的电磁转矩 $T_e$,使转速变化率按人们期望的规律变化。因此,转矩控制是运动控制的根本问题。

为了有效地控制电磁转矩,充分利用电机铁芯,在一定的电流作用下尽可能产生最大

的电磁转矩,以加快系统的过渡过程,必须在控制转矩的同时也控制磁通(或磁链)。因为当磁通(或磁链)很小时,即使电枢电流(或交流电机定子电流的转矩分量)很大,实际转矩仍然很小。何况由于物理条件限制,电枢电流(或定子电流)总是有限的。因此,转矩控制与磁链控制同样重要,不可偏废。通常在基速(额定转速)以下采用恒磁通(或磁链)控制,而在基速以上采用弱磁控制。

## 5.1.6 生产机械的负载转矩特性

对运动控制系统而言,生产机械的负载转矩是一个必然存在的不可控扰动输入,生产机械的负载转矩特性直接影响运动控制系统方案的选择和系统的动态性能。为了对运动控制系统作全面的了解,便于系统设计和调试,常归纳出几种典型的生产机械负载转矩特性。

1. 恒转矩负载特性

负载转矩 $T_L$ 的大小恒定,与 $\omega_m$ 或 $n$ 无关,称作恒转矩负载,即

$$T_L = 常数 \tag{5-4}$$

恒转矩负载有位能性和反抗性两种。位能性恒转矩负载由重力产生,具有固定的大小和方向,如图 5-2(a)所示。反抗性恒转矩负载的大小不变,方向则始终与转速反向,如图 5-2(b)所示。

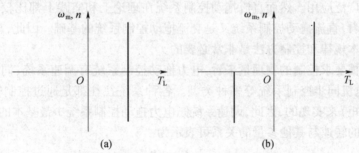

图 5-2　恒转矩负载特性

(a)位能性恒转矩负载;(b)反抗性恒转矩负载。

2. 恒功率负载特性

恒功率负载的特征是负载转矩与转速成反比,而功率为常数,即

$$T_L = \frac{P_L}{\omega_m} = \frac{常数}{\omega_m} \tag{5-5}$$

或

$$T_L = \frac{60_L}{2\pi n} = \frac{常数}{n}$$

式中:$P_L$ 为机械功率。

恒功率的负载特性如图 5-3 所示。

3. 风机、泵类负载特性

风机、泵类负载的转矩与转速的平方成正比,即

$$T_L \propto \omega_m^2 \propto n^2 \qquad\qquad (5-6)$$

风机、泵类负载特性如图 5-4 所示。

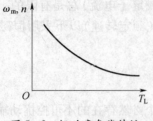

图 5-3　恒功率负载特性

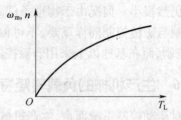

图 5-4　风机、泵类负载特性

以上所述的各类负载是从各种实际负载中概括出来的典型负载形式,实际负载可能是多个典型负载的组合,应根据实际负载的具体情况加以分析。

## 5.2　直流调速系统

按照拖动电机的类型来分,电力拖动有直流拖动与交流拖动两大类。直流电机具有良好的启动、制动性能,宜于在大范围内平滑调速,在许多需要调速和快速正反向的电力拖动领域中得到了广泛的应用。近年来,虽然高性能交流调速技术发展很快,交流调速系统已逐步得到广泛应用。然而直流拖动控制系统在理论上和实践上都比较成熟,而且从控制的角度来看,直流拖动控制系统又是交流拖动控制系统的基础。因此,掌握直流拖动控制系统的基本规律和控制方法是非常必要的。

从生产机械要求控制的物理量来看,电力拖动控制系统有调速系统、伺服系统、张力控制系统、多电机同步控制系统等多种类型。各种系统往往都是通过控制转速(实质是控制电机的转矩)来实现的,因此,调速系统是电力拖动控制系统中最基本的系统。

直流电机的转速与其他参量的关系可表示为

$$n = \frac{U - IR}{K_e \Phi} \qquad\qquad (5-7)$$

式中:$n$ 为转速(r/min);$U$ 为电枢电压(V);$I$ 为电枢电流(A);$R$ 为电枢回路总电阻(Ω);$\Phi$ 为励磁磁通(Wb);$K_e$ 为由电机结构决定的电动势常数

由式(5-7)可以看出,直流电机有三种调节转速的方法。

(1)调节电枢供电电压 $U$。

(2)减弱励磁磁通 $\Phi$。

(3)改变电枢回路电阻 $R$。

1. 改变电枢供电电压调速

从式(5-7)可知,当电枢电压 $U$ 改变时,机械特性将平行上下移动,转速 $n$ 随之改变。由于受电机绕组绝缘性能的影响,电枢电压的变化只能向小于额定电压的方向变化,因此,这种调速方式只能在电机额定转速以下调速,其转速调节的下限会受低速时运转不稳定性的限制。

2. 改变励磁电流调速

他励直流电机的励磁电流一般只能向小于额定励磁电流的方向变化,因此磁通总是小于额定值,电机的转速在额定电枢电压下都将高于额定转速,其机械特性向上移动,减弱磁通调速虽然能够平滑调速,但减弱磁通升速,电机最高转速受电机换向和机械强度的限制,因此调节范围不大,往往只是配合调压调速方案,在基速(电机的额定转速)以上作小范围的升速。

调压调速和调磁调速时的电机机械特性如图5-5所示。

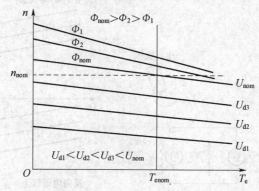

图5-5　他励直流电机调压调速和调磁调速时的机械特性

**3. 改变电枢回路的电阻调速**

一般是在电枢回路中串联附加电阻,只能进行有级调速,并且附加电阻上的损耗较大,电机的机械特性较软,一般应用于少数小功率场合。工程上常用的主要是前两种调速方法。

对于要求在一定范围内无级平滑调速的系统来说,以调节电枢供电电压的方式为最好。改变电阻只能有级调速;减弱磁通虽然能够平滑调速,但调速范围不大,往往只是配合调压方案,在基速(额定转速)以上作小范围的弱磁升速。因此,自动控制的直流调速系统往往以调压调速为主。

## 5.2.1　直流调速系统用可控直流电源

直流电机应用调压调速可以获得良好的调速性能,调节电枢供电电压首先需要有可控的直流电源。随着直流调速系统的发展,可控直流电源经历了从旋转变流机组到静止可控整流器和直流斩波器(或称直流脉宽调制变换器)等方式的发展过程。

**1. 旋转变流机组**

图5-6给出了旋转变流机组供电的调速系统原理图,由交流电机(异步电机或同步电机)拖动直流发电机 G 运行, G 的输出给需要调速的直流电机 M 供电,调节发电机的励磁电流 $I_f$ 就改变了其输出电压,从而使电机端电压 $U_d$ 得到调节,实现直流电机变电枢电压调速的目的。这样的调速系统简称 G - M 系统。为了供给直流发电机和电机的励磁,通常专门设置一台直流发电机 G 提供励磁电源,励磁机可装在变流机组同轴上也可另外单用一台交流电机拖动。

在对系统的调速性能要求不高时,$I_f$ 可直接由励磁电源供电,要求较高的闭环调速系统一般应通过放大装置进行控制,G - M 系统的放大装置多采用电机型放大器(如交磁放大机,也称电机放大器)和磁放大器;需要进一步提高放大系数时,还可增设电子放大器作为前级放大。如果改变 $I_f$ 的方向，则 $U_d$ 的极性和 $n$ 的转向都随着改变，所以 G-M 系统的可逆运行是很容易实现的。图 5-7 给出了采用变流机组供电的电机可逆运行机械特性。由图可见无论是正转减速还是反转减速都能实现回馈制动，因此 G-M 系统是可以在允许转矩范围内四象限运行的系统。

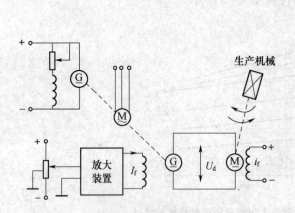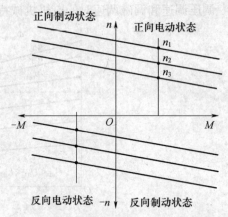

图 5-6　旋转交流机组供电的调速系统原理　　图 5-7　采用变流机组供电的电机可逆运行特性

　　G-M 系统供电的直流调速系统曾经得到广泛的应用，至今在尚未进行设备更新的地方仍沿用这种系统。由于至少需要两台与调速电机容量相当的旋转电机，还要励磁发电机，甚至还需要电机型放大器等，因此存在设备多、体积大、效率低噪声高、维护不便等缺点。后来曾采用汞弧整流器（大容量时）和闸流管（小容量时）等静止变流装置来代替旋转变流机组，形成所谓的离子拖动系统，即最早应用的静止变流装置供电的直流调速系统，它虽然克服了旋转变流机组的许多缺点，缩短了响应时间，但因其造价高、维护麻烦，而且可能污染环境，危害人体健康，因此，并未得到广泛持久的应用。

　　2. 晶闸管可控整流器

　　离子拖动系统是最早的由静止变流装置供电的直流调速系统，它克服了旋转变流机组的许多缺点，缩短了响应时间，但汞弧整流器造价高、维护麻烦。晶闸管问世后，20 世纪 60 年代诞生了成套的晶闸管整流装置，使变流技术产生了根本性的变革。目前，晶闸管可控整流器供电的直流调速系统简称 V-M 系统，已成为直流调速系统的主要形式。图 5-8 是 V-M 系统的简单原理图，图中，VT 是晶闸管可控整流器，或各种类型的整流电路，通过调节触发装置 GT 的控制电压 $U_{ct}$ 来实现平滑调速。

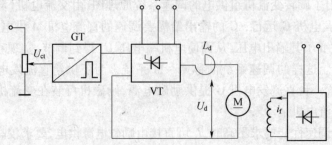

图 5-8　晶闸管可控整流器供电的直流调速系统（V-M）

晶闸管整流装置不仅在经济性和可靠性能上都有提高,而且在技术性能上也显示出很大的优越性。晶闸管可控整流器在效率放大倍数以及控制响应的快速性方面都大大优于变流机组。目前,在直流调速系统中,除某些特大容量的设备因供电电网容量较小仍然在主回路采用 G－M 机组供电,而在励磁回路由晶闸管整流励磁以外,几乎绝大部分在主回路都已改用晶闸管整流器供电。

不过,由于晶闸管的单向导通电性,给直流调速系统的可逆运行造成困难,需要有特定的可逆运行线路才能方便而快速地实现四象限运行,这使得晶闸管整流装置的结构和系统控制都变得复杂;另外还有一个值得关注的问题,晶闸管—直流电机调速系统处在深调速控制时,晶闸管导通角很小,会使系统的功率因数很低,并产生较大的谐波电流,污染电网。

**3. 直流脉宽调制变换或斩波控制**

自从全控型电力电子器件问世以后,就出现了采用脉冲宽度(简称脉宽)调制的高频开关控制方式,形成了脉宽调制变换器—直流电机调速系统,简称直流脉宽调速系统,或直流 PWM 调速系统。与 V－M 系统相比,直流 PWM 调速系统在很多方面有较大的优越性:①主电路简单,需要的电力电子器件少;②开关频率高,电流容易连续,谐波少,电机损耗及发热都较小;③低速性能好,稳速精度高,调速范围宽;④若与快速响应的电机配合,则系统频带宽,动态响应快,动态抗扰能力强;⑤电力电子开关器件工作在开关状态,导通损耗小,当开关频率适当时,开关损耗也不大,因而装置效率较高;⑥直流电源采用不控整流时,电网功率因数比相控整流器高。

由于有上述优点,直流 PWM 调速系统的应用日益广泛,特别在中、小容量的高动态性能系统中,已经完全取代了 V－M 系统。

以下是 PWM 变换器的工作状态和电压、电流波形。

PWM 变换器的作用是:用脉冲宽度调制的方法,用恒定的直流电源电压调制成频率一定、宽度可变的脉冲电压序列,从而可以改变平均输出电压的大小,以调节电机的转速。PWM 变换器电路既有不可逆形式也有可逆两形式。图 5－9 示出了简单的不可逆 PWM 变换器—直流电机系统电路原理图及电压和电流波形。

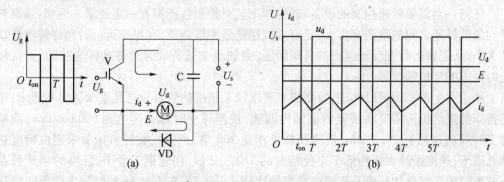

图 5－9  简单的不可逆 PWM 变换器—直流电机系统
(a) 电路原理图;(b) 电压和电流波形。

图 5－9(a) 是简单的不可逆 PWM 变换器—直流电机系统主电路原理图,其中电力电子开关器件为 IGBT(也可用其他全控型开关器件),这样的电路又称为直流降压斩波器。

图 5 - 9 (b)中绘出了稳定时电枢两端的电压波形 $U_d$ 及电流波 $i_d$。

在铁路电力机车、工矿电力机车、城市电车和地铁电机车等电力牵引设备上,常采用这种系统来调节电机的转速。

## 5.2.2 调速系统的分类及技术指标

### 1. 直流调速系统的分类

直流调速系统按照系统有无反馈环节,分为开环控制系统和闭环控制系统。开环控制系统在电力拖动和机械加工行业中的应用很多。例如,一般的组合机床或流水线大多是开环控制系统,它们靠预先设定的行程位置(行程开关)、液压压力(压力继电器)和时间(时间继电器)等的控制进行加工,其加工精度便取决于这些事先设定量的精确度,而在加工过程中出现偏差时,开环系统是不能自动进行校正的。所以开环系统必须预先精确地对有关设定量进行校准,并在工作过程中保持这些校正值不发生变化。开环系统一般结构简单、稳定、成本低、在输入量和输出量之间的关系固定、内部参数和外部负载等扰动因素不大的情况下,应尽量采用开环控制系统。

闭环控制系统把输出量通过反馈环节作用于控制部分形成闭合环路,又称为反馈控制系统,有了反馈环节,便能对被控量自动地进行调节,抑制各种扰动对输出量的影响,从而提高系统的精度,这是闭环控制的突出优点。但闭环控制容易产生振荡,因此对闭环系统来说,稳定性是一个需要充分重视的问题。由于晶闸管直流调速系统开环控制的机械特性不硬,特别当电流断续时机械特性更软,因此多数情况下采用闭环控制的方案。

除了开环控制系统和闭环控制系统,直流调速系统还可按照其他的原则来分类。例如,按照系统是否存在稳态偏差可分为有静差调速系统和无静差调速系统;按整流电路来分有单相、三相半波、三相半控桥和全控桥等;按照电机能否正反向驱动可分为可逆调速系统和不可逆调速系统;在三相可逆调速系统中,按照正反两组晶闸管电路中是否存在环流来分可分为有环流和无环流系统;在无环流可逆系统中,按照抑制环流产生的方法来分,又可分为逻辑控制无环流与错位控制无环流等。

### 2. 直流传动的技术指标

任何一台需要转速控制的设备,其生产工艺对控制性能都有一定要求。例如:最高转速与最低转速之间的范围有多大,是有级调速还是无级调速,在稳态运行时允许转速波动的大小,从正转运行到反转运行的时间间隔,突加或突减负载时允许的转速波动,运行停止时要求的定位精度等。

从工业生产实例可以体现:精密机床要求加工精度达到百分之几毫米甚至几微米;重型铣床的进给机构需要在很宽的范围内调速,快速移动时最高速达到 600mm/min,而精加工时最低速只有 2mm/min,最高和最低相差 300 倍,点位式数控机床要求定位精度达到几微米,速度跟踪误差约低于定位精度的 1/2。又如,在轧钢工业中,巨型的年产数百万吨钢锭的现代化初轧机其轧辊电机容量达到几千千瓦,在不到 1s 的时间内就得完成从正转到反转的全部过程;轧制薄钢带的高速冷轧机最高轧速达到 37m/s 以上,而成品厚度误差不大于 1%;在造纸工业中,要求稳速误差小于 0.01%。凡此种种,不胜枚举。所有生产设备量化了的技术指标,经过一定的折算,最终将转化成电力拖动控制系统的稳态(静态)和动态两类性能指标,作为设计系统时的依据,以及用它来评价电机的调速性能。

归纳起来,对于调速系统转速控制的要求有以下三个方面。

(1)调速:在一定的最高转速和最低转速范围内,分挡地(有级)或平滑地(无级)调节转速。

(2)稳速:以一定的精度在所需转速上稳定运行,在各种干扰下不允许有过大的转速波动,以确保产品质量。

(3)加、减速:频繁启动、制动的设备要求加速、减速尽量快,以提高生产效率;不宜经受剧烈速度变化的机械则要求启动、制动尽量平稳。

为了进行定量分析,可以针对前两项要求定义两个调速指标,称为"调速范围"和"静差率",这两个指标合称调速系统的稳态性能指标,而第三个要求可以转化为调速系统的动态性能指标。

1)直流传动的静态调速指标

直流传动的静态调速指标描述电机稳态运行时的性能,具体地用下面的指标加以量化和描述。

(1)调速范围。调速范围 $D$ 是指电机在某一负载下(一般指额定负载下)可能达到的最高转速 $n_{max}$ 与可能达到的最低转速 $n_{min}$ 之比,即

$$D = \frac{n_{max}}{n_{min}} \tag{5-8}$$

显然,电机最高转速受电机机械强度的限制,而最低转速受电机运行稳定性的制约。

(2)调速的平滑性。调速的平滑性是指相邻两个转速的比值,用系数 $\psi$ 来表示,即

$$\psi = \frac{n_i}{n_{i-1}} \tag{5-9}$$

调速的平滑性由一定调速范围内可能达到的调速级数来决定,从一个转速变到相邻转速,转速改变越小(即 $\psi$ 越接近于1),则平滑性越高。

(3)静差率。静差率($S$)表征调速的相对稳定性。静差率为电机处在某一机械特性上运行时,电机由理想空载到额定负载($T = T_N$)时出现的转速降落($\Delta n_N$)与该特性的理想空载转速 $n_0$ 之比,即

$$S = \frac{\Delta n_N}{n_0} \tag{5-10}$$

或用百分数表示

$$S = \frac{\Delta n_N}{n_0} \times 100\% \tag{5-11}$$

显然,静差率是用来衡量调速系统在负载变化下转速的稳定度的。它和机械特性的硬度有关,特性越硬,静差率越小,转速的稳定度就越高。

然而静差率与机械特性硬度又是有区别的。硬度是指机械特性的斜率,一般变压调速系统在不同转速下的机械特性是互相平行的,但两条互相平行的机械特性,它们的静差率是不同的,如图5-10所示。

特性①与特性②比较,它们在额定转矩下转速降是相等的,$\Delta n_1 = \Delta n_2$,但 $n_{01} > n_{02}$,因此

$$\frac{\Delta n_1}{\Delta n_{01}} < \frac{\Delta n_2}{\Delta n_{02}}$$

即

$$S_1 < S_2$$

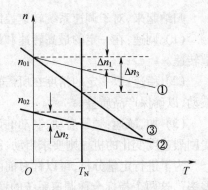

图 5 - 10   电机调速的相对稳定性

这就是说,对于同样硬度的特性,理想空载转速越低时,静差率越大,转速的相对稳定性也就越差,高速的相对稳定性比低速的相对稳定性好。但相同的理想空载转速,斜率不同特性曲线,①与③比较,特性③的静差率大,稳定性差。

例如,在 $n_0$ 为 1000r/min 时降落 10r/min,只占 1%;在 $n_0$ 为 100r/min 时降落 10r/min,就占 10%;如果 $n_0$ 只有 10r/min,再降落 10r/min,就占 100%,这时电机已经停止转动了。

不少的生产机械对静差率都有一定的要求,如普通机床要求静差率 $S < 30\%$,外圆磨床要求 $S < 10\%$,生产电容纸的造纸机要求 $S < 0.1\%$ 等。

由此可见,调速范围和静差率这两项指标并不是彼此孤立的,必须同时提才有意义。在调速过程中,若额定速降相同,则转速越低时,静差率越大。如果低速时的静差率能满足设计要求,则高速时的静差率就更满足要求了。因此,调速系统的静差率指标以最低速时所能达到的数值为准。

(4) 调速范围、静差率和额定速降之间的关系。一般电机的额定转速 $n_N$ 作为最高转速,若额定负载下的转速降落为 $\Delta n_N$,则按照上面分析的结果,该系统的静差率应该是最低的静差率,即

$$S = \frac{\Delta n_N}{n_{0\min}} = \frac{\Delta n_N}{n_{\min} + \Delta n_N}$$

于是,最低转速为

$$n_{\min} = \frac{\Delta n_N}{S} - \Delta n_N = \frac{(1 - S)\Delta n_N}{S}$$

而调速范围为

$$D = \frac{n_{\max}}{n_{\min}} = \frac{n_N}{n_{\min}}$$

将上面的 $n_{\min}$ 式代入,得

$$D = \frac{n_N S}{\Delta n_N (1 - S)} \tag{5 - 12}$$

式(5 - 12)表示调速系统的调速范围、静差率和额定速降之间所应满足的关系。对于同一个调速系统,$\Delta n_N$ 值一定,由式(5 - 12)可见,如果对静差率要求越严,即要求 $S$ 值越小时,系统能够允许的调速范围也越小。一个调速系统的调速范围,是指在最低速时还能满足所需静差率的转速可调范围。

**例 5 - 1**   某直流调速系统电机额定转速 $n_N = 1430$r/min,额定速降 $\Delta n_N = 115$r/min,当要求静差率 $S \leqslant 30\%$ 时,允许多大的调速范围?如果要求静差率 $S \leqslant 20\%$,则调速范围

110

是多少？如果希望调速范围达到 10,所能满足的静差率是多少？

解：在要求 $S \leqslant 30\%$ 时,允许的调速范围为

$$D = \frac{n_N S}{\Delta n_N (1 - S)} = \frac{1430 \times 0.3}{115 \times (1 - 0.3)} \approx 5.3$$

若要求 $S \leqslant 20\%$,则允许的调速范围只有

$$D = \frac{1430 \times 0.2}{115 \times (1 - 0.2)} \approx 3.1$$

若调速范围达到 10,则静差率只能为

$$S = \frac{D \Delta n_N}{n_N + D \Delta n_N} = \frac{10 \times 115}{1430 + 10 \times 115} \approx 0.446 = 44.6\%$$

2）直流调速系统的动态指标

对于一个调速系统,电机要不断地处于启动、制动、反转、调速以及突然加减负载的过渡过程中,因此,当转速调节时,总有一个动态过程存在,这样就必须研究有关电机运行的动态指标,如稳定性、快速性、动态误差等。这对于提高产品质量和劳动生产率,保证系统安全运行是很有意义的。

动态指标代表了系统发生过渡过程时的性能,动态指标分跟随性能指标和抗扰动性能指标。

（1）跟随性能指标。系统对给定信号的动态响应性能,称为"跟随"性能,一般用最大超调量 $\sigma$、调整时间 $t_s$ 和振荡次数 $N$ 三个指标来衡量。图 5 – 11 是突加给定作用下的动态响应曲线。最大超调量反映了系统的动态精度,超调量越小,则说明系统的过渡过程进行得越平稳。不同的调速系统对最大超调量的要求也不同。例如,一般调速系统 $\sigma$ 可允许 10% ~35%;轧钢机中的初轧机要求小于 10%,连轧机则要求小于 2% ~5%;而在张力控制的卷曲机系统（如造纸机）则不允许有超调量。调节时间 $t_s$ 反映了系统的快速性。例如,连轧机 $t_s$ 为 0.2s ~0.5s,造纸机为 0.3s。振荡次数也反映了系统的稳定性。例如,磨床等普通机床允许振荡 3 次,龙门刨与轧机则允许振荡 1 次,而造纸机则不允许振荡。

（2）抗扰性能指标。对扰动量作用时的动态性能,称为"抗扰"性能。一般用最大动态速降 $\Delta n_{max}$、恢复时间 $t_f$ 和振荡次数 $N$ 三个指标来衡量。图 5 – 12 是突加负载时的动态响应曲线。最大动态速降反映了系统抗扰动的能力和系统的稳定性。由于最大动态速降与扰动量的大小是有关的,因此必须同时注明扰动量的大小。例如,某造纸机指标中就

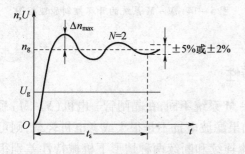

图 5 – 11　突加给定作用下的动态响应曲线

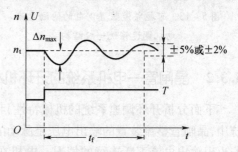

图 5 – 12　突加负载时的动态响应曲线

有：在负载变化±20%额定负载时，最大动态速降 $\Delta n_{\max} < 1\%$ 额定转速。恢复时间反映了系统的抗扰动能力和快速性。振荡次数 $N$ 同样代表系统的稳定性与抗扰动能力。

跟随指标与抗扰指标都表征系统过渡过程的性能，之所以要分别列出，是由于对同一个调速系统，其跟随指标和抗扰指标并不相同，不同的生产机械对这两类指标的要求也不一样。此外，当系统过渡过程结束后，其稳态误差反映了系统的准确性。一般说来，总是希望最大超调量和最大稳态速降小一点，振荡次数少一些，调整时间及恢复时间短一点，稳态误差小一点，即希望能达到稳、快、准。

事实上，这些指标要求，在同一系统中往往是互相矛盾的，因此需要根据具体对象所提出的要求，首先满足主要方面的性能指标要求而适当降低其他方面的指标。

## 5.3 晶闸管—电机系统开环组成结构及机械特性

### 5.3.1 晶闸管—电机系统的开环组成结构

图 5-13 所示为由可控整流装置供电的他励直流电机调速系统一般结构。组成的直流调速系统是开环调速系统，即无反馈控制的直流调速系统。

图 5-14 是直流电机变电枢电压调速的开环控制原理框图。调节给定电压 $U_k$，就改变了晶闸管 VT 的控制角 $\alpha$，使直流电机的电枢平均电压 $U_d$ 发生变化，从而使转速得到调节。

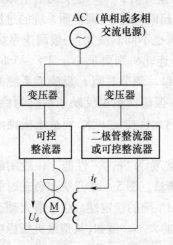

图 5-13 可控整流装置供电的他励直流
电机调速系统一般结构

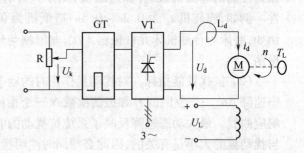

图 5-14 V-M 系统的开环控制原理框图

### 5.3.2 晶闸管—电机系统的开环机械特性

下面分析开环调速系统的机械特性，和 G-M 系统不同，在晶闸管—电机(V-M)系统中，晶闸管整流装置的输出电压是脉动的，如果滤波电抗不是很大或者电机轻载，则可能出现输出电流不断连续的情况。电机在电流连续和断续两种情形下机械特性差别很大，需要分别加以研究。

112

**1. 电流连续时 V - M 系统机械特性**

如果在 V - M 系统主电路中串加电感值足够大的平波电抗器 $L_d$,而且电机的负载电流平均值 $I_d$ 也足够大,电枢电流 $i_d$ 是连续的。图 5 - 15 以三相半波整流电路为例,给出了电流连续时 V - M 系统的电压电流波形。

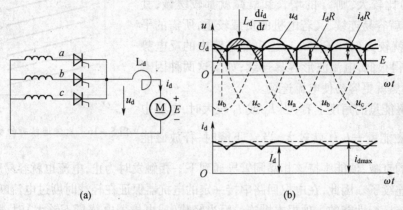

图 5 - 15　三相半波整流连续时 V - M 系统电路及波形图
(a) 主电路;(b) 电压电流波形。

图 5 - 15 中,$I_d$ 和 $i_d$ 分别是整流电流的平均值和瞬时值,$E$ 为电机的反电势。在电流连续情况,虽然整流电压是脉动的,但由于电机有较大的机械惯性,转速和反电势的波动却很小,基本上可以看作是平稳的常值。考虑到整流装置内部的阻抗压降,整流电压可以表示为

$$U_d = U_{d0}\cos\alpha - \Delta U_d$$

式中:$U_{d0}$ 为 $m$ 相整流电路理想输出电压的最大值,且

$$U_{d0} = \sqrt{2}\,U_2\,\frac{\sin\dfrac{\pi}{m}}{\dfrac{\pi}{m}}$$

$\Delta U_d$ 是由于晶闸管换相等效电阻和整流变压器二次侧绕组电阻造成的电压损失,即

$$\Delta U_d = \left(\frac{mx_B}{2\pi} + R_B\right)I_d$$

式中:$x_B$ 和 $R_B$ 分别是整流变压器在二次侧表现的集中漏抗和绕组电阻。由此可以得到电流连续时 V - M 系统的机械特性方程式:

$$
\begin{aligned}
n &= \frac{E}{C_E\Phi} = \frac{U_d - I_d R_a}{C_E\Phi}\\[6pt]
&= \frac{1}{C_E\Phi}\left[U_{d0}\cos\alpha - \left(\frac{mx_B}{2\pi} + R_B + R_a\right)I_d\right]\\[6pt]
&= \frac{1}{C_E\Phi}\left[U_{d0}\cos\alpha - I_d R_\Sigma\right]
\end{aligned}
\tag{5 - 13}
$$

式中:$R_\Sigma = \dfrac{mx_B}{2\pi} + R_B + R_a$ 为电枢回路总电阻,$R_a$ 为电机电枢电阻。根据式(5 - 13),可以

113

绘出改变控制角 $\alpha$ 时的一组机械特性曲线,如图 5 - 16 所示。这些曲线是互相平行且随电枢电流 $I_d$(即随电机轴上力矩 $T$)的增大而向下倾斜的直线

由图 5 - 15 不难看出,如果电枢回路总电感 $L_d$(应含平波电抗器电感 $L_d$ 和回路其他总的电感,其主要是 $L_d$ 的作用)比较大,则 $i_d$ 的增长和衰减就都较缓慢,其波形平稳,就容易连续;又若电机的负载较重,所需的平均电流 $I_d$ 就较大($T = C_T\Phi I_d$),这也使电路中的反电势 $E(n)$ 被压得很低,电流波形容易连续;如果这两种因素都存在,当然就更容易使电流连续。

从电磁能量的角度上看,当 $L_d$ 或 $I_d$ 较大时,电感中储存的电磁能量 $\frac{1}{2}L_d I_d^2$ 就较大,当 $i_d$ 下降时,释放磁能

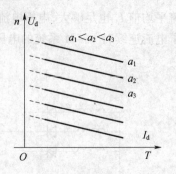

图 5 - 16 电流连续时的机械特性

阻止电流的衰减,便能维持该相晶闸管导通到下一相触发时为止,电流也就容易度过断续的危机而连续了。因此,在电枢回路串接一定的电抗器保证在轻载时度过电流断续区,成为改善系统运行性能的一项根本措施。而当轻载(或电抗器电感量不够大)时,电流将变得不连续,由此得到的机械特性和电流连续段的特性不一样,图中暂用虚线表示。

2. 电流断续时 V - M 系统的机械特性

为什么要研究电流断续的情况,因为电流断续使电机的运行条件严重恶化。电流断续时,负载电流的谐波含量将显著增加(从这个角度出发,电流断续可视为其最低次谐波的幅度高于其直流分量 $I_d$ 的结果),电流中的谐波分量不仅不产生平均转矩,且在电机中产生附加损耗,导致绕组温度升高,增加电刷火花,使机械整流子换流困难。这些对保证电机高效可靠运行均是不利的。所以,拖动系统的设计者应该设法保证系统不在电流断续状态运行,为此,了解维持电流临界连续的参数条件就十分重要。

当电枢回路串接电抗较小或电机轻载时,便容易产生电流断续的情况,即前一相的电流 $i_d$ 维持不到下一相的晶闸管导通,就出现了断流角 $\theta_\mu$,如图 5 - 17 所示。由于电机惯性较大,在 $\theta_\mu$ 期间,$n$ 来不及下降,相应地可以认为电机反电势 $E$ 保持不变,因而输出电压平均值 $U_d$ 将较电流连续时升高。

当电流断续时,由于非线性因素,机械特性方程要复杂的多。以三相半波整流电路构成的 V - M 系统为例,电流断续时的机械特性可用下列方程组表示:

$$n = \frac{\sqrt{2}U_2\cos\varphi\left[\sin\left(\frac{\pi}{6} + \alpha + \theta - \varphi\right) - \sin\left(\frac{\pi}{6} + \alpha - \varphi\right)e^{-\theta\cot\varphi}\right]}{C_e(1 - e^{-\theta\cot\varphi})} \tag{5 - 14}$$

$$I_d = \frac{3\sqrt{2}U_2}{2\pi R}\left[\cos\left(\frac{\pi}{6} + \alpha\right) - \cos\left(\frac{\pi}{6} + \alpha + \theta\right) - \frac{C_e}{\sqrt{2}U_2}\theta n\right] \tag{5 - 15}$$

式中:$\varphi$ 为阻抗角;$\varphi = \arctan\frac{\omega L}{R}$;$\theta$ 为一个电流脉波的导通角。

当阻抗角 $\varphi$ 值已知,对于不同的触发延迟角 $\alpha$,可用数值法解出一族电流断续时的机械特性。对于每一条特性,求解过程都计算到 $\theta = \frac{2\pi}{3}$ 为止,因为 $\theta$ 角再大时,电流便连续

了。对应于 $\theta = \dfrac{2\pi}{3}$ 的曲线是电流断续区和连续区的分界线。

图 5-18 绘出了完整的三相半波整流电路 V-M 系统机械特性,其中包含了整流状态($\alpha < \dfrac{\pi}{2}$)、逆变状态($\alpha > \dfrac{\pi}{2}$)、电流连续区和电流断续区。

由图 5-18 可见如下特点:

(1) 当电流连续时,机械特性比较硬。

(2) 当电流断续时,电机的机械特性变得很软。

(3) 电流断续,机械特性曲线呈显著的非线性上翘,使电机的理想空载转速升高。

连续区和断续区的分界线对应于 $\theta = \dfrac{2\pi}{3}$ 的曲线。只要电流连续,晶闸管可控整流器就可以看成是一个线性的可控电压源。

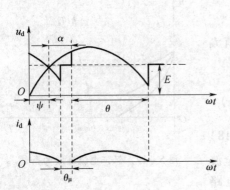

图 5-17 电流断续时电压电流波形

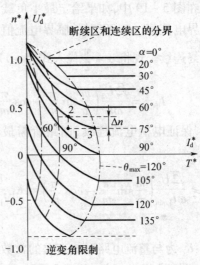

图 5-18 完整的三相半波整流电路
V-M 系统机械特性

3. 保证电流连续电感量的计算

电流断续时机械特性变软、空载转速升高,负载电流的谐波含量显著增加致使谐波转矩增加,引起转矩脉动加剧,电机附加损耗增大导致绕组温度升高,使机械整流子换流困难等,这些对保证电机高效可靠运行是极为不利的。为此,拖动系统的设计者应该设法保证系统不在电流断续状态运行。为此须了解维持电流连续的临界参数条件,作为主电路参数选择的依据。首先要计算电流由断续变为连续的临界值,然后确定维持电流连续的最小电感量。

同样地,忽略电枢回路电阻,则机械特性完全平行于横轴。将 $\theta = \theta_{\max} = \dfrac{2\pi}{m}$ 代入式(5-14)和式(5-15)并整理,可得电流由断续变为连续的临界值 $I_{\mathrm{lj}}$ 和 $n_{\mathrm{lj}}$,即

$$n_{\mathrm{lj}} = \frac{\sqrt{2}\,U_2}{C_{\mathrm{E}}\Phi}\,\frac{m}{\pi}\sin\frac{\pi}{m}\cos\alpha = \frac{U_{\mathrm{d0}}\cos\alpha}{C_{\mathrm{E}}\Phi} \qquad (5-16)$$

$$I_{1j} = \frac{\sqrt{2}\,U_2}{\omega L}\left(\frac{m}{\pi}\sin\frac{\pi}{m} - \cos\frac{\pi}{m}\right)\sin\alpha \tag{5-17}$$

将图 5-18 的各条机械特性对应于 $\theta = \frac{2\pi}{3}$ 的各点,便得到三相半波电路在不同控制角 $\alpha$ 下,临界点 $(I_{1j}, n_{1j})$ 的轨迹,它也即是断续区的分界线。不难看出,断续区以 $\alpha = 90°$ 的特性线为分界上下对称,且随着 $\alpha$ 趋近于 90° 临界电流值逐渐增大,断续区范围越大,在 $\alpha = 90°$ 时,临界电流最大。整流电压在整个触发控制范围内谐波含量的分布对称于 90°,在 $\alpha = 90°$ 时谐波分量最大,也即 $\alpha = 90°$ 时电压脉动是最严重的,而为了克服脉动、保持电流连续,就要求平波电抗器储存较大的磁能,在电感量一定时,必要求有较大的 $I_d$ 才能满足要求。在 V－M 系统中,一般都采用接入平波电抗器的办法来克服电流的断续和抑制电流的脉动。

在图 5-19 中,如果给定最小负载电流 $I_{Lmin}$(一般取 5% ~ 10% 额定电流)大于最大的临界电流值($\alpha = 90°$ 时的临界电流值),即 $I_{Lmin} > I_{1jmax}$,则可以保证在全部工作范围内电流始终连续。现将 $\alpha = \frac{\pi}{2}$ 代入式(5-17),得

$$I_{1jmax} = \frac{\sqrt{2}\,U_2}{\omega L}\left(\frac{m}{\pi}\sin\frac{\pi}{m} - \cos\frac{\pi}{m}\right)$$

因此,保证电枢电流连续,回路所需最小电感值 $L_1$ 应为

$$L_1 \geq \frac{\sqrt{2}\,U_2}{\omega I_{Lmin}}\left(\frac{m}{\pi}\sin\frac{\pi}{m} - \cos\frac{\pi}{m}\right) = K_1\frac{U_2}{I_{Lmin}}\ (\text{mH})$$
$$\tag{5-18}$$

式中:$K_1$ 为与整流电路形式有关的常数。单相全波和桥式电路($m = 2$),$K_1 = 2.87$;三相半波电路

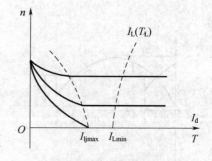

图 5-19 保证电流连续的条件

($m = 3$),$K_1 = 1.46$;三相桥式电路($m = 6$,且式中电压以线电压 $\sqrt{3}\,U_2$ 代入),$K_1 = 0.693$。

从 $L_1$ 减去电枢电感和变压器等的漏感,就是外加的平波电抗电感值 $L_d$。当然,平波电抗的设置保证了电枢电流的连续,但同时也会增加电枢回路的时间常数,恶化系数的瞬态响应,增加系统的成本、重量、体积功耗和噪声,因此对于电抗值的选择应从多方面考虑,尽量做到合理。

**4. 开环调速系统存在的问题**

对于图 5-14 所示的晶闸管—电机开环控制系统,如果负载的生产工艺对运行时的静差率要求不高,这样的调速系统都能实现一定范围内的无级调速,可以完成基本的调速任务,并在实际生产中找到一些用途。

但是,许多需要调速的生产机械往往对静差率有一定的要求。在这些情况下,开环调速系统往往不能满足要求。

**例 5-2** 某龙门刨床工作台拖动采用直流电机,其额定数据如下:额定功率 $P_N = 60kW$、额定电压 $U_N = 220V$、额定电流 $I_{dN} = 305A$、额定转速 $n_N = 1000r/min$,采用 V－M 系统,主电路总电阻 $R = 0.18\Omega$,电机电动势系数 $C_e = 0.2V\cdot min/r$。如果要求调速范围

$D = 20$,静差率 $S \leqslant 5\%$,采用开环调速能否满足? 若要满足这个要求,系统的额定速降 $\Delta n_N$ 最多能有多少?

解:当电流连续时,V – M 系统的额定速降为

$$\Delta n_N = \frac{I_{dN}R}{C_e} = \frac{305 \times 0.18}{0.2} r/min \approx 275 r/min$$

开环系统在额定转速时的静差率为

$$S_N = \frac{\Delta n_N}{n_N + \Delta n_N} = \frac{275}{1000 + 275} \approx 0.216 = 21.6\%$$

可见在额定转速时已不能满足 $S \leqslant 5\%$ 的要求,更不要说最低转速了。

如果要求 $D = 20, S \leqslant 5\%$,即要求

$$\Delta n_N = \frac{n_N S}{D(1 - S)} \leqslant \frac{1000 \times 0.05}{20 \times (1 - 0.05)} r/min \approx 2.63 r/min$$

由例 5 – 2 可以看出,开环调速系统的额定速降是 275r/min,而生产工艺的要求却只有 2.63r/min,相差几乎百倍!

由此可见,开环调速已不能满足要求,那么采用反馈控制的闭环调速系统能否解决这个问题呢? 下面进行分析。

# 5.4  晶闸管—电机闭环调速系统

调速范围和静差率是一对互相制约的性能指标,如果既要提高调速范围,又要降低静差率,唯一的办法是减少负载所引起的转速降落 $\Delta n_N$。但是在转速开环的直流调速系统中,$\Delta n_N = \frac{RI_N}{C_e}$ 是由直流电机的参数决定的,无法改变。解决矛盾的有效途径就是采用反馈调节技术,构成转速闭环的控制系统。转速闭环控制可以减小转速降落,降低静差率,扩大调速范围。

闭环控制系统就是将被调节量作为负反馈量引入系统,与给定量进行比较,用比较后的偏差值对被控量自动地进行调节,抑制各种扰动对输出量的影响,从而提高系统的精度。在直流调速系统中,被调节量是转速,所构成的就是转速反馈控制的直流调速系统。

图 5 – 20 是直流电机闭环控制系统的典型结构。负载是通过对电机的转速控制最终都须达到其技术指标的设备;电力电子变换器使用的开关器件可以是二极管、晶闸管、MOSFET、GTO 或者是 IGBT,通过不控整流、相控整流、PWM 整流和直流脉宽变换等完成能量的 AC/DC、AC/DC/DC 变换;控制器可以包含若干控制环,用于根据指令信号和反馈量实现对电机的电压、电流以及转速等的闭环控制。而控制目标的实现,归根结底是通过控制器输出到电力电子变换器开关器件的驱动信号来完成的。闭环控制容易产生振荡,因此对闭环系统来说,稳定性是一个需要充分重视的问题,本节主要介绍由晶闸管控制相控整流器供电的直流电机闭环调速系统的构成和特性。

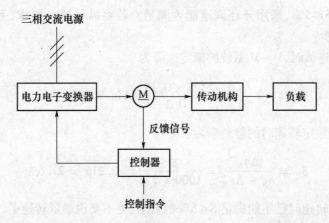

图 5 – 20　直流电机闭环控制系统的典型结构

### 5.4.1　转速闭环的无静差调速系统

1. 转速闭环的无静差调速系统及 PI 调节器

转速闭环的无静差调速系统是指采用 PI 调节器的、只由一个转速负反馈构成的闭环控制系统。图 5 – 21 是采用 PI 调节器的转速负反馈无静差系统。基本的工作原理是:速度给定量 $U_n^*$ 与速度反馈量 $U_n$ 相比较,其偏差信号 $\Delta U_n$ 经速度调节器 ASR 放大积分,其输出 $U_{ct}$ 作为移相触发环节 GT 的控制信号,使晶闸管整流器的输出电压不断地得到调节,满足电机速度跟踪速度给定量 $U_n^*$ 的需要,最终实现与给定量 $U_n^*$ 的无差。

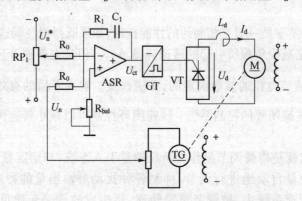

图 5 – 21　采用 PI 调节器的转速负反馈无静差系统

要实现单闭环无静差调速,就要使静态时系统的反馈量等于给定量,使偏差为零,即 $\Delta U_n = 0$。为了实现这一要求,系统中必须接入无静差元件,它在系统出现偏差时($\Delta U_n \neq 0$)有输出,以消除偏差,而偏差为零($\Delta U_n = 0$)时能保持输出不变。

典型的无静差元件——PI 调节器及对应的输出特性如图 5 – 22 所示。

PI 调节器实际上由比例调节器(简称 P 调节器,相当于 $C_1$ 短路)和积分调节器(简称 I 调节器,相当于 $R_1$ 短路)组合而成。它综合利用了比例控制响应快速和积分控制能消除稳态偏差的优点。由图 5 – 22 可见,当突加输入电压 $U_{in}$ 时,由于电容 $C_1$ 两端电压不能突变,电容相当于瞬时短路,反馈回路只有 $R_1$ 起作用,相当于放大系数为 $K_{pi}$ 的比例调节

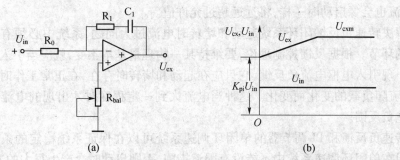

图 5-22 比例积分调节器及对应的输出特性

(a) PI 调节器; (b) PI 调节器的输出特性。

器,它可以毫无延迟的输出电压 $K_{pi}U_{in}$,调节速度快,动态响应好发挥了比例控制的优势。此后,随着电容 $C_1$ 不断被充电,PI 调节器开始积分输出。它表现出积分控制的积累作用(有微小输入信号就会有积分输出)、记忆作用(输入信号为零,输出仍保持输入信号改变之前的数值)和延缓作用(输入阶跃信号时,输出 $U_{ex}$ 按线性增长),$U_{ex}$ 线性增长至稳态,$C_1$ 才停止充电。稳态时 $C_1$ 两端电压等于 $U_{ex}$,$C_1$ 相当于开路,调节器处于开环状态,可获得相当大的开环放大系数,实现系统无静差。所以采用 PI 调节器的调速系统,既能获得较高的静态精度,又能得到较好的动态特性,因此在调速系统中得到了广泛的应用。

无静差调速系统在突增负载 $T_L$ 时的动态过程如图 5-23 所示。由图可见,在稳态运行时,偏差电压 $\Delta U_n = 0$,因为,若 $\Delta U_n \neq 0$,则控制电压 $U_{ct}$ 会继续变化,不可能稳定运行。在突加负载时引起动态速降 $\Delta U_n$,达到新的稳态时,$\Delta U_n$ 又恢复到零,但 $U_{ct}$ 已从原来的 $U_{ct1}$ 变化到 $U_{ct2}$,$U_{ct}$ 的改变只是因为 $\Delta U_n$ 本身(它的极性和大小),更因为靠 $\Delta U_n$ 在一段时间内的积累来实现的。

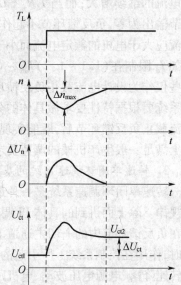

图 5-23 无静差调速系统在突增负载时的动态过程

2. 单闭环无差调速系统的限流保护

从上面讨论的转速负反馈闭环调速系统中可以看出,闭环控制已经解决了转速调节问题,但这样的系统还不能付诸实用。因为调速系统实际运行时还必须考虑如下两个问题。

一是直流电机全压启动时如果没有限流装置,会产生很大的冲击电流,其电流高达额定值的几十倍,所以系统中的过流保护装置立即动作,使系统跳闸,系统无法进入正常工作。另外,由于电流和电流上升率过大,对电机换向不利,对过载能力低的晶闸管元件的安全来说也是不允许的。因此,必须采取措施限制系统启动时的冲击电流。

二是有些生产机械的电机可能会遇到堵转情况,例如由于故障,机械轴被卡住;或者挖土机工作时遇到坚硬的石头等。在这种情况下,由于闭环系统静特性很硬,若无限流环节,电枢电流也会像启动时一样,将远远超过允许值。

为了解决转速负反馈闭环系统起动和堵转时电流过大问题,系统中必须有自动限制电枢电流的环节。根据反馈控制理论,要维持某一物理量基本不变,就应当引入该物理量的负反馈。现引入电枢电流负反馈,它只应在起动和堵转时存在,在正常工作时又必须取消,以使电流随负载的变化而变化。这种当电流大到一定程度时才出现的电流负反馈叫做电流截止负反馈。

采用转速负反馈和 PI 调节器的单闭环调速系统可以在保证系统稳定的条件下实现无静差。但在单闭环调速系统中不能没有限流措施,否则启动时会产生很大的冲击电流,这不仅对电机不利,对过载能力低的晶闸管危害很大。另外,在故障情况下电机可能过载甚至堵转,引起电流远远超过允许值。可见系统中还须设置自动限制电枢电流的环节。这个环节旨在保证电枢电流超过允许值时才引入电流负反馈,在正常范围内电流负反馈不起作用,这就是电流截止负反馈。

图 5-24 是电流截止负反馈环节的示意图。图中,$U_i$ 为电流负反馈信号电压,将电枢电流 $I_d$ 在采样电阻 $R_s$ 上的电压 $I_d R_s$ 与比较电压 $U_{com}$ 进行比较,其差值作为电流截止负反馈环节的输入。当输入信号 $I_d R_s > U_{com}$ 时,电流截止副反馈环节有输出 $U_i$,系统引入电流负反馈,抑制电枢电流的继续增大;而当 $I_d R_s < U_{com}$ 时,电流截止负反馈环节输出为零,负反馈环节不起作用。产生截止负反馈的电流应大于电机的额定电流而小于电机的最大允许电流,比如 $I_d$ 限制在 $(1.1 \sim 1.2) I_{dN} \sim (1.5 \sim 2) I_{dN}$ 的范围内。这些仅作为设计电流截止负反馈环节参数的依据,但具体

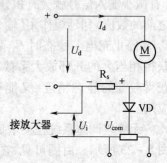

图 5-24　电流截止负反馈环节

的系统要根据特性要求做具体的分析和参数设定,采用 PI 调节器的单闭环调速系统有了电流截止负反馈环节后,既能实现转速的无静差调节,又能获得较快的动态响应,就能基本上满足一般生产机械的调速要求。

3. 转速单闭环调速系统的基本特性

转速单闭环调速系统是一种最基本的反馈控制系统,因此它必然遵循反馈控制的基本规律。除上面讲到的具体 PI 调节器的闭环控制系统是无静差系统外,闭环系统对被包围在负反馈环节内的一切主通道上的扰动作用都能有效地加以抑制。当给定电压 $U_n^*$ 不变时,作用在控制系统上所引起的转速变化的因素都称为扰动作用。对于负载变化引起的转速降落、电源电压波动、电机励磁变化、放大器放大系数漂移、由温升引起的回路电阻增大等扰动对速度的影响都会被测速装置检测出来,再通过反馈控制作用,减小它们对稳态转速的影响。

必须指出,只有被包围在反馈环内作用在控制系统主通道上的扰动对被调量的影响才会受到反馈控制的抑制。闭环系统对给定电源和检测装置中的扰动是无能为力的。因此高精度的调速系统需要有更高精度的给定装置和稳压电源,此外,反馈控制元件本身的误差对转速的影响是闭环系统无法克服的。如速度反馈信号的误差通过闭环系统的调节作用反而使电机转速偏离原来应保持的数值。因此高精度的调速系统还必须有高精度的检测元件。

### 5.4.2 转速、电流双闭环调速系统及特性

1. 问题的提出

对经常正反转运行的生产机械,为了提高生产率,要求尽量缩短启动、制动和反转过渡过程的时间。为此,最好的办法是在过渡过程中能始终保持电流(动态转矩)为允许的最大值,它既能充分利用电机的允许过载能力,又能使拖动系统尽可能用最大的加速度启动;同时,达到稳态转速后,又能立即让电流降下来,使转矩与负载平衡,转入稳态运行。这样的理想快速启动过程的电流转速波形如图 5 − 25(a)所示。在单闭环调速系统中,只有电流截止负反馈是专门用来控制电流的,但它只是在超过临界电流以后靠强烈的负反馈限制电流的冲击,并不能理想地控制电流的动态波形,带电流截止负反馈的闭环调速系统启动过程如图 5 − 25(b)所示。当电流从最大值降低下来后,电机转矩也随之下降,因而加速过程必然拖长。

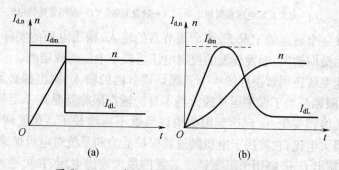

图 5 − 25　理想快速启动过程的电流转速波形
(a)理想快速启动过程;(b)带电流截止负反馈的闭环调速系统启动过程。

为了实现在允许条件下的最快启动,关键是要获得一段使电流保持为最大值的恒流过程,这可以采用电流负反馈近似得到。问题是希望在启动过程中只有电流反馈而没有速度反馈;到达稳态后,又希望只要速度反馈,不再靠电流负反馈发挥主要作用。因此需要这样一个系统,既要存在电流和转速两种反馈作用,又要它们在不同的阶段起主导作用。转速、电流双闭环调速系统就是这样一个希望的系统,它是 V − M 自动调速系统构成的基本方式。

2. 转速、电流双闭环调速系统构成

图 5 − 26 所示为典型的晶闸管控制直流电机不可逆调速系统的结构和原理图。系统设置了两个调节器,即速度调节器(ASR)和电流调节器(ACR),分别置于速度控制外环和电流控制内环中,用于调节转速和电流。为了使双闭环调速系统具有良好的静、动态特性,两个调节器一般采用比例—积分(PI)环节或比例—积分—微分(PID)环节。

1) 调节器的输入输出和限幅

与直流电机 M 同轴旋转的测速发电机 TG 发出的电压 $U_n$ 正比于电机及转速。$U_n$ 与给定电压 $U_n^*$ 相比较,其偏差 $\Delta U_n = U_n^* - U_n$ 作为速度调节器的输入;其输出 $|U_i^*|$ 作为电流调节器的输入;电流调节器的输出 $|U_{ct}|$ 作为触发装置 TG 的控制电压,控制触发脉冲的移动,从而控制整流电压的升高或降低。$U_{ct}$ 的极性由触发电路的要求而定。在图 5 − 26

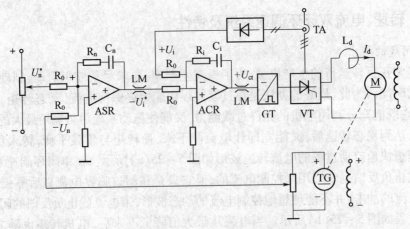

图 5-26 转速、电流双闭环调速系统结构和原理

ASR—速度调节器；ACR—电流调节器；TG—测速发电机；TA—电流互感器；$U_n^*$，$U_n$—转速给定电压和反馈电压；
$U_i^*$，$U_i$—电流给定电压和反馈电压；GT—触发装置；VT—晶闸管整流电路。

中标出了系统在一个确定的工况下，两个调节器的输入、输出电压的实际极性，它们是按照运算放大器由负向输入、触发装置的控制电压需要正电压而确定的。

双闭环调速系统还须解决好的一个问题是调节器的输入、输出都必须增设限幅保护电路 LM。输入限幅是为了保护运算放大器本身。输出限幅就是调节器输出电压值在未达到限幅以前按线性变化，一旦达到限幅值以后就不再增长了。速度调节器的输出 $U_i^*$ 限幅用于限制最大电流，它取决于电机的过载保护能力和系统对电机加速度的需要；电流调节器 ACR 的输出 $U_{ct}$ 限幅用于限制整流装置的最大输出电压，在可逆系统中主要用于限制最小逆变角 $\beta_{min}$。

2）系统的调节作用

调速是通过改变给定电压 $U_n^*$ 实现的。当提高给定电压 $U_n^*$ 时，则有较大的偏差信号 $\Delta U_n$ 送到速度调节器 ASR，使触发脉冲向前移动（$\alpha$ 减小），整流电压 $U_d$ 提高，电机转速应上升。与此同时，从测速机反馈回来的电压 $U_n$ 也逐渐增加，当它等于或者接近给定数值后，系统达到平衡，电机以较高的转速稳定运转。

当电机负载、交流电网电压发生变化，或者发生其他扰动，由于速度反馈的存在，系统能起自动调节和稳定速度的作用。比如，当电机负载增加引起转速下降时，测速发电机电压下降，速度调节器输入偏差信号加大，系统原有的平衡状态发生改变，最终也使得晶闸管的触发脉冲前移，整流装置输出电压提高，电机转速上升，当其恢复或接近原来数值时，测速发电机电压又等于或接近于给定电压，系统又达到平衡状态。

显然，系统的放大系数越高，调节器的调节作用就越灵敏，机械特性越硬，调速的精度也越高。但是，当系统的放大系数大于某一临界值后，系统有可能变得不稳定，因此有些系统在速度反馈通道上又加进微分滤波校正环节，成为测速负的软反馈。

电流调节器的两个输入信号是速度调节器输出的反映转速偏差大小的主控信号 $U_i^*$ 和反映主回路电流的电流反馈信号 $U_i$。当突加速度给定信号时，电流调节器的输入值很大，而其输出值通常被整定在最大的饱和值上，与此相应的电枢电流也为最大值（常为额定电流的 1.5 倍~2 倍，反映了电机的过载能力或系统对最大加速度的需要），从而使电机在加速过程中始终保持最大转矩和最大加速度,使启动、制动过程等过渡时间最短。

当电网电压发生突变时,比如电压降低,整流器输出电压也会随之降低,引起电枢电流下降。由于电流反馈环节的作用(不经过电机机械环节),立即使电流调节器的输出增大,触发装置的控制角 $\alpha$ 变小,最后使整流装置输出电压又恢复(增加)到原来的数值,电枢电流也恢复(增加)到原来的数值。也就是说,电网电压变化时,在电机转速变化之前,电流的变化首先就被抑制了,或者说,电流反馈环对于电机转速变化具有"早期抑制"的效果。同样,如果机械负载发生很大变化,或直流侧发生类似短路的严重故障时,由于采用了快速性好的电流负反馈回路,就能及时地把过电流故障反映到控制回路中去,以便迅速减小输出电压,从而保护晶闸管和直流电机不致因电流过大而损坏。

综上所述,转速调节器和电流调节器在双闭环直流调速系统中的作用可分别归纳如下:

(1)转速调节器的作用。

① 转速调节器是调速系统的主导调节器,它使转速 $n$ 很快地跟随给定电压 $U_n^*$ 变化,稳态时刻减少转速误差,如果采用 PI 调节器,则可实现无静差。

② 对负载变化起抗扰作用。

③ 其输出限幅值决定电机的最大电流。

(2)电流调节器的作用。

① 作为内环的调节器,在转速外环的调节过程中,它的作用是使电流紧紧跟随其给定电压 $U_i^*$(即外环调节器的输出量)变化。

② 对电网电压的波动起及时抗扰作用。

③ 在转速动态过程中,保证获得电机允许最大电流,从而加快动态过程。

④ 当电机过载甚至堵转时,限制电枢电流的最大值,起快速的自动保护作用。一旦故障消失,系统立即自动恢复正常。这个作用对系统的可靠运行来说是十分重要的。

3. 双闭环调速系统的稳态特性

1)稳态结构

双闭环直流调速系统的稳态结构如图 5-27 所示,两个调节器均采用带限幅作用的 PI 调节器。转速调节器 ASR 的输出限幅电压 $U_{im}$ 决定了电流给定的最大值,电流调节器 ACR 的输出限幅电压 $U_{ctm}$ 限制了电力电子变换器的最大输出电压 $U_{dm}$,图 5-27 中用带限幅的输出特性表示 PI 调节器的作用。当调节器饱和时,输出达到限幅值,输入量的变化不再影响输出,除非有反向的输入信号使调节器退出饱和。换句话说,饱和的调节器暂时隔断了输入和输出间的联系,相当于使该调节环开环。当调节器不饱和时,PI 调节器工作在线性调节状态,其作用是使输入偏差电压 $\Delta U_n$ 在稳态时为零。

2)稳态特性

为了实现电流的实时控制和快速跟随,希望电流调节器不要进入饱和状态,因此,对于静特性来说,只有转速调节器饱和与不饱和两种情况。

当转速调节器不饱和时,即在正常负载 $U_i < U_{im}^*$、$I_d < I_{dm}$ 时,相当于两个调节器都不饱和,依靠 ASR、ACR 的调节作用,它们的输入偏差电压都是零,表现为转速无静差,保证系统具有较硬的机械特性(稳态运行无静差)。这时电流调节器 ACR 只起辅助作用,系统的静特性从 $I_d = 0$(理想空载状态)一直延续到 $C$ 点,$I_d = I_{dm}$,从而得到图 5-28 所示静特

性的 AB 段。

当转速调节器饱和时,ASR 输出达到限幅值 $U_{im}$,转速外环呈开环状态,转速的变化对转速环不再产生影响,双闭环系统变成一个电流无静差的单电流闭环调节系统。稳态时 $I_d = I_{dm}$,最大电流是由设计者选定的,取决于电机的容许过载能力和系统要求的最大加速度。所描述的静特性是图 5-28 中的 BC 段,它是垂直的特性。这样的下垂特性只适合于 $n < n_0$ 的情况,因为如果 $n > n_0$,则 $U_n > U_n^*$,ASR 将退出饱和状态。

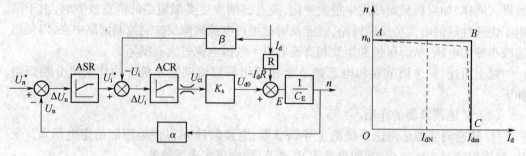

图 5-27 双闭环调速系统的稳态结构
α—转速反馈系数;β—电流反馈系数。

图 5-28 双闭环直流调速
系统的稳态特性

双闭环直流调速系统的静特性在负载电流小于 $I_{dm}$ 时表现为转速无静差,这时,转速负反馈起主要调节作用。当负载电流达到 $I_{dm}$ 时,对应于转速调节器为饱和输出 $U_{im}^*$,这时,电流调节器起主要调节作用,系统表现为电流无静差,起到过电流的自动保护作用。这就是采用两个 PI 调节器分别形成内、外两个闭环的效果。

图 5-28 也反映了 ASR 调节器退饱和的条件。当 ASR 处于饱和状态时,$I_d = I_{dm}$,若负载电流减小,$I_d < I_{dm}$,便会使转速上升,$n > n_0$,$\Delta n < 0$,ASR 反向积分,从而使 ASR 调节器退出饱和,又回到线性调节状态,使系统回到静特性的 AB 段。

4. 双闭环调速系统启动过程分析

对调速系统而言,被控制的对象是转速。它的跟随性能可以用阶跃给定下的动态响应描述,图 5-25(a) 描绘了时间最优的理想过渡过程。能否实现所期望的恒加速过程,最终以时间最优的形式达到所要求的性能指标,是设置双闭环控制的一个重要的追求目标。

在恒定负载条件下转速变化的过程与电机电磁转矩(或电流)有关,对电机启动过程 $n = f(t)$ 的分析离不开对 $I_d(t)$ 的研究。图 5-29 是双闭环直流调速系统在带有负载 $I_{dL}$ 条件下启动过程的电流波形和转速波形。

从图 5-29 可以看到,电流 $I_d$ 从零增长到 $I_{dm}$,然后在一段时间内维持其值等于 $I_{dm}$ 不变,以后又下降并经调节后到达稳态值 $I_{dL}$。转速波形先是缓慢升速,然后以恒加速上升,产生超调后,到达给定值 $n^*$。从电流与转速变化过程所反映出的特点可以把启动过程分为电流上升、恒流升速和转速调节三个阶段,转速调节器在此三个阶段中经历了快速进入饱和、饱和及退饱和三种情况。

第 I 阶段(0~$t_1$)是电流上升阶段:突加给定电压 $U_n^*$ 后,经过两个调节器跟随作用,$U_{ct}$、$U_{d0}$、$I_d$ 都上升,但是在 $I_d$ 没有达到负载电流 $I_{dL}$ 以前,电机还不能转动。当 $I_d \geq I_{dL}$ 后,电机开始启动,由于机电惯性作用,转速不会很快增长,因而转速调节器 ASR 的输入偏差

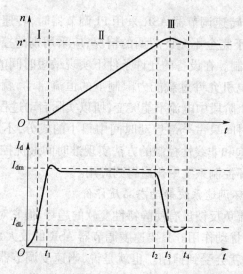

图 5 - 29  双闭环直流调速系统启动过程的转速和电流波形

电压 $(\Delta U_n = U_n^* - U_n)$ 的数值仍较大,其输出电压很快达到限幅值 $U_{im}^*$,强迫电枢电流 $I_d$ 迅速上升。直到 $I_d \approx I_{dm}$、$U_i \approx U_{im}^*$,电流调节器很快就压制了 $I_d$ 的增长,标志着这一阶段的结束。在这一阶段中,ASR 很快进入并保持饱和状态,而 ACR 一般不饱和。

第 II 阶段 $(t_1 \sim t_2)$ 是恒流升速阶段:在这个阶段中,ASR 始终是饱和的,转速环相当于开环,系统成为在恒值电流给定 $U_{im}^*$ 下的电流调节系统,基本上保持电流 $I_d$ 恒定,因而系统的加速度恒定,转速呈线性增长(图 5 - 29),是启动过程的主要阶段。

当阶跃扰动作用在 ACR 之后时,能够实现稳态无静差,而对斜坡扰动则无法消除静差。在恒流升速阶段,电流闭环调节的扰动是电机的反电动势,它正是一个线性渐增的斜坡扰动量,所以系统做不到无静差,而是 $I_d$ 略低于 $I_{dm}$。为了保证电流环的这种调节作用,在启动过程中 ACR 不应饱和。

第 III 阶段 $(t_2$ 以后) 是转速调节阶段:当转速上升到给定值 $n^*$ 时,转速调节器 ASR 的输入偏差为零,但其输出却由于积分作用还维持在限幅值 $U_{im}^*$,所以电机仍在加速,使转速超调。转速超调后,ASR 输出偏差电压变负,使它开始退出饱和状态,$U_i^*$ 和 $I_d$ 很快下降。但是,只要 $I_d$ 仍大于负载电流 $I_{dL}$,转速就继续上升。直到 $I_d = I_{dL}$ 时,转矩 $T_e = T_L$,则 $\dfrac{dn}{dt} = 0$,转速 $n$ 到达峰值 $(t = t_3)$。此后,在 $t_3 \sim t_4$ 时间内,$I_d < I_{dL}$,电机开始在负载的阻力下减速,直到稳态。如果调节器参数整定得不够好,也会有一段振荡过程。在这最后的转速调节阶段内,ASR 和 ACR 都不饱和,ASR 起主导的转速调节作用,而 ACR 则力图使 $I_d$ 尽快跟随其给定值 $U_i^*$,或者说,电流内环是一个电流跟随子系统。

综上所述,双闭环直流调速系统的起动过程有以下三个特点。

(1)饱和非线性控制。随着 ASR 的饱和与不饱和,整个系统处于完全不同的两种状态,在不同情况下表现为不同结构的线性系统,不能简单地用线性控制理论来分析整个启动过程,也不能简单地用线性控制理论来笼统地设计这样的控制系统,只能采用分段的方法来分析。

（2）转速超调。当转速调节器 ASR 采用 PI 调节器时，转速必然有超调。转速略有超调一般是允许的，对于完全不允许超调的情况，应采用别的控制措施来抑制超调。

（3）准时间最优控制。在设备的允许条件下实现最短时间的控制称作"时间最优控制"，对于调速系统，在电机允许过载能力限制下的恒流启动，就是时间最优控制。但由于在启动过程 Ⅰ、Ⅲ 两个阶段中电流不能突变，所以实际启动过程与理想启动过程相比还有些差距，不过这两段时间只占全部启动时间中很小的成分，不影响大局，故可称作"准时间最优控制"。采用饱和非线性控制的方法实现准时间最优控制是一种很有实用价值的控制策略，在各种多环控制系统中普遍得到应用。

5. 转速、电流双闭环调速系统静动态品质评价

从静特性上看，电流负反馈虽有使静特性变软的趋势，但它对于包围在外面的速度反馈环节来说相当于一种扰动作用。只要速度调节器 ASR 的放大系数足够大且没有饱和，电流负反馈的扰动作用就会受到抑制。也就是说，当速度调节器 ASR 不饱和时，电流负反馈使静特性可能产生的速降完全能被 ASR 积分作用消除。一旦 ASR 饱和，转速环失去作用，仅电流环在起作用，这时系统表现为恒流调速系统。

从动态响应过程上看，突加给定电压时，转速负反馈还来不及反映出来，转速调节器便很快处于饱和状态，输出恒值限幅电压，经过电流调节器使电机很快起动。之后，虽然转速反馈电压增大，但由于 ASR 的积分作用，只要转速反馈电压小于速度给定电压，ASR 输出就维持在限幅值上，直到转速产生超调。因此，在启动过程中，相当于速度环处于开环状态。系统只在电流环的恒值调节作用下，保证电机恒最大电流（力矩）下启动，直到转速超调后速度环才开始真正发挥作用。

由此看来。这样组成的双闭环系统，在突加给定的过渡过程中表现为一个恒值电流调节系统，在稳态和接近稳态运行中又表现为无静差调速系统。既发挥了转速和电流两个调节器各自的作用，又避免了在单环系统中两种反馈互相牵制的缺陷，从而获得了良好的静态、动态品质。

最后，应该指出，对于不可逆的电力电子变换器，双闭环控制只能保证良好的起动性能，却不能产生回馈制动，在制动时，当电流下降到零以后，只好自由停车。必须加快制动时，只能采用电阻能耗制动或电磁抱闸。必须回馈制动时，就必须采用可逆的电力电子变换器。下面介绍可逆直流调速系统。

# 5.5 可逆直流调速系统

在此之前讨论的晶闸管直流调速系统，由于晶闸管的单向导电性，只用一组晶闸管变流器对电机供电的调速系统只能获得单方向的运行，是不可逆调速系统。这类系统只适用于不经常要求改变电机转向，同时对制动的快速性无特殊要求的生产机械。

但是在生产实际中，有一定数量的生产机械对拖动系统中的电机要求是，既能正转，又能反转，且在减速和停车时还要求产生制动转矩，以缩短制动时间或实现电能回送电网。如可逆轧机的主传动和压下装置、龙门刨床的主传动、矿井卷扬机、吊车、电气机车等生产机械就要求实现这些性能。由此在转速 $n$ 和电磁转矩 $T_e$ 的坐标系上，能实现四象限

运行功能的,这样的调速系统称可逆调速系统,如图5-30所示。

图5-30 调速系统的四象限运行

## 5.5.1 晶闸管—电机系统的可逆线路

怎样实现电机的可逆拖动呢? 由电机工作原理可知,要改变直流电机的转向,或者要实现电机的制动,就都必须改变电机电磁转矩的方向。由电机的转矩公式 $T = C_T I_a$ 可知,改变电磁转矩的方向有两种方法。一是改变电枢电流的方向,即改变电枢供电电压的方向,形成电枢可逆自动调速系统;另一种是改变电机励磁电流的方向,形成磁场可逆自动调速系统。

1. 电枢可逆线路

由晶闸管整流器构成的电枢可逆供电装置和可逆励磁电流供电装置都因晶闸管的单向导电性而变得复杂,并带来一些特殊的技术问题。

要实现电枢可逆,当只由一组整流装置供电时,可用接触器或晶闸管开关来切换电枢的连接,如图5-31(a)、(b)所示。

在图5-31(a)中采用正、反向接触器来切换电机电枢电流的方向,当正向接触器 $C_F$ 闭合时,电机电枢得到 $A(+)$、$B(-)$ 的电压 $U_d$,电机正转;当 $C_F$ 打开,而反向接触器 $C_R$ 闭合时,电机电枢得到 $A(-)$、$B(+)$ 的电压 $U_d$,电机反转。接触器的切换要在主电路电流降到零时才能进行,且要防止在切换后的电流冲击,这要由控制线路的逻辑关系来保证。这种可逆线路从 $C_F$ 打开到 $C_R$ 闭合需要 0.2s~0,5s,这段时间内电机失电,出现切换"死区",致使反转过程延缓,而且噪声大,触头寿命短,这种电路只适用于不需要频繁切换的小容量拖动系统中。

在图5-31(b)中,采用晶闸管开关代替接触器,在保证逻辑切换关系、提高可靠性和维护方面都较使用接触器有显著的优点,适用于几十千瓦以下的小中功率可逆传动。

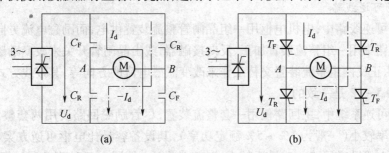

图5-31 电枢可逆电路接线方式

(a)接触器切换电枢可逆线路;(b)由晶闸管开关切换的电枢可逆电路。

采用两组晶闸管整流装置的可逆线路,由正、反两组整流装置分别提供正、反方向的电枢电流,适用于要求频繁、快速正反转的拖动系统。这种线路的连接采用反并联和交叉连接两种方式。图5-32为三相桥式整流电路供电可逆线路的两种连接形式。

在反并联连接中,两组整流装置电路共用一个交流电源,因结构简单、切换速度快、控制灵活等优点,成为可逆调速系统的主要形式。在交叉连接中,两组整流电路的交流电源

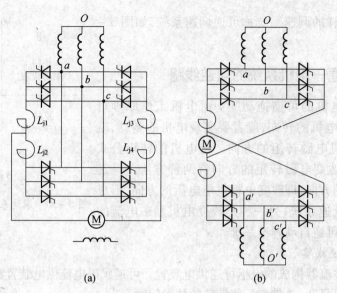

图 5 - 32　三相桥式整流电路供电的可逆线路

(a) 反并联连接；(b) 交叉连接。

$abc$ 和 $a'b'c'$ 是彼此独立的,它们可以分别是两台整流变压器的二次绕组,也可以是同一台整流变压器的中点不相接的两套二次绕组。由此,交叉连接的整流变压器结构复杂,但它具有电抗器容量小、正反向电流互相隔离和可限制环流(在有环流控制系统中)等优点,因而在大容量可逆传动中有所采用。以下的讨论仅以反并联连接方式为例,其原理基本上也适用于交叉连接方式。

电枢可逆线路因电枢回路时间常数小(约几十毫秒),反向过程进行得快,适用于频繁启动、制动和要求过渡过程尽量短的生产机械,如可逆轧机的主、副传动,龙门刨床、刨台的拖动等。但是这种方案需要有两套用于主回路的晶闸管整流装置,容量较大,投资较大,特别是大容量的可逆系统,这个不足尤为突出。

**2. 磁场可逆线路**

在磁场可逆线路中,电机电枢用一组晶闸管整流装置供电,而励磁电流方向的改变可以在励磁电路中用一组整流装置加正、反向接触器,或由晶闸管开关来改变励磁的供电方向;也可以由正反两组整流装置交替工作来改变激磁电流的方向等,其接线方式和原理与图 5 - 31、图 5 - 32 是一致的。

在磁场可逆系统中,主回路仅用一套整流装置,尽管励磁回路要用两套整流装置,但电机励磁功率较小(一般为1% ~5%额定功率),其设备容量比电枢可逆方案小得多,比较经济。但电机励磁回路电感量比较大,时间常数大(约零点几秒到几秒),反向过程较慢,在磁场采用强励磁之后(强迫电压短时间加到4 倍~5 倍甚至十几倍额定电压),快速性可以得到一定程度的补偿,其切换时间仍达几百毫秒以上。在励磁反向时还应切断电枢电压,以削弱反转的阻力矩加快反转过程,同时也防止电机在反转过程中产生超速(或称飞车)现象。这更增加了反向过程的死区,也增加了控制系统逻辑关系的复杂性。因此,磁场可逆系统只适用于正、反转不太频繁的大容量可逆传动中,如卷扬机、电力机车等。

128

### 5.5.2  可逆拖动的工作状态及机械特性

现以电枢反并联供电的可逆系统为例分析电机的四种基本的工作状态。

**1. 可逆拖动系统的四种工作状态**

如果由单组的晶闸管整流装置供电、控制角 $\alpha < 90°$ 时晶闸管装置处于整流状态，电机正转电动运行；当控制角 $\alpha > 90°$ 时，整流装置处于逆变状态，电机要进入再生（回馈）制动，由于晶闸管的单向导电性，就必须改变电枢的接线方式使电枢电流反向。

由两组晶闸管装置反并联供电的可逆系统使电机在四个象限运行非常方便。如图 5-33 所示，电机正转时，由正组晶闸管装置 VF 供电；反转时，由反组闸管装置 VR 供电。两组晶闸管分别由两套触发装置控制，都能灵活地控制电机的启动、制动和升、降速。

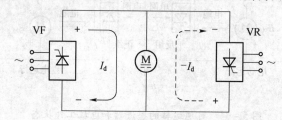

图 5-33  两组晶闸管可控整流装置反并联可逆线路

在切换的初瞬，电机的电势 $E$ 没有改变；当反组逆变电压 $U_\beta$ 尚大于电机电势时，由于晶闸管电流不能反向，逆变电路与电机不能形成电流通路而处在阻断状态，反组的这种状态称为"待逆变状态"；待到逆变电压 $U_\beta$ 降到小于 $E$ 时，在电机电势的作用下，电枢电流反向，反组真正进入有源逆变状态，将直流电能转变成交流电能回馈电网并实现制动。电机的再生制动是一种节能的有效措施，特别是较大功率的拖动系统，即使是不可逆运行，为了实现再生制动，往往也采用可逆电路，只不过因为反组只在再生制动时工作，工作时间很短，容量可以小一些。

由电枢反并联可逆电路供电（为方便起见，这里采用无环流控制方式）的拖动电机，根据转速方向和电磁转矩的方向，两组反并联的整流电路不断变更工作状态，以使电机工作在正向运转的电动和制动、反向运转的电动和制动四种工况下，其工作状态如图 5-34 所示。

**2. 可逆拖动的机械特性**

由正组整流装置供电、电流连续、稳定运行在机械特性的第 I 象限时，其机械特性方程和式（5-13）相似，且

$$n = \frac{U_{d0}\cos\alpha_f}{C_E\Phi} - \frac{I_d R_\Sigma}{C_E\Phi} \tag{5-19}$$

式中：$\alpha_f$ 为正组整流器控制角，$\alpha_f < 90°$。

当电机通过反组整流装置作再生制动时（转速 $n$ 及电动势 $E$ 的方向瞬时仍保持不变），为使电枢电流改变方向而封锁正组，开放反组。当反组逆变角为 $\beta_r$ 且 $U_{d0}\cos\beta_r < E$ 时，反组就进入逆变工作状态，此时电枢回路电压平衡方程式为

$$E = U_d + I_d R_a$$

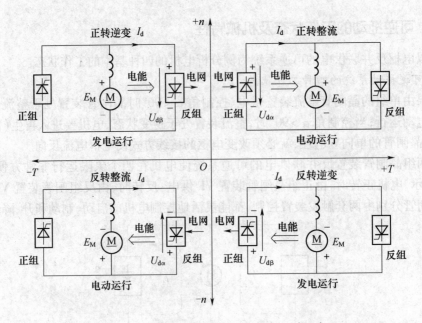

图 5 - 34  可逆运转的整流器和电机工作状态

即

$$C_E \Phi n = U_{d0} \cos\beta_r + I_d R_a$$

所以

$$n = \frac{U_{d0} \cos\beta_r}{C_E \Phi} + \frac{I_d R_\Sigma}{C_E \Phi} \qquad (5 - 20)$$

式(5-20)即为电流连续时反组晶闸管整流装置处于逆变状态下的电机机械特性方程式。与机械特性方程式(5-19)相比,对于同一电机,$\alpha_f = \beta_r$ 时的两条机械特性曲线是以纵轴为分界线的同一条直线。例如,$\alpha_f = \beta_r = 30°$时,它们与纵轴的交点(转速极限值)都是 $n'_0 = \frac{1}{C_E \Phi} U_{d0} \cos 30°$,但在发电制动状态时,电机转速 $n$ 随 $I_d$ 的增加而增加。因为在电枢回路总电抗及端电压不变时,要增加电流 $I_d$,只能提高发电机的转速 $n$,将电机在第 I 象限($\alpha_f < 90°$)的机械特性曲线向第 II 象限延伸,便得到 $\beta_r = \alpha_r$ 时电机在反组逆变状态下处于再生制动的机械特性曲线。同理,将电机在第 III 象限的特性向第 IV 象限延伸,便得到了 $\alpha_f = \beta_r$ 条件下,由反组整流、电机反向电动的机械特性曲线。

当电流断续时,机械特性方程和转速极限值可由整流状态下的公式求得,只要令 $\alpha = 180° - \beta$ 就行了,当电流不连续时的分析方法与 5.3.2 小节相同,在此不多叙述。图 5-35 示出了无环流

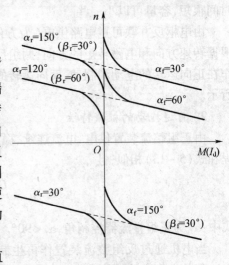

图 5 - 35  可逆拖动系统在四象限运行的机械特性

130

可逆拖动系统在四象限运行的机械特性。

### 5.5.3 可逆系统中的环流

1. 环流及其种类

采用两组晶闸管反并联或交叉连接是可逆系统中比较典型的线路,它解决了电机频繁正反转运行和再生制动中电能的回馈通道,但接踵而来的是影响系统安全工作并决定可逆系统性质的一个重要问题——环流问题。

环流,是指不流经电机或其他负载,而直接在两组晶闸管之间流通的短路电流,如图5-36中反并联线路中的电流 $i_h$。

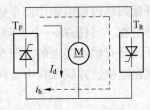

环流的存在具有两重性。其一,环流会显著地加重晶闸管和变压器的负担,增加功率损耗,过大的环流会导致晶闸管损坏,危及系统安全工作,因此必须予以抑制。其二,只要控制得好,可以利用环流作为晶闸管的基本负载电流,即使在电机空载或轻载时也可使晶闸管装置工作在电流连续区,避免了电流断续引起的非线性现象对系统静态、动态性能的影响;再者,在可逆系统中存在少量环流,可以保证电流

图 5-36 可逆线路中的环流

的无间断反向,加快反向时的过渡过程。在实际系统中要充分利用环流的有利方面而避免它的不利方面,为此,有必要对环流作一些基本的分析。

环流可以分为动态环流和静态环流两大类。动态环流是指稳态运行时不存在,只在系统处于过渡过程中出现的环流;静态环流是指可逆线路在稳定工作时所出现的环流,而静态环流又可分为直流平均环流和瞬时脉动环流。本节只讨论对系统影响最大的静态环流。

1)直流平均环流的产生及抑制

对于反并联可逆线路,当正组整流时,对于反组应如何处理呢?显然不能让反组也是整流状态,那将造成正、反两组整流电压顺向串联,形成电源短路,此短路电流即为直流平均环流;也不能任其反组控制端空着,因为万一受到干扰,还是有可能误触发而引起直流环流。为了确保不产生直流平均环流:一种办法是在正组工作时封锁住反组的触发脉冲,使反组的晶闸管绝对不会导通,这叫做无环流可逆系统;另一种办法是在正组整流时让反组输出的逆变电压与正组的整流电压大小相等或稍大于整流电压,以控制住直流环流,这时反组处于"待逆变"状态。显然,按照第二种方法来控制两组晶闸管,消除直流平均环流的条件是 $\alpha \geqslant \beta$,这叫做 $\alpha = \beta$ 配合控制。

2)有环流系统和无环流系统

$\alpha = \beta$ 配合控制的工作制,由于正、反两组整流电压的平均值相等而抑制了直流平均环流,不过,因两组整流装置输出电压的瞬时值并不等,所以还存在着瞬时脉动的环流。其实,根据对系统性能的不同要求,处理环流的方法也不同。允许环流存在的称为有环流系统,不允许环流存在的称为无环流系统。在有环流系统中,按控制方法的不同又分配合控制的有环流可逆系统、给定环流可逆系统和可控环流可逆系统等。在无环流系统中,当把两组整流装置的触发脉冲相位错开得更远些,使任何瞬时都满足 $U_{df} < U_{dr}$ 而不可能产生脉动环流,就成为错位控制的无环流系统;当把正组开放时靠逻辑电路来保证封锁反组

脉冲的系统叫做逻辑控制的无环流可逆系统。

**2. 瞬时脉动环流的形成**

在 $\alpha = \beta$ 配合控制工作制的条件下,两组整流装置瞬时输出电压之差是脉动的交变电压,因而产生脉动的环流。控制角不一样时,脉动环流的大小也不一样,对于三相半波和三相桥式反并联电路,$\alpha = \beta = 60°$ 时两组整流装置输出的瞬时电压差最大,是脉动环流最严重的情况。

图 5 – 37 示出三相半波反并联电路配合控制时的电压波形,共阴极组触发角为 $\alpha_f = 60°$,共阳极组的触发角为 $\alpha_r = 120°$,从而实现 $\alpha_f = \beta_r = 60°$ 的控制。由共阴极组和共阳极组的输出 $u_{df}$ 和 $u_{dr}$ 之差得到 $\Delta u_d$ 波形,再考虑环流回路的阻抗而得到脉动环流 $i_h$ 的波形。环流回路因内阻很小而呈感性,故环流 $i_h$ 不能突变且滞后于 $\Delta u_d$。又由于晶闸管的单向导电性,$i_h$ 只能在一个方向上脉动,因此也就有了平均环流 $I_h$。$I_h$ 和前面所说的直流平均环流是有根本区别的。图 5 – 37 中正、反两组整流装置各画了一套变压器的二次绕组,其实在电枢反并联结构中是同一套绕组,分开画出是为了便于分析问题。

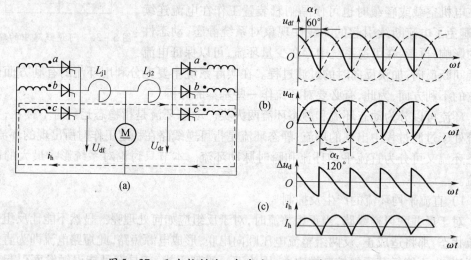

图 5 – 37　配合控制的三相半波可逆电路中的环流
（a）瞬时脉动环流通路；（b）$\alpha_f = \beta_r = 60°$ 时的输出波形；（c）瞬时电压差和脉动环流。

**3. 均衡电抗器的设置**

抑制脉动环流的办法是在环流流过的电路中串入限制环流的电抗器,或称均衡电抗器,一般把脉动环流平均值限制在负载额定电流的 5% ~ 10% 以内。均衡电抗器的电感量及其接法因整流电路而异。在如图 5 – 32（a）三相桥式反并联线路中,环流有两条并联的通路,所以用了四个均衡电抗器 $L_{j1} \sim L_{j4}$,其中处于整流回路中的电抗器因流过直流负载电流而饱和,电感值大为降低,只有待逆变回路中的电抗器才真正起限制环流的作用,所以每条通路在工作中只有一个电抗器起限制环流的作用;在三相桥式交叉连接线路中,由于两组整流器的电源是独立的,又只有一条环流通路,两个回路各设一个电抗器就够了,如图 5 – 32 （b）所示。

均衡电抗器电感量的计算方法与滤波电抗器相同,因为它们都是用来抑制电流脉动的,所以只要将式（5 – 18）中的 $I_{Lmin}$ 换成允许的环流平均值 $I_h$ 即可,即

$$L_j = K_1 \frac{U_2}{I_h}$$

由于篇幅所限,本章就不对有环流可逆系统和无环流可逆系统工作原理进行分析,读者可参阅其他相关教材。

## 思考题及习题

**5-1** 直流电机有哪几种调速方法? 各有哪些特点?

**5-2** 电机加负载后产生转速降落的实质是什么?

**5-3** V-M系统有时会出现电流波形断续的现象,是什么原因造成的? V-M系统的开环机械特性有哪些特点?

**5-4** 转速单闭环调速系统有哪些特点? 改变给定电压能否改变电机的转速? 为什么? 如果测速发电机的励磁发生了变化,系统有无克服这种干扰的能力?

**5-5** 在转速闭环调速系统中,当电网电压、负载转矩、励磁电流、电枢电阻、测速机磁场各量发生变化时,都会引起转速的变化,试问系统对它们有无调节能力? 为什么?

**5-6** 转速负反馈调速系统中为了解决动、静态之间的矛盾,可以采用比例积分调节器,为什么?

**5-7** 为什么用积分控制的调速系统是无静差的? 在转速单闭环调速系统中,当积分调节器的输入偏差电压 $\Delta U = 0$ 时,调节器的输出电压是多少? 它取决于哪些因素?

**5-8** 在无静差转速单闭环调速系统中,转速的稳态精度是否还受给定电源和测速发电机精度的影响? 试说明理由。

**5-9** 在无静差调速系统中,如果突加负载或电网电压降落,到稳态时转速会如何变化? 晶闸管装置的整流电压会如何变化?

**5-10** 如果转速闭环调速系统在运行中转速反馈线突然断了,会发生什么现象? 如果电机的励磁回路突然开路,又会发生什么现象?

**5-11** 调速范围和静差率的定义是什么? 调速范围、静态速降和最小静差率之间有什么关系? 为什么说脱离了调速范围,要满足给定的静差率也就容易得多了?

**5-12** 单闭环调速系统为什么要加电流截止负反馈环节? 如果截止比较电压发生变化,对系统的静特性有何影响?

**5-13** 某一调速系统,测得的最高转速特性为 $n_{0max} = 1500r/min$,最低转速特性为 $n_{0min} = 150r/min$,带额定负载时的速度降落 $\Delta n_N = 15r/min$,且在不同转速下额定速降 $\Delta n_N$ 不变,试问系统能够达到的调速范围有多大? 系统允许的静差率是多少?

**5-14** 试从下述五个方面来比较转速、电流双闭环调速系统和带电流截止环节的转速单闭环调速系统:

(1)调速系统的静态特性;(2)动态限流性能;(3)启动的快速性;

(4)抗负载扰动的性能;(5)抗电源电压波动的性能。

**5-15** 在转速、电流双闭环调速系统中转速调节器有哪些作用? 其输出限幅值应按什么要求来整定? 电流调节器有哪些作用? 其限幅值应如何整定?

**5-16** 在转速、电流双闭环调速系统中,两个调节器均采用 PI 调节器。当系统带额定负载运行时,转速反馈线突然断线,系统重新进入稳态后,电流调节器的输入偏差电压 $\Delta U_i$ 是否为零? 为什么?

**5-17** 在转速、电流双闭环调速系统中,调节器 ASR、ACR 均采用 PI 调节器。当 ASR 输出达到 $U_{im}^* = 8V$ 时,主电路电流达到最大电流80A。当负载电流由40A增加到70A 时,试问:

(1) $U_i^*$ 应如何变化?

(2) $U_{ct}$ 应如何变化?

(3) $U_{ct}$ 值由哪些条件决定?

**5-18** 在转速、电流双闭环调速系统中,电机拖动恒转矩负载在额定工作点正常运行,现因某种原因使电机励磁电源电压突然下降1/2,系统工作情况将会如何变化?

**5-19** 如果双闭环调速系统中,转速反馈或电流反馈信号线断线,会产生怎样的后果? 为什么?

**5-20** 如果反馈信号的极性接反了,会产生怎样的后果? 为什么?

**5-21** 如果改变双闭环系统的转速,可调节什么参数? 如果要改变堵转电流 $I_d$,应调节什么参数?

**5-22** 双闭环调速系统稳态运行时,转速调节器输出电压是多少? 电流调节器输出电压是多少? 为什么?

**5-23** 在突加给定启动时,转速调节器退饱和超调的条件是什么? 在给定积分器起动时,转速调节器是否存在退饱和超调现象。

**5-24** 直流电机 $P_N = 74kW$, $U_N = 220V$, $I_N = 378A$, $n_N = 1430r/min$, $R_a = 0.023\Omega$, 晶闸管整流器内 $R_s = 0.022\Omega$。采用降压调速,当生产机械要求 $S = 20\%$ 时,求系统的调速范围。如果 $S = 30\%$ 时,则系统的调速范围又为多少?

**5-25** 某龙门刨床工作台采用晶闸管整流器—电机调速系统。已知直流电机 $P_N = 60kW$, $U_N = 220V$, $I_N = 305A$, $n_N = 1000r/min$, 主电路总电阻 $R_a = 0.18\Omega$, $C_e = 0.2V \cdot min/r$,求:

(1) 当电流连续时,在额定负载下的转速降落 $\Delta n_N$ 为多少?

(2) 开环系统机械特性连续段在额定转速时的静差率 $S_N$ 多少?

(3) 额定负载下的转速降落 $\Delta n_N$ 为多少,才能满足 $D = 20$, $S \leq 5\%$ 的要求。

**5-26** 一组晶闸管供电的直流调速系统需要快速回馈制动时,为什么必须采用可逆线路? 有哪几种形式?

**5-27** 试画出采用单组晶闸管装置供电的 V-M 系统在整流和逆变状态下的机械特性,并分析这种机械特性适合于何种性质的负载。

**5-28** 晶闸管可逆系统中环流产生的原因是什么? 有哪些抑制的方法?

**5-29** 两组晶闸管供电的可逆线路中有哪几种环流? 是如何产生的? 环流对系统有何利弊?

# 第6章　交流异步电机的变频调速系统

直流电力拖动和交流电力拖动在 19 世纪先后诞生。在 20 世纪上半叶,鉴于直流拖动具有优越的调速性能,高性能可调速拖动都采用直流电机,而约占电力拖动总容量80% 以上的不变速拖动系统则采用交流电机,这种分工在一段时期内已成为一种举世公认的格局。交流调速系统的多种方案虽然早已问世,并已获得实际应用,但其性能却始终无法与直流调速系统相媲美。直到 20 世纪六七十年代,随着电力电子技术的发展,使得采用电力电子变换器的交流拖动系统得以实现,特别是大规模集成电路和计算机控制的出现,使高性能交流调速系统应运而生,交直流拖动按调速性能分工的格局终于被打破了。这时,直流电机和交流电机相比的缺点日益显露出来,例如,直流电机结构上有换向器和电刷,换向器构造复杂、重量大、制造成本高;换向器和电刷之间有火花,致使两者都易磨损,需要经常检查维修,因此直流电机调速不能用于化工、矿山等有粉尘、腐蚀性气体及易燃、易爆的地方。由于有换向器问题也不适用于高速大容量的场合,同交流电机调速的相比其体积、重量与功率之比都较大,而且维护、检修的工作量也较大。而直流电机调速的缺点正是交流电机调速的优点,交流电机结构简单、制造成本低、紧固耐用、不需维护、可用于恶劣环境。随着微电子技术和电力电子技术的迅速发展,交流拖动控制系统已经成为当前电力拖动控制的主要发展方向。

目前,交流拖动控制系统的应用领域主要有下述三个方面。

(1)一般性能调速和节能调速。在过去大量的所谓"不变速交流拖动"中,风机、水泵等通用机械的容量几乎占工业电力拖动总容量的 1/2 以上,其中有不少场合并不是不需要调速,只是因为当时的交流拖动本身不能调速,电机始终运行在自然的特性上,不得不依赖挡板和阀门来调节送风和供水的流量,因而把许多电能白白地浪费了。如果换成交流调速系统,把消耗在挡板和阀门上的能量节省下来,平均每台风机、水泵可以节约20% ~30% 以上的电能,效果可观。风机、水泵对调速范围和动态性能的要求都不高,只要有一般的调速性能就足够了。此外,还有许多工艺上需要调速但对调速性能要求不高的生产机械,也属于这类一般性能调速。

(2)高性能的交流调速系统和伺服系统。由于交流电机的电磁转矩难以像直流电机那样通过电枢电流施行灵活的控制,过去交流调速系统的控制性能不如直流调速系统。直到 20 世纪 70 年代初发明了矢量控制系统(或称磁场定向控制技术),通过坐标变换,可以把交流电机的定子电流分解成转矩分量和励磁分量,分别用来控制电机的转矩和磁通,可以获得和直流电机相仿的高动态性能,才使交流电机的高性能调速技术取得了突破性的进展。其后,又陆续提出了直接转矩控制等方法,形成一系列可以和直流调速系统媲美的高性能交流调速系统和交流伺服系统。

(3)特大容量、极高转速的交流调速。直流电机的换向能力限制了它的容量转速积

不超过 $10^6 \mathrm{kW \cdot r/min}$，超过这一数值时，其设计与制造就非常困难了。交流电机没有换向问题，不受这种限制，因此，特大容量的电力拖动设备，如厚板轧机、矿井卷扬机等，以及极高转速的拖动，如高速磨头、离心机等，都以采用交流调速为宜。

　　交流电机主要分为异步电机(感应电机)和同步电机两大类。异步电机的调速方法有许多种，如变压调速、电磁转差离合器调速、变极对数调速、变频变压调速(以下简称变频调速)等。针对绕线式转子的异步电机还有转子串电阻调速和串级调速等方法，其中变频调速、电磁转差离合器调速和转子串电阻调速是靠增加转差功率的消耗来降低转速的，转速越低效率就越低。变极对数调速是有级调速。串级调速仅适用于绕线式转子的异步电机。只有变频调速能做到调速范围宽、效率高、动态性能好，因此得以快速发展和广泛应用。同步电机只能采用变频调速，同步电机变频调速与异步电机变频调速有许多共同之处。限于篇幅，本章仅对应用最广泛的异步电机变频调速进行讨论。

# 6.1　异步电机的稳态特性

　　在进行异步电机调速时，常须考虑一个重要因素，就是希望保持电机中每极磁通量 $\Phi_\mathrm{m}$ 为额定值不变，使铁磁材料得到充分利用。对于直流电机，励磁系统是独立的，可以方便调节。在交流异步电机中，磁通是由定子和转子磁动势合成产生，而变频电源为电机提供的电压和频率是两个可以独立调节的量，要保持磁通恒定，就需要费一些周折。如连续调节电源频率，是可以平滑改变电机的转速，但单纯调节频率，则会引起磁通的变化，导致电机运行性能恶化，引起铁芯未充分利用或铁芯饱和，导致励磁电流过大。

　　如何调节频率和定子电压，来满足磁通 $\varphi_\mathrm{m}$ 不变的要求呢？这就是本节要解决的问题。本节将分析一些变频调速有关的控制方式，探讨在变频调速中如何协调控制电压、频率等量，以达到良好的调速特性。

## 6.1.1　异步电机的固有机械特性

　　由电机学可知，当正弦电压供电、忽略磁饱和及铁损时，多相异步电机一相的等效电路如图 6-1 所示。这一等效电路是分析稳态条件下异步电机性能的重要工具，也称为异步电机的稳态模型。在图 6-1 中，$U_\mathrm{s}$ 为定子电压；$I_\mathrm{s}$、$I_\mathrm{r}$、$I_\mathrm{m}$ 分别为定子电流、折算到定子侧的转子电流和励磁电流；$R_\mathrm{s}$、$R_\mathrm{r}$ 分别为定子电阻和折算到定子侧的转子电阻；$L_\mathrm{ls}$、$L_\mathrm{lr}$、$L_\mathrm{m}$ 分别为定子漏电感、折算到定子侧的转子漏电感和励磁电感；$E_\mathrm{g}$ 为气隙感应电势；$s$ 为转差率。

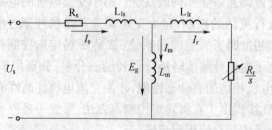

图 6-1　多相异步电机一相的等效电路

由图 6 - 1 的等效电路可得到如下的一些表达式。

输入功率为

$$P_{\mathrm{in}} = m_{\mathrm{s}}U_{\mathrm{s}}I_{\mathrm{s}}\cos\varphi \qquad (6-1)$$

式中:$m_{\mathrm{s}}$ 为电机的相数;$\cos\varphi$ 为输入功率因数。

定子铜损为

$$P_{\mathrm{ls}} = m_{\mathrm{s}}I_{\mathrm{s}}^2R_{\mathrm{s}} \qquad (6-2)$$

转子铜损为

$$P_{\mathrm{lr}} = m_{\mathrm{s}}I_{\mathrm{r}}^2R_{\mathrm{r}} \qquad (6-3)$$

通过气隙的电磁功率为

$$P_{\mathrm{g}} = m_{\mathrm{s}}I_{\mathrm{r}}^2\frac{R_{\mathrm{r}}}{s} \qquad (6-4)$$

输出功率为

$$P_{\mathrm{o}} = P_{\mathrm{g}} - P_{\mathrm{lr}} = m_{\mathrm{s}}I_{\mathrm{r}}^2R_{\mathrm{r}}\frac{1-s}{s} \qquad (6-5)$$

因为输出功率是电机转矩 $T_{\mathrm{e}}$ 和转子机械角速度 $\omega_{\mathrm{m}}$ 的乘积,所以电机转矩 $T_{\mathrm{e}}$ 可表示为

$$T_{\mathrm{e}} = \frac{P_{\mathrm{o}}}{\omega_{\mathrm{m}}} = \frac{m_{\mathrm{s}}}{\omega_{\mathrm{m}}}I_{\mathrm{r}}^2R_{\mathrm{r}}\frac{1-s}{s} = m_{\mathrm{s}}p_{\mathrm{n}}I_{\mathrm{r}}^2\frac{R_{\mathrm{r}}}{s\omega_{\mathrm{e}}} \qquad (6-6)$$

式中:$p_{\mathrm{n}}$ 为电机的极对数;转子机械角速度 $\omega_{\mathrm{m}}$ 与转子电气角速度 $\omega_{\mathrm{r}}$ 和定子供电角频率 $\omega_{\mathrm{e}}$ 之间有 $\omega_{\mathrm{m}} = \omega_{\mathrm{r}}/p_{\mathrm{n}} = (1-s)\omega_{\mathrm{e}}/p_{\mathrm{n}}$ 的关系。转差率 $s = (\omega_{\mathrm{e}} - \omega_{\mathrm{r}})/\omega_{\mathrm{e}}$。

将式(6-4)代入式(6-6)可得

$$T_{\mathrm{e}} = p_{\mathrm{n}}\frac{P_{\mathrm{g}}}{\omega_{\mathrm{e}}} \qquad (6-7)$$

对于 1kW 以上的电机,$|R_{\mathrm{s}} + \mathrm{j}\omega L_{\mathrm{ls}}| \ll \omega_{\mathrm{e}}L_{\mathrm{m}}$,因此可以将图 6 - 1 所示的等效电路中的励磁支路移到电源测,简化为图 6 - 2 所示的近似等效电路。使用近似等效电路计算电机性能时,与实际电机性能比较,其误差一般在 5% 以内。

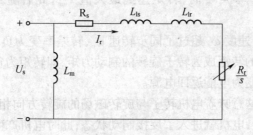

图 6 - 2  异步电机的近似等效电路

在图 6 - 2 中,转子电流 $I_{\mathrm{r}}$ 为

$$I_{\mathrm{r}} = \frac{U_{\mathrm{s}}}{\sqrt{(R_{\mathrm{s}} + R_{\mathrm{r}}/s)^2 + \omega_{\mathrm{e}}^2(L_{\mathrm{ls}} + L_{\mathrm{lr}})^2}} \qquad (6-8)$$

将式(6-8)代入式(6-6)可得

$$T_e = \frac{m_s p_n R_r}{s\omega_e} \frac{U_s^2}{(R_s + R_r/s)^2 + \omega_e^2(L_{ls} + L_{lr})^2} \tag{6-9}$$

这就是交流异步电机的固有机械特性,当输入电压、频率一定时,电机的转矩是转差率 $s$ 的函数。

### 6.1.2 异步电机在电压、频率一定时的运行特性

当异步电机的输入电压 $U_s$ 及频率 $\omega_e$ 给定时,随着转差率 $s$ 的变化,根据式(6-9)可得到如图6-3所示的运行特性。

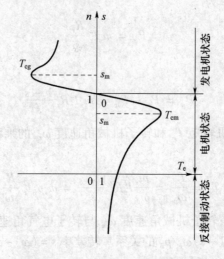

图6-3 异步电机的运行特性

当转差率不同时,异步电机有三种工作状态:电机状态($0 < s < 1$)、发电机状态($s < 0$)和反接制动状态($s > 1$)。

(1) 在电机工作状态($0 < s < 1$)下,电机转子与旋转磁场的旋转方向相同;当电机以同步转速旋转即转差率 $s$ 为 0 时,转矩为 0;当转差率 $s$ 较小时,随转差率的增加转矩近似线性增长;当转差率 $s = s_m$ 时,转矩达到最大值 $T_{em}$;此后随着转速的下降,转矩逐步减小。

(2) 如果电机转子速度 $\omega_r$ 超过了同步转速 $\omega_e$,转差率变为负值,电机就进入了发电机工作状态,此时电机的转矩成为转子旋转的制动力矩,即转矩为负值。在发电机工作状态,电机转子的机械能变为电能返回电源。

(3) 转差率 $s > 1$,这意味着电机转子与旋转磁场的旋转方向相反;在电机运行中如果突然将供电的相序改变,电机就进入了反接制动状态;此时电机产生与转子旋转方向相反的制动力矩,转子的机械能变为热能消耗于电机内部,长时间工作于此工况下将使电机过热。当反接制动使电机转速下降为 0 后,若继续供电则电机将反向旋转,进入电机工作状态。

为了计算最大转矩,可将式(6-9)对 $s$ 求导,并令 $\mathrm{d}T_e/\mathrm{d}s = 0$,从而解出产生最大转矩时的转差率 $s_m$,即

138

$$s_m = \pm \frac{R_r}{\sqrt{R_s^2 + \omega_e^2(L_{ls} + L_{lr})^2}} \qquad (6-10)$$

式中:"+"对应电机工作状态时的情况,"−"对应发电工作状态时的情况。

将式(6−10)代入式(6−9)可得电机状态时的最大转矩 $T_{em}$ 和发电机状态时的最大转矩 $T_{eg}$,即

$$T_{em} = \frac{m_s p_n U_s^2}{2\omega_e[\sqrt{R_s^2 + \omega_e^2(L_{ls} + L_{lr})^2} + R_s]} \qquad (6-11)$$

$$T_{eg} = -\frac{m_s p_n U_s^2}{2\omega_e[\sqrt{R_s^2 + \omega_e^2(L_{ls} + L_{lr})^2} - R_s]} \qquad (6-12)$$

从式(6−11)和式(6−12)可见,如不考虑转矩的方向,电机状态时的最大转矩要小于发电机状态时最大转矩。当电源的电压和频率较高时,二者相差很小;但当电源的电压和频率很低时,分母 $R_s$ 的影响相对比较大,因此二者相差较大。

将式(6−9)的分子、分母同乘 $s\omega_e$,则式(6−9)可改写为

$$T_e = m_s p_n \left(\frac{U_s^2}{\omega_e}\right)^2 \frac{s\omega_e R_r}{(sR_s + R_r)^2 + s^2\omega_e^2(L_{ls} + L_{lr})^2} \qquad (6-13)$$

当 $s$ 很小($s < 0.05$)时,可忽略分母上含有 $s$ 的项,近似地认为

$$T_e = m_s p_n \left(\frac{U_s}{\omega_e}\right)^2 \frac{\omega_{sl}}{R_r} \qquad (6-14)$$

式中:转差频率 $\omega_{sl} = s\omega_e$。由式(6−14)可知,当 $s$ 很小时转矩近似与转差频率成正比。

# 6.2 异步电机变频调速的控制方法

所谓调速,就是人为地改变机械特性的参数,使电机的稳定工作点偏离固有特性,工作在人为机械特性上,以达到调速的目的。由前面分析可知,改变异步电机频率的调速方法是电机工作性能最好的调速方法。下面讨论异步电机变频调速的控制方法。

## 6.2.1 恒磁通控制

我们知道,三相异步电机定子每相绕组中感应电动势的有效值为

$$E_g = 4.44 f_e N_s k_{Ns} \Phi_m \qquad (6-15)$$

式中:$E_g$ 为气隙磁通在定子每相中感应电动势的有效值;$f_e$ 为定子频率;$N_s$ 为定子每相绕组串联匝数;$k_{Ns}$ 为定子基波绕组系数;$\Phi_m$ 为每极气隙磁通量。

对于一个实际电机,当 $N_s$、$k_{Ns}$ 均为常数时,由式(6−15)可知,气隙磁通 $\Phi_m \propto E_g/f_e$。为了在调速中有效地利用电机,在整个调速范围内气隙磁场都应保持适当的强度。因为如果磁场过弱,则电机的铁磁材料未得到充分的利用,不能产生电机应有的转矩;如果磁场过于饱和,则表明励磁电流的无谓增大,造成电机发热,效率降低。式(6−15)表明如

果协调控制电压和频率,使 $E_g/f_e$ 保持一定,则能使气隙磁通 $\Phi_m$ 维持不变。

当采用恒磁通控制时,由图 6 – 1 的等效电路可得

$$I_r = \frac{E_g}{\sqrt{(R_r/s)^2 + \omega_e^2 L_{lr}^2}} \tag{6 – 16}$$

将式(6 – 16)代入式(6 – 6)可得电机转矩方程为

$$T_e = m_s p_n \frac{R_r}{s\omega_e} \frac{E_g^2}{(R_r/s)^2 + \omega_e^2 L_{lr}^2} = m_s p_n \left(\frac{E_g}{\omega_e}\right)^2 \frac{\omega_{sl} R_r}{R_r^2 + \omega_{sl}^2 L_{lr}^2} \tag{6 – 17}$$

因为气隙磁通与 $E_g/\omega_e$ 成正比,$\omega_e = 2\pi f_e$,因此由式(6 – 17)可知,在给定的转差频率 $\omega_{sl}$ 下,电机转矩与气隙磁通的平方成正比。当 $\omega_{sl}$ 较小时,式(6 – 17)中的 $\omega_{sl}$ 的平方项可以忽略,电机转矩与转差频率 $\omega_{sl}$ 成正比。

如果对式(6 – 17)中的 $\omega_{sl}$ 求导并使之等于 0,可求得最大转矩时的转差频率 $\omega_{slm}$ 为

$$\omega_{slm} = \pm \frac{R_r}{L_{lr}} \tag{6 – 18}$$

式中:正、负号分别对应于电机工作状态和发电机工作状态。

将式(6 – 18)的结果代入式(6 – 17)可得电机工作状态下的最大转矩为

$$T_{em} = m_s p_n \left(\frac{E_g}{\omega_e}\right)^2 \frac{1}{2L_{lr}} \tag{6 – 19}$$

由式(6 – 19)可知当气隙磁通保持一定时,电机的最大转矩只与转子漏感 $L_{lr}$ 成反比,而与其他参数无关。就确定的电机来说,$L_{lr}$ 可视为常数;因此在对电机采用恒磁通控制时,电机的最大转矩保持不变。

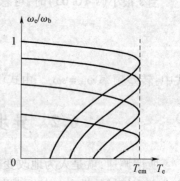

图 6 – 4 恒磁通控制时异步
电机机械特性曲线

根据式(6 – 17)可求出采用恒磁通控制方式在不同供电频率下异步电机的机械特性曲线,如图 6 – 4 所示。图中 $\omega_b$ 为基本频率(即额定频率),简称基频。

由式(6 – 17)可知,如果在任意供电频率下都保持气隙磁通不变,则异步电机的转矩 $T_e$ 独立于供电频率 $\omega_e$(或 $f_e$),只与转差频率 $\omega_{sl}$ 有关,因此如图 6 – 4 所示,在不同供电频率下的机械特性曲线的形状是同样的,为一组平行的曲线。恒磁通控制是在基频以下控制,适用于恒转矩负载的调速。

## 6.2.2 恒电压—频率比控制(VVVF 系统)

虽然使 $E_g/f_e$ 保持一定的恒磁通控制能在不同供电频率下具有相同的机械特性,充分发挥电机转矩的能力;但感应电势 $E_g$ 既不能被直接检测到,也不是能直接控制的量,使恒磁通控制不便于实际应用。从图 6 – 1 的等效电路可以看到,当定子阻抗的压降比较小时,可以认为 $U_s \approx E_g$,因此当电压频率比 $U_s/f_e$ 保持一定时,可以近似认为气隙磁通不变。根据式(6 – 13)可求出在恒电压频率比控制方式下,不同供电频率时异步电机的机械特性曲线,如图 6 – 5 实线所示。

由图6-5中可以看出,最大转矩随定子频率的降低而变小,在频率低到基频(额定频率)的10%以下时,最大转矩减少了很多,这是由于定子电阻压降的影响使气隙磁通减少的结果。在整个频率变化的范围里,额定电流下的定子电阻压降是同样的;相对于额定频率来说,低频时定子电阻压降在定子电压中所占的份额大大增加了。例如频率为基频的10%时,额定电流下的定子电阻压降约为所加电压的40%,此时已不能认为 $U_s \approx E_g$了。为了提高电压频率比控制在低频时的带载能力,可以适当提高定子电压 $U_s$ 来补偿定子压降,达到图6-5虚线所示的效果。这种恒电压频率比控制常用于简单的开环控制系统。

恒电压频率比控制,由于低频时,$U_s$ 和 $E_g$ 都较小,定子电阻和漏感压降所占的份量比较显著,不能在忽略。这时,可以人为地把定子电压 $U_s$ 抬高一些,以便近似地补偿定子阻抗压降,称做低频补偿,也可称作低频转矩提升。带定子电压补偿的恒压频比控制特性为图6-6中的 $b$ 线,无补偿的控制特性则为 $a$ 线。实际应用时,如果负载大小不同,需要补偿的定子电压也不一样,通常在控制软件中备有不同斜率的补偿特性,以供用户选择。

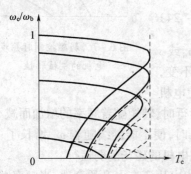

图6-5 恒电压—频率比控制时
异步电机的机械特性

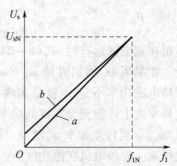

图6-6 恒电压频率比控制特性
a—无补偿; b—带定子电压补偿。

### 6.2.3 弱磁控制

前面两小节的目标是通过同时调节定子电压和频率来建立恒定的气隙磁通,在调速范围内达到恒转矩的特性。但当频率上升到基频后,定子电压受到电机额定电压的限制而不能进一步提高。因此当电机运行高于基频的速度时,只能保持定子电压不变而增加定子频率,此时电压频率比随之降低,即电机运行于磁场被削弱的工况下,转矩能力也随着频率的增加而减弱。

当电机运行于高频弱磁区时,励磁电流较小,漏抗与定子电阻相比较大,因此在图6-1的等效电路中忽略励磁电感 $L_m$ 和定子电阻 $R_s$ 所造成的误差很小。此时,可将式(6-13)中电机转矩的 $R_s$ 项略去,得

$$T_e = m_s p_n \left( \frac{U_s}{\omega_e} \right)^2 \frac{\omega_{sl} R_r}{R_r^2 + \omega_{sl}^2 (L_{ls} + L_{lr})^2} \qquad (6-20)$$

对式(6-20)中的转差频率 $\omega_{sl}$ 求导并使之等于0,可求得最大转矩时的转差频率 $\omega_{slm}$ 为

$$\omega_{slm} = \pm \frac{R_r}{L_{ls} + L_{lr}} \tag{6-21}$$

将式(6-21)的结果代入式(6-20)可得电机工作状态下的最大转矩为

$$T_{em} = m_s p_n \left(\frac{U_s}{\omega_e}\right)^2 \frac{1}{2(L_{ls} + L_{lr})} \tag{6-22}$$

由式(6-21)和式(6-22)可知,$\omega_{slm}$ 与 $\omega_e$ 无关,而 $T_{em}$ 与 $\omega_e^2$ 成反比。由式(6-20)可得异步电机在弱磁控制时对应不同定子频率的一组机械特性曲线,如图6-7所示。

当转差率 $s$ 很小时,可以忽略式(6-20)分母中含 $\omega_{sl}^2$ 的项,于是有

$$T_e = m_s p_n \left(\frac{U_s}{\omega_e}\right)^2 \frac{\omega_{sl}}{R_r} \tag{6-23}$$

由式(6-7)和式(6-23)可以得到电机通过气隙传递的电磁功率为

$$P_g = \frac{T_e \omega_e}{p_n} = m_s \frac{U_s^2}{R_r} \frac{\omega_{sl}}{\omega_e} = m_s \frac{U_s^2}{R_r} s \tag{6-24}$$

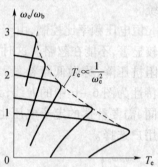

图6-7 弱磁控制时异步电机的机械特性

电机在弱磁区运行时,式(6-24)中只有 $\omega_e$、$\omega_{sl}$ 或 $s$ 是变量。如果当 $\omega_e$ 增加时使 $\omega_{sl} \propto \omega_e$ 或使 $s$ 保持不变,则可保持电磁功率不变,也就是实现了恒功控制,使电机在额定频率之上还能充分发挥其功率。在恒功区运行时,转矩随着频率的增加而减小,且 $T_e \propto (1/\omega_e)$。当转差频率 $\omega_{sl}$ 随 $\omega_e$ 线性增长到 $\omega_{slm}$ 时,便不能继续随着 $\omega_e$ 增长了,恒功区到此结束。异步电机在恒功区的运行相当于直流电机的磁场削弱运行。

如果频率上升到基频后,定子电压和变频器输出电压还有上升的余地,当频率继续上升时,恒功还可以通过保持转差率 $\omega_{sl}$ 不变,调节定子电压使 $U_s \propto \sqrt{\omega_e}$ 来实现。此时由式(6-23)可看出 $T_e \propto (1/\omega_e^2)$,由式(6-24)也可知道 $P_g$ 不变。

通常,当要求电机运行在比恒功区更高的速度时,可以控制电机电压 $U_s$ 和转差频率 $\omega_{sl}$,使它们都保持最大值不变,进一步增加定子频率,此时电机转矩 $T_e \propto (1/\omega_e^2)$。这种高速时的电机特性相当于直流串激电机的机械特性。

### 6.2.4 异步电机电压—频率协调控制

把基频以下的和基频以上两种情况的控制特性画在一起,如图6-8所示。一般认为,异步电机在不同转速下允许长期运行的电流为额定电流,即能在允许温升下长期运行的电流,额定电流不变时,电机允许输出的转矩将随磁通变化。在基频以下运行,电压随频率的增加而增加,为了实现额定转矩保持不变需保持气隙磁通恒定,因此在保持电压—频率比一定的情况下,加入了补偿定子压降的电压;由于磁通恒定,允许输出转矩也恒定,属于"恒转矩调速"方式;在基频以上,电压保持额定不再增加,随着频率增加气隙磁通被削弱,转速升高时磁通减小,允许输出转矩也随之降低,输出功率基本不变,电机运行在弱磁区内的恒功区,属于"近似的恒功率调速"方式。

需要说明的是,并不是电机必须运行在图6-8所示的运行特性上,电机可以稳定运

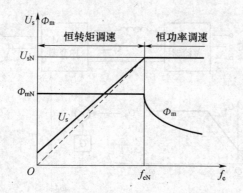

图 6-8　异步电机变压—变频调速的控制特性

行于该特性曲线以下的任意区域。

# 6.3　异步电机的标量控制

标量控制就是只对变量的大小进行控制。在标量控制中,指令信号和反馈信号都是与之所代表的变量成比例的直流量,由于异步电机是个非线性、多变量、强耦合的控制对象,定子电压、频率都会影响到电机的磁通和转矩,而标量控制方法不能将这种变量之间的耦合作用分开。标量控制是相对于矢量控制而言的,矢量控制对变量的大小相位同时进行控制。虽然标量控制的动态性能较差,但由于其结构简单、容易实现,因此还得到了广泛的应用。本节将对电机转速开环的恒压频比控制和转速闭环的控制进行说明。

## 6.3.1　转速开环的恒压频比控制

转速开环控制可以省去速度、磁通等传感器,由于其简单、成本低,所以异步电机的转速开环的恒压频比控制至今仍是应用得最广泛的一种调速方法。它适用于对于动态性能要求不高的单电机或多电机的驱动。下面具体介绍两个控制系统以说明恒压频比控制的系统构成和原理。

1. PWM 电压型逆变器转速开环恒压频比控制系统

图 6-9 所示为使用 PWM 电压型逆变器的异步电机转速开环恒压频比控制的图。该系统的主电路由二极管整流器、LC 滤波器和 PWM 型逆变器组成,负载为三相交流异步电机。

忽略相对较小的转差频率 $\omega_{sl}$,可以认为 $\omega_e^*$ 近似等于电机速度 $\omega_r$,因此电机的速度可由速度指令 $\omega_e^*$ 控制,$\omega_e^*$ 同时也就是逆变器的频率指令。为了使磁通保持一定,电压指令 $U_s^*$ 要与频率成正比变化,图 6-9 中电压指令由频率指令经过增益 $G$ 产生,考虑到低速时定子电阻压降对磁通的影响,要在低频时对恒压频比产生的定子电压进行补偿,图中 $U_0$ 就是这个电压补偿量。$U_0$ 的大小应根据实际需要来定,对于没有特殊散热措施的电机来说,由于低速时电机自身的风扇散热效果变得很差,因此使用过高的 $U_0$ 并长时间在低速下运行会使电机过热。如果电机的负载是风扇,低速时的负载转矩很小,此时不加电压补偿也可以。现代商用逆变器一般都具有对压频比和电压补偿可编程的功能,以适

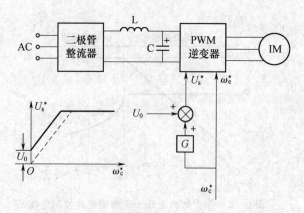

图6-9 使用PWM电压型逆变器的异步电机转速开环恒压频比控制

应不同的电机和不同的应用要求。产生的频率指令 $\omega_e^*$ 和电压指令 $U_s^*$ 交给 PWM 逆变器,来控制逆变器输出的频率和电压。

假设图6-9所示的系统稳定工作在某一转速和转矩下,此时若想将转速提高,可以提高频率指令 $\omega_e^*$,由于系统的机械时间常数远大于电气时间常数,因此在提高频率的很短时间内可以认为电机转速 $\omega_r$ 保持不变,这时提高 $\omega_e^*$,即使转差频率 $\omega_{sl}$ 增大,这就意味着电机的转矩增加了,打破了电机和负载间原有的转矩平衡,使电机加速。如果继续提高电机 $\omega_e^*$,维持较高的转差频率 $\omega_{sl}$,始终使电机转矩大于负载转矩,则电机继续被加速。直至电机加速到所需的速度时,不再需要提高 $\omega_e^*$,转差频率 $\omega_{sl}$ 降到原来稳定工作时的水平,在此时的速度下电机转矩和负载转矩达到新的平衡,加速过程结束。

使电机减速的过程与加速过程相仿,可以降低 $\omega_e^*$,使转差频率 $\omega_{sl}$ 变为负值,即定子频率低于转子频率,此时电机产生与电机旋转方向相反的制动转矩,电机在此作用下开始减速。继续降低 $\omega_e^*$,维持转差频率 $\omega_{sl}$ 为负值,可使电机继续减速,直到不再降低 $\omega_e^*$,电机转矩和负载转矩在较低的速度下达到新的平衡,减速过程结束。

由于是转速的开环控制,因此在加减速的过程中不可使 $\omega_e^*$ 增减过快,因为转差频率 $\omega_{sl}$ 超过了最大转矩对应的转差频率有可能造成失速。实际控制系统中可对定子电流进行检测,根据定子电流的大小来控制 $\omega_e^*$ 的增减,以使转差频率不至于过大。

2. 电流型逆变器异步电机转速开环恒压频比控制系统

一个使用电流型逆变器的异步电机转速开环恒压频比控制的框图如图6-10所示。该系统的主电路由相控整流器、滤波电感和电流型逆变器组成。正如电压型逆变器有电流控制模式一样,电流型逆变器也有电压控制模式。图6-10所示的电流型逆变器就是电压控制模式,加有输出电压控制闭环,同时保证了电流型逆变器容易实现再生制动和四象限运行以及上下桥壁发生贯穿短路时开关元件不易损坏的特点。

图6-10中电流型逆变器的频率指令即速度指令 $\omega_e^*$,由速度指令 $\omega_e^*$ 产生的输出定子电压指令 $U_s^*$ 与 $\omega_e^*$ 成正比。经过整流、滤波得到的实际定子电压 $U_s$ 与定子电压指令 $U_s^*$ 进行比较,其误差经过电压调节器产生直流环节的电流指令 $I_d^*$。该控制系统中有控制直流环节的电流内环,检测到的直流环节 $I_d$ 与指令 $I_d^*$ 进行比较,其误差经过电流调节器产生控制相控整流器的相控信号。这里通过控制电流型逆变器的电流使输出电压满足

压频比一定的要求,如果低速时要对定子电压进行补偿,可以很容易地将补偿电压加在生成 $U_s^*$ 的过程中。

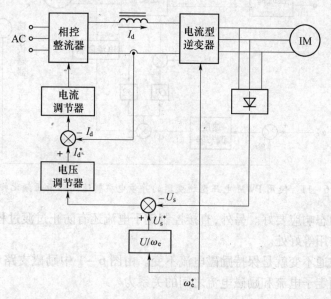

图 6 - 10  使用电流型逆变器的异步电机转速开环恒压频比控制

## 6.3.2  转速闭环的控制

对于开环的速度控制系统来说,即使缓慢、平滑地增加负载转矩也会使转差频率增加,电机转速下降,负载转矩的突然变化更会使电机转速波动。如果不能容忍这种较差的静态、动态特性,可以采用转速闭环来改善系统的速度调节性。转速闭环控制的静态特性肯定优于开环控制。转速的闭环调节还可以使整个调速范围的调速性能一致,改善系统的稳定性。

1. 转速闭环的恒压频比控制

图 6 - 11 为一个使用 PWM 电压型逆变器的转速闭环恒压频比控制图。图 6 - 11 中速度指令 $\omega_r^*$ 与速度传感器检测到的实际速度 $\omega_r$ 相比较,速度误差经过速度调节器给出了逆变器的电压和频率指令。要想体现转速闭环控制的优越性,速度调节器必须设计好。在产生电压和频率指令时,还加入了电流限制信号,它只在电流超出限制值时才起作用。这样,当速度指令突然增加时,电机电流迅速上升到电流限制值,由于电流限制信号的作用使逆变器的电压和频率指令能逐步增长,不至于使转差频率超过最大转矩对应的转差频率 $\omega_{slm}$。电机在电流限制的控制下以恒转矩加速,直至到达设定的速度。

2. 转速闭环的转差频率控制

提高速度控制系统的动态响应主要是通过控制电机的转矩从而改变来 $d\omega/dt$ 实现的。由式(6 - 14)可知,如果气隙磁通不变,在转差频率很小时,电机的转矩与转差频率成正比,因此可以控制转差频率来控制电机转矩。但这里有一个必须保持气隙磁通不变的前提条件。控制气隙磁通可以通过控制电压频率比来实现,也可以通过控制定子电流来实现。直接控制定子电流可以快速、有效地控制定子磁势波的幅值和空间的相位,比控

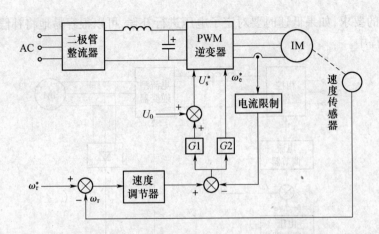

图 6-11　使用 PWM 电压型逆变器的异步电机转速闭环恒压频比控制

制定子电压的动态响应要好。另外,直接控制定子电流还有防止过渡过程的浪涌电流、起到短路保护的作用等好处。

保持气隙磁通不变就是保持励磁电流不变。由图 6-1 中励磁支路和转子支路的阻抗关系可以得到定子电流和励磁电流之间的关系为

$$I_{\mathrm{m}} = I_{\mathrm{s}} \frac{\dfrac{R_{\mathrm{r}}}{s} + \mathrm{j}\omega_{\mathrm{e}}L_{\mathrm{lr}}}{\dfrac{R_{\mathrm{r}}}{s} + \mathrm{j}\omega_{\mathrm{e}}(L_{\mathrm{lr}} + L_{\mathrm{m}})} = I_{\mathrm{s}} \frac{R_{\mathrm{r}} + \mathrm{j}\omega_{\mathrm{sl}}L_{\mathrm{lr}}}{R_{\mathrm{r}} + \mathrm{j}\omega_{\mathrm{sl}}(L_{\mathrm{lr}} + L_{\mathrm{m}})} \qquad (6-25)$$

即

$$I_{\mathrm{s}} = I_{\mathrm{m}} \sqrt{\frac{R_{\mathrm{r}}^2 + \omega_{\mathrm{sl}}^2(L_{\mathrm{sl}} + L_{\mathrm{m}})^2}{R_{\mathrm{r}}^2 + \omega_{\mathrm{sl}}^2 L_{\mathrm{sl}}^2}} \qquad (6-26)$$

因此,当励磁电流 $I_{\mathrm{m}}$ 不变时,根据式(6-26)中定子电流 $I_{\mathrm{s}}$ 和转差频率 $\omega_{\mathrm{si}}$ 之间有图 6-12 所示的关系。

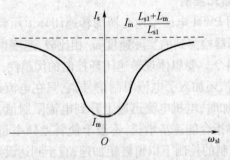

图 6-12　当励磁电流 $I_{\mathrm{m}}$ 不变时定子电流 $I_{\mathrm{s}}$ 和转差频率 $\omega_{\mathrm{si}}$ 之间的关系

当 $\omega_{\mathrm{sl}} = 0$ 时,定子电流就等于励磁电流;定子电流的大小与转差频率 $\omega_{\mathrm{si}}$ 的符号无关。可见只要按照图 6-12 所示的关系来调节定子电流就能保持励磁电流即气隙磁场的恒定,这样就能保证在 $\omega_{\mathrm{sl}} < \omega_{\mathrm{slm}}$ 时,转差频率与电机转矩成正比。

图 6-13 为一个使用电流型逆变器的转速闭环转差频率控制图。图 6-13 中速度指

令 $\omega_r^*$ 与速度传感器检测到的实际速度 $\omega_r$ 相比较,速度误差经过速度调节器给出了转差频率指令 $\omega_{sl}^*$。这里速度调节器同样具有限幅功能,因此保证转差频率指令 $\omega_{st}^* < \omega_{slm}$。转差频率加上检测到的电机转速产生频率指令 $\omega_e^*$ 提供给电流型逆变器。同时转差频率指令 $\omega_{st}^*$ 经过函数发生器产生电流型逆变器的电流指令 $I_d^*$,函数发生器输出和输入的关系就是图 6-12 所示的关系(当励磁电流 $I_m$ 不变时,定子电流 $I_s$ 和转差频率 $\omega_{sl}$ 之间的关系)。因为电流型逆变器的直流环节电流 $I_d$ 与定子电流 $I_s$ 成正比,所以控制 $I_d$ 就是控制 $I_s$,以上的函数关系保证了能够用控制转差频率来控制电机转矩时气隙磁通不变。将电流指令 $I_d^*$ 和实际电流 $I_d$ 比较,得到的电流误差经过电流调节器产生相控整流器的控制信号,构成控制逆变器电流的内环。

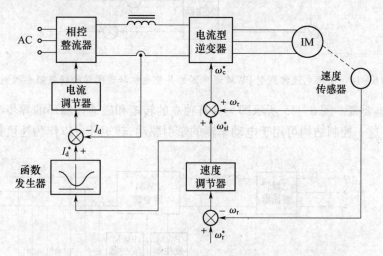

图 6-13　使用电流型逆变器的异步电机转速闭环转差频率控制

　　图 6-14 所示为一个使用电流控制型 PWM 逆变器的异步电机转速闭环转差频率控制的框图。所谓电流控制型 PWM 逆变器是 PWM 电压型逆变器及外加三相电流控制闭环的合称,并非另一种逆变器。图 6-14 中转差频率指令 $\omega_{sl}^*$ 和频率指令 $\omega_e^*$ 的产生与图 6-13 完全相同。转差频率指令 $\omega_{sl}^*$ 经过函数发生器产生定子电流指令 $I_s^*$,函数发生器输出和输入的关系就是图 6-12 所示的关系(当励磁电流 $I_m$ 不变时,定子电流 $I_s$ 和转差频率 $\omega_{sl}$ 之间的关系)。有了定子电流大小和频率的指令 $I_s^*$ 和 $\omega_e^*$,通过参考波形发生器就可以产生三相定子电流指令 $i_a^*$、$i_b^*$ 和 $i_c^*$。$i_a^*$、$i_b^*$ 和 $i_c^*$ 就是提供给电流控制型 PWM 逆变器的电流指令,实际的三相定子电流就由电流控制型 PWM 逆变器的电流闭环控制来调节。

　　3. 具有独立的转矩和磁通控制环的转速闭环控制

　　在图 6-13 和图 6-14 中,气隙磁通是靠与转差频率指令 $\omega_{sl}^*$ 有一定函数关系的定子电流 $I_s$ 来间接控制的。磁场饱和、温度变化等原因会使电机参数发生变化,原有的函数关系无法适应这些变化,因此会造成气隙磁通发生明显的改变。另外,采用恒压频比控制时,输入电压的变化、不适当的压频比、定子压降随电流不同产生的变动以及电机参数的变化都可能使气隙磁场饱和或削弱。总之,气隙磁通的改变会使转矩对于转差频率控制的响应变差,即动态性能变差。因此,磁通的准确控制和响应快速的转矩控制是实现高性

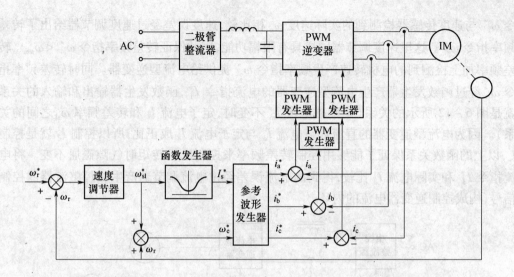

图 6-14   使用电流控制型 PWM 逆变器的异步电机转速闭环的转差频率控制

能驱动的基本要素。图 6-15 所示即为具有独立的转矩和磁通控制环的异步电机转速闭环控制系统,这一控制结构可用于电动车辆的牵引驱动,转矩环可以作为速度控制或位置控制的内环。

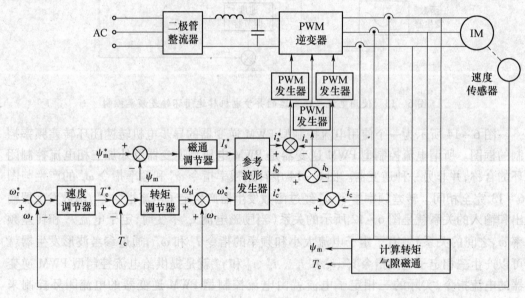

图 6-15   具有独立转矩和磁通控制环的异步电机转速闭环控制系统

在图 6-15 中,转矩和气隙磁通的反馈信号 $T_e$ 和 $\psi_m$ 由电机的端电压和电流计算得到,计算得到的气隙磁通与气隙磁通指令 $\psi_m^*$ 比较,其误差经过磁通调节器产生定子电流指令 $I_s^*$。转矩指令 $T_e^*$ 与计算得到的转矩 $T_e$ 比较,其误差经过转矩调节器产生转差频率指令 $\omega_{sl}^*$,$\omega_{sl}^*$ 与检测到的电机转速 $\omega_r$ 相加得到频率指令 $\omega_e^*$。有了定子电流大小和频率的指令 $I_s^*$ 和 $\omega_e^*$,通过参考波形发生器就可以产生三相定子电流指令 $i_a^*$、$i_b^*$ 和 $i_c^*$,接下去的工作就可以交给电流控制型 PWM 逆变器去完成了。

148

值得注意的是,图6-15中虽然具有独立的转矩和磁通控制环,但并不能认为这样做就能达到直流电机分别对转矩和磁通进行控制时的动态性能。其原因包括两方面。首先是图6-15中对转矩和磁通的控制并没有做到解耦控制,例如,当调节磁通时,定子电流的大小变化除了对磁通起作用之外,对于转矩也会产生影响;同样,当增加转差频率来增加转矩时,磁通也会减少。其次,这里对于定子电流的控制仍是标量控制,即仅仅是对幅度的控制,没有对其相位进行控制,要提高系统的动态性能,不但电流幅度的变化要跟得上,电流的相位也得要跟得上才行。如果追求异步电机调速系统的动态性能,异步电机的稳态模型就不能满足要求了,其理论必须建立在异步电机的动态模型之上。

# 6.4 变频器及其典型应用

异步电机变频调速需要电压与频率均可调的交流电源,常用的交流可调电源是由电力电子器件构成的静止式功率变换器,一般称为变频器。变频器结构如图6-16所示,按变流方式可分为交—直—交变频器和交—交变频器两种。交—直—交变频器先将恒压恒频的交流电整成直流,再将直流电逆变成电压与频率均为可调的交流,称作间接变频;交—交变频器将恒压恒频的交流电直接变换为电压与频率均为可调的交流电,无需中间直流环节,称作直接变频。这里只介绍交—直—交变频器的应用。

早期的变频器由 SCR 组成,SCR 属于半控制器件,不能通过门极关断 SCR,需要强迫换流装置才能实现换相,故主回路结构复杂。此外,晶闸管的开关速度慢,变频器的开关频率低,输出电压谐波分量大。全控制器件通过门极控制既可使其开通又可使其关断,该类器件的开关速度普遍高于晶闸管,用全控制器件构成的变频器具有主回路结构简单、输出电压质量好的优点。常用的全控制器件有电力场效应晶体管(Power – MOSFET)、IGBT 等。

现代变频器中用得最多的控制技术是脉冲宽度调制技术。

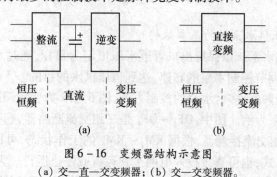

图6-16 变频器结构示意图

(a) 交—直—交变频器;(b) 交—交变频器。

## 6.4.1 交—直—交 PWM 变频器主回路

常用的交—直—交 PWM 变频器主回路结构如图6-17所示,左边是不可控整流桥,将三相交流电整流成电压恒定的直流电压;右边是逆变器,将直流电压变换为频率与电压均可调的交流电;中间的滤波环节是为了减小直流电压脉动而设置的。这种主回路只有一套可控功率级,具有结构简单、控制方便的优点,采用脉宽调制的方法,输出谐波分量小,其缺点是当电机工作在回馈制动状态时能量不能回馈至电网。目前,有高性能的变频器,其整流部分使用全控型器件,能在电机制动时将能量回馈电网,并能提高功率因数。

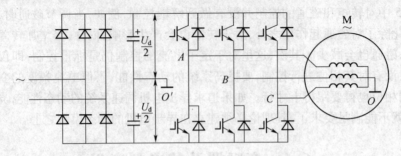

图6-17 交—直—交 PWM 变频器主回路结构图

对于大功率的中、高压变频器可用多电平的 PWM 逆变器,鉴于篇幅限制,在此不作讨论,读者可参阅相关文献。

## 6.4.2 变频调速在恒压供水系统中的应用

交流异步电机的变频调速,既能满足生产机械工艺上的调速要求,同时也是一个高效节能的技术,特别是对风机泵类的负载,使用变频器后,节能效果极为显著。下面介绍变频调速在水泵控制上的应用。

变频调速恒压供水系统能根据用水量的大小自动调节水泵电机的转速、增加或减少投入运行的水泵数量,以保持供水压力的恒定。变频调速恒压供水系统不仅解决了老式屋顶水箱供水方式带来的水质二次污染问题,而且对水泵、电机起到了很好的保护作用,有效地、显著地降低了能量的损耗。变频启动、制动避免了电机在启动、制动过程中对电网、水泵和供水管道与其他设备的冲击作用。因此,变频调速恒压供水系统逐步被应用于城市自来水管网系统、住宅小区生活消防水系统、楼宇中央空调冷却循环水系统。

1. 变频调速恒压供水系统的基本结构

变频调速恒压供水系统以保持出口管道水压恒定为目标,通过水压的给定值和实际值的偏差,利用 PID 调节控制水泵的转速,达到恒压供水的目的。

通常采用一台变频器、多台水泵的控制方式,图6-18 为变频调速恒压供水系统主回路结构图,以三台水泵为例。图中,$QF_1 \sim QF_4$ 是三相交流断路器,起开关及过电流保护作用,$KM_1 \sim KM_6$ 是三相交流接触器,根据 $KM_1 \sim KM_6$ 的工作状态,可以使水泵由变频器供电运行在变频工作方式,也可直接投入电网工频运行或停止运行。为了保证系统安全,避免变频器输出与电网短路,$KM_1$ 和 $KM_2$ 必须具有互锁作用,即不允许两个接触器同时闭合,对于 $KM_3$、$KM_4$、$KM_5$ 和 $KM_6$ 也同样如此。变频器采用转速开环电压频率协调控制方式,其容量按一台水泵的额定功率选择,若三台水泵的额定功率不同,则按功率最大的选取。这样做的好处是降低系统的投资,提高恒压供水系统的性价比。为了避免变频器过载,$KM_1$、$KM_3$、$KM_5$ 也应具有互锁作用。

图6-19 是变频调速恒压供水系统控制器结构图,将水压的给定值和实际值送入调节器,根据水压的偏差,进行 PID 调节,改变水泵电机的转速,达到恒压供水的目的。可编

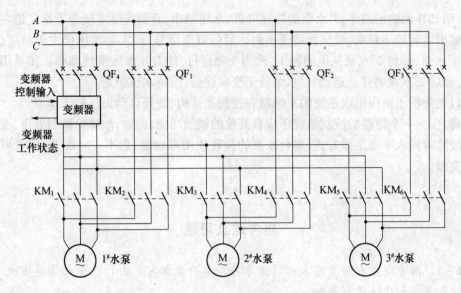

图 6 - 18    变频调速恒压供水系统主回路结构图

程逻辑控制器 PLC 根据调节器、变频器和接触器的工作状态进行逻辑运算和判断,控制变频器和交流接触器 KM₁ ~ KM₆ 的运行。

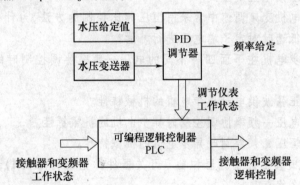

图 6 - 19    变频调速恒压供水系统控制器结构图

2. 变频调速恒压供水系统的控制原理

图 6 - 18 所示恒压供水系统,有一台水泵运行在变频工作方式,而其他水泵则根据水压的要求直接投入电网工频运行或停止运行。

假定当前状态为 1# 水泵工作在变频方式,2# 和 3# 水泵停止运行,KM₁ 闭合,KM₂ ~ KM₆ 断开。若实际水压低于给定值,则 PID 的输出增加,1# 水泵的转速提高,出水口水压提高,直到实际水压等于给定值。若用水量较大,变频器输出达到工频时,变频器将送出到达最高频率信号,而实际水压仍未达到给定值,则断开 KM₁,闭合 KM₂,将 1# 水泵投入电网工频运行;然后,闭合 KM₃,启动 2# 水泵,投入变频运行,使实际水压继续提高,直到达到平衡。如果 2# 水泵输出达到工频后,实际水压仍未达到给定值,再将 2# 水泵投入电网工频运行,并启动 3# 水泵。

反之,若 3# 水泵工作在变频方式,1# 和 2# 水泵投入电网工频运行,当实际水压大于给

151

定值,则 PID 的输出减小,3#水泵的转速降低,水压减小,直到实际水压等于给定值。若变频器输出达到最小频率,变频器将送出到达最低频率信号,而实际水压仍大于给定值,则停止 3#水泵,并将 2#水泵从电网撤下,改为变频运行,使实际水压继续减小。如果用水量很小,最后 2#水泵将停止运行,1#水泵处于变频运行,维持水压恒定。

以上分析了恒压供水系统的主回路和控制器结构、变频自动恒压的工作原

理,作为一个完整的控制系统还应有其他的辅助功能,例如,故障诊断与处理,变频器出现故障时投入手动工作方式,多台水泵的循环使用等功能,恕不一一展开,读者可参阅相关文献。

## 思考题及习题

**6 - 1** 异步电机有哪些基本的调速方法? 其特点如何? 为什么变频调速方式 能获得快速的发展和广泛的应用?

**6 - 2** 异步电机在额定电压和频率情况下,机械特性曲线是怎样的? 在这一特性曲线的不同速度区间,电机有着怎样不同的工况?

**6 - 3** 简述恒压频比控制方式。

**6 - 4** 在异步电机变频调速中常采用恒压频比控制的方法,为什么要采用这种控制方法? 为什么要在低速时对定子端电压进行补偿?

**6 - 5** 简述异步电机在下面四种不同的电压—频率协调控制时的机械特性并进行比较:

(1)恒压恒频正弦波供电时异步电机的机械特性。

(2)基频以下电压—频率协调控制时异步电机的机械特性。

(3)基频以上恒压变频控制时异步电机的机械特性。

**6 - 6** 采用二极管不控整流器和功率开关器件脉宽调制(PWM)逆变器组成的交—直—交变频器有什么优点?

**6 - 7** 交流 PWM 变换器和直流 PWM 变换器有什么异同?

**6 - 8** 异步电机变频调速时,为何要电压协调控制? 在整个调速范围内,保持电压恒定是否可行? 为何在基频以下时,采用恒压频比控制,而在基频以上保持电压恒定?

**6 - 9** 异步电机变频调速时,基频以下和基频以上分别属于恒功率还是恒转矩调速方式? 为什么?

**6 - 10** 在转速开环变压变频调速系统中需要给定积分环节,论述给定积分环节 的原理与作用。

**6 - 11** 请你到网上查找任意型号的通用变频器(中小容量)资料,用它与异步电机组成一个转速开环恒压频比控制的调速系统,然后说明该系统的工作原理。

**6 - 12** 试画图分析转速闭环的恒压频比控制的工作原理。

# 第7章 高频开关电源

## 7.1 概 述

开关电源是采用功率半导体器件作为开关元件,通过周期性地控制开关元件的通断时间或通断的频率来调整或维持输出电压恒定的装置。开关电源的输入可以是直流也可以是交流。电源是所有电气设备必不可少的动力源,只要用电就离不开电源。标志电源特性的参数有功率、电压、频率、噪声及带负载时参数的变化等,涉及线性反馈、数字控制、变频调节、脉冲宽度调制技术、移相谐振、功率因数校正、驱动保护、传感采样、滤波、电磁兼容等技术。在同一参数要求下,又有体积、质量、形态、效率、可靠性等指标,因此电源的种类很多。本章着重介绍开关电源的基本拓扑结构和工作原理、主控元器件的特性、软开关等技术的发展及开关电源的一些应用。

### 7.1.1 开关电源的构成和发展方向

开关电源的构成框图如图 7-1 所示,由输入电路、功率变换电路、输出电路和控制电路几部分组成。输入电路包括线路滤波器、浪涌电流抑制电路及整流电路。功率变换电路是开关电源的核心部分,主要由开关电路和变压器组成。

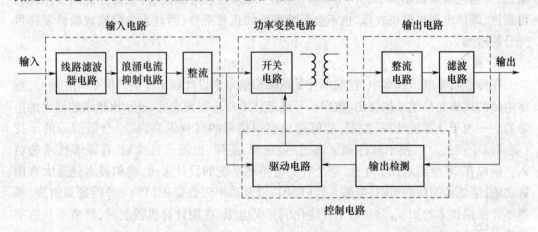

图 7-1 开关电源组成结构框图

开关电路的驱动方式分为自激式和他激式两种;功率变换电路分为非隔离型、隔离型和谐振型等;开关变压器因是高频工作,其铁芯通常采用铁氧体磁芯或非晶合金磁芯;开关晶体管通常采用开关速度高、导通和关断时间短的元件。最典型的功率开关管有GTR、MOSFET 和 IGBT 等。开关元件的导通控制方式分为脉宽调制、脉频调制、脉宽和脉频混合调制等,其中最主要的是 PWM。

控制电路主要作用是向驱动电路提供矩形脉冲列,控制脉冲的宽度,从而达到改变输出电压的目的。

输出电路是将高频变压器二次绕组输出的方波电压整流成单向脉动直流,并将其平滑滤波成设计要求的低纹波直流电压。

高频化、小型化、模块化、数字化、信息化及绿色电源是开关电源的重要发展方向。在电力电子技术的各种应用系统(如逆变焊机、通信电源、高频加热电源、激光器电源、电力操作电源等)中,开关电源技术始终处于核心地位。对于大型电解电镀电源,传统的装置非常庞大而笨重,如果采用高频开关电源,其体积和重量都会大幅度下降,而且可提高电源效率、节省材料、降低成本。

1. 高频化

高频化是小型化和模块化的基础。理论分析和实践经验表明,电气产品的变压器、电感和电容的体积重量与供电频率的平方根成反比。由于功率电子器件工作频率上限的逐步提高,目前开关频率达到数兆赫的开关电源已有使用,从节能、节约原材料方面带来显著的经济效益。

2. 模块化

模块化有两方面的含义。其一是指功率器件的模块化,其二是指电源单元的模块化。模块化的目的不仅在于使用方便、缩小整机体积,更重要的是取消传统连线,把寄生参数降到最小,从而把器件承受的电应力将至最低,提高系统的可靠性。另外,大功率的开关电源,一般采用多个独立的模块单元并联工作,并采用均流技术,所有模块共同分担负载电流,一旦其中某个模块失效,其他模块再平均分担负载电流。这样,不但提高了功率容量,而且通过增加功率很小的(相对整个系统来说)冗余电源模块,极大地提高了系统的可靠性,即使出现单模块故障,也不会影响系统的正常工作,而且为故障模块的修复提供充分的时间。

3. 数字化

在传统功率电子技术中,控制部分是按模拟信号来设计和工作的。但是现在信号、数字电路的优势变得越来越突出,数字信号处理技术日趋完善成熟,显示出越来越强大的生命力——便于计算机处理、控制,能够避免模拟信号的畸变失真,减小杂散信号的干扰(提高抗干扰能力),便于软件调试和遥感、遥测、遥调,也便于自诊断、容错等技术的植入。所以在 20 世纪八九十年代,对于各类电路和系统的设计来说,模拟技术还是大有用武之地,诸如印制版的布图、电磁兼容(EMC)以及功率因数修正(PFC)等问题的解决,都离不开模拟技术的知识,但是对于智能化的开关电源,在用计算机控制时,就离不开数字化技术了。

4. 绿色化

电源系统的绿色化有两层含义。首先是显著节电,这意味着发电容量的降低,减少了对环境的污染;其次这些电源不能(或少)对电网产生污染。事实上许多电力电子的用电设备,往往就是对电网的污染源,如向电网注入高次谐波电流,使得供电系统总功率因数下降。20 世纪末,各种有源滤波器和有源补偿器的诞生,有了多种修正功率因数的方法。这些为 21 世纪批量生产各种绿色开关电源产品奠定了基础。

## 7.1.2 开关电源的技术动向

### 1. 低待机损耗电源

电视机、VCD 等家用电器及传真机、复印机等办公设备在没有使用时，并不是完全切断电源。实际上，从交流电源插头接通的一刻起，它们就不停地在消耗电力，这就产生了待机损耗问题。一台电器设备的待机损耗一般只有几瓦，但大量的电器设备 24h 不间断的通电，这个总和就是一个不容忽视的数字。据统计，一台传真机所消耗的功率中有 98% 是待机损耗。在全球气候变暖问题日益凸显的今天，削减待机损耗更是电源研究者们的一个重要课题。经过调查发现，开关电源处于待机状态时，损耗主要是开关损耗、铁芯损耗、IC 的损耗、辅助电源的损耗等。削减待机损耗就要从这几个方面入手。

开关损耗与电源的工作频率 $f_s$ 成正比，因此可以设法当电源输出功率变小乃至于进入待机状态时，使电源的工作频率 $f_s$ 降低。现在已有一些集成电路可以达到这个目的（如富士电机的控制 IC FA3641）。输出负载变小，IC 的反馈端电压下降以减小占空比，这是一个反馈控制过程。当反馈端电压下降到一定值时，IC 使其内部振荡器的频率线性下降，结果降低了 $f_s$。另外，当电源处于待机状态时，使之自动进入间歇振荡控制模式，也可以减小开关损耗。在元器件选用时，还应尽量选用功耗较小的 IC，及驱动功率较小的开关管。

### 2. 高次谐波电流的抑制

一般的开关电源都为电容输入型，这种输入电路的电流波形成脉冲状，在这种脉冲状的电流里面，除了 50Hz 基波分量外，还含有 100Hz、150Hz、200Hz、250Hz 等高次谐波，尤其是奇次谐波占有相当的比例。这些高次谐波电流并没有被电源所转化，而是全部被返回到电网中，造成音响设备、电话网的噪声。大量的高次谐波电流使商用正弦电压的波形畸变，由此影响其他电器设备的正常工作。可以说，高次谐波电流在某种意义上与汽车尾气、工厂污水一样也是一种环境污染。抑制高次谐波电流就是设法改变输入整流滤波电路，将输入电流校正为正弦波，有很多方法可以达到这个目的。

### 3. 谐振技术

为了使电源小型化，必须实现高频化。但是开关频率的提高使得开关损耗增加，随之而来的是噪声的增大。减少开关损耗的途径是实现开关管的软开关，谐振电源利用 $L$、$C$ 的谐振周期，当电流或电压经过正弦振荡下降到零时，关闭或开启开关管。前者称为零电流开关（ZCS），后者称为零电压开关（ZVS），它们可以解决上述矛盾。利用谐振技术，电源的效率得到了显著的提高，且大大降低了电磁干扰，工作频率可以高到几兆赫，体积可以做到很小。随着专用控制 IC 的开发，利用谐振技术的软开关开关电源将得到广泛的应用。

### 4. 实现低电压大电流

一些计算机制造商常常需要诸如 3.3V/40A、1.8V/50A、1.2V/60A 输出的 DC/DC 变换器，并要求有较高的转换效率、快速的负载瞬变响应速度。如何根据这些要求提出合理的设计方案呢？输出电压的降低，使得输出整流二极管的功耗在输入功率中所占的比重升高，导致转换效率的下降。如输出为 3.3V/40A 的 DC/DC 变换器，假设输出侧为两个正向压降为 0.55V 的整流二极管，则二极管的功耗就可达 22W。如果采用同步整流技术,用低导通电阻的场效应管代替整流二极管,若两个场效应管的导通电阻为4mΩ,那么它的功率损耗就可以降低至4W~6W。若每只整流二极管处都采用两个场效应管并联来替代,则功耗可进一步降低至2W~3W。理论上,采用多个场效应管并联,可以使功耗趋向于零。多相PWM控制与传统的单相PWM控制相比,增加了一个或多个变换通道,而且每个变换器的相位相对间隔360°/n(n为相数)。这样使得功率平均分配在各通道中,提高了热性能。各个通道的输入、输出电流相互叠加,减小了纹波,降低了电磁干扰,而且可以采用更小型的输出电感和滤波电容,提高了负载的瞬变响应速度。

现代电力电子技术是开关电源技术发展的基础。随着新型电力电子器件和适于更高开关频率的电路拓扑的不断出现,开关电源技术也在实际需求的推动下快速发展。在传统的应用技术下,由于功率器件性能的限制而使开关电源的性能受到影响。为了充分理解各种功率器件的特性,把器件性能对开关电源性能的影响减至最小,新型的电源电路拓扑和新型的控制技术,可使功率开关工作在零电压或零电流的开通与关断状态,从而可大大提高工作效率,提高开关电源的工作效率,并能设计出性能优良的开关电源。

## 7.2 开关电源的基本电路及工作原理

图7-2给出了开关电源的构成框图。交流输入电压经一次整流滤波电路平滑滤波后,将得到的直流电压供给DC/DC变换器,DC/DC变换器由把直流变换为高频交流的逆变器和二次整流滤波电路构成,二次整流滤波电路把高频交流经高速整流管、滤波电感及滤波电容等组成的整流滤波电路变换为直流。逆变器的控制电路由比较电路、放大电路以及控制通/断时间比率的脉冲宽度调制PWM电路等构成。

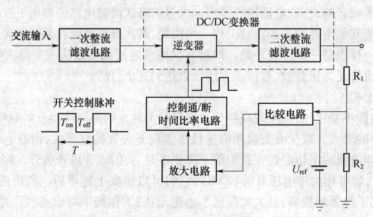

图7-2 开关电源的构成框图

可见,DC/DC变换器是开关电源的核心,是主要的研究对象。它是一种控制开关通/断时间的比例、用电抗器与电容器蓄积能量的电路,还能对断续的波形进行平滑处理,从而更有效地调整功率流。

DC/DC变换器按照电路拓扑可以分为两大类:不隔离的直流变换器和带隔离的直流变换器。两者最基本的功能都是变压,至于隔离与否,则要看使用需求。所以,基本变换器只完成变压的功能,带隔离变压的变换器除完成基本功能外还有输入/输出之间隔离的功能。

不隔离的直流变换器有四种基本的拓扑,它们是降压式(Buck)变换器、升压式(Boost)变换器、升降压式(Buck/Boost)变换器和Cuk变换器等。变换器拓扑一般又可分为输入部分、中间部分和输出部分。也有只含两部分的,如Buck、Boost变换器拓扑只含有输入和输出两个部分,没有中间部分。

有隔离的直流变换器有单管的正激式和反激式,有多管的推挽、半桥、全桥等多种型式的直流变换器。输入部分由电压源(或电流源)、开关组成。电压源不能被短路,电流源不能开路,因此,只有电压源和开关串联、电流源和开关并联这两种拓扑连接才是正确的。通常电流源用电压源串联大电感实现。

中间部分包含一个或多个电感、电容元件,用来存储及转换能量,也就是在一定时间从输入部分吸收并存储能量,在另一时间再将能量传送到输出部分。可以把电感看作电流转换器,电容看作电压转换器(或称缓冲器)。

输出部分包括两种类型的负载电路:电压负载和电流负载。在整流器后直接并联接入输出电容的,称为电压负载;在整流器和输出电容间串联滤波电感的,称为电流负载。只有二极管与电压负载串联,以及二极管与电流负载并联的拓扑才是有效的。

在中间部分,串联支路不能是电流转换器,并联支路不能为电压转换器,中间部分可以没有,也可以有一个或两个转换器,但不多于两个转换器。

由于不隔离的直流变换器降压式(Buck)变换器、升压式(Boost)变换器、升降压式(Buck/Boost)变换器和Cuk变换器在电力电子技术课程中已介绍过,在此不再赘述。下面介绍有隔离的直流变换器正激式和反激式,半桥、全桥的直流变换器。

### 7.2.1 单端正激变换器

#### 1. 主电路拓扑

单端正激变换器实际上是在降压式Buck变换器中插入隔离变压器而成,图7-3给出了正激变换器的主电路拓扑结构。图中,开关管VT按PWM方式工作,$VD_1$是输出整流二极管,$VD_2$是续流二极管,$L$是输出滤波电感,$C$是输出滤波电容,变压器有三个绕组(一次绕组$N_1$,二次绕组$N_2$,复位绕组$N_3$),绕组符号标有"·"号的一端是该绕组的始端。$VD_3$是复位绕组的串联二极管。在实际应用中,复位绕组可用RCD吸收电路取代,吸收电路还可以削去开关管上的部分峰值电压。

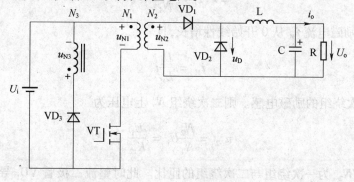

图7-3  正激变换器的主电路拓扑结构

157

### 2. 工作原理

图 7-4 为正激变换器电流连续时的主要波形,其工作原理和基本关系如下。

(1) 在 $[0,T_1]$ 期间,开关管 VT 处于导通状态。$t=0$ 时,开关管 VT 导通,电源电压 $U_i$ 加在一次绕组 $N_1$ 上,即 $u_{N1}=U_i$,故铁芯磁化,铁芯磁通 $\varPhi$ 增长,即

$$N_1\frac{\mathrm{d}\varPhi}{\mathrm{d}t}=U_i \tag{7-1}$$

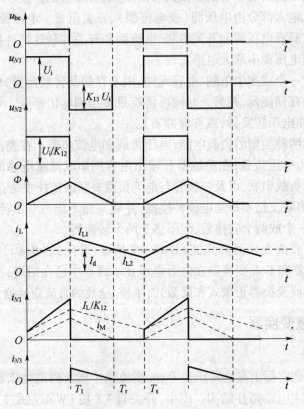

图 7-4 正激变换器电流连续时的主要波形

在此开关状态中,铁芯磁通 $\varPhi$ 增长量为

$$\Delta\varPhi_{(+)}=\frac{U_1}{N_1}D_yT_s \tag{7-2}$$

变压器的励磁电流 $i_M$ 从 0 开始线性增长,且

$$i_M=\frac{U_i}{L_M}t \tag{7-3}$$

式中:$L_M$ 是一次绕组的励磁电感。则二次绕组 $N_2$ 上电压为

$$u_{N2}=\frac{N_2}{N_1}U_i=\frac{U_i}{K_{12}} \tag{7-4}$$

式中:$K_{12}=N_1/N_2$,为一次绕组与二次绕组的匝比。此时整流二极管 VD₁ 导通,续流二极管 VD₂ 截止,滤波电感电流 $i_L$ 线性增加,这与 Buck 变换器中开关管 VT 导通时一样,只是

158

电压为 $\dfrac{U_i}{K_{12}}$,且

$$\frac{\mathrm{d}i_L}{\mathrm{d}t} = \frac{\dfrac{U_i}{K_{12}} - U_i}{L} \tag{7-5}$$

(2) 在 $[T_1, T_r]$ 期间,开关管 VT 处于关断状态。$T_1$ 时刻,关断 VT,一次绕组和二次绕组中没有电流流过,此时变压器通过复位绕组进行磁复位,励磁电流 $i_M$ 从复位绕组 $N_3$ 经过二极管 VD$_3$ 回馈到输入电源中去。则复位绕组上电压为

$$u_{N3} = -U_i \tag{7-6}$$

这样,一次绕组和二次绕组上电压分别为

$$u_{N1} = -K_{13}U_i \tag{7-7}$$

$$u_{N2} = -K_{23}U_i \tag{7-8}$$

式中:$K_{13} = N_1 N_3$,是一次绕组与复位绕组的匝比;$K_{23} = N_2/N_3$,是二次绕组与复位绕组的匝比。此时,整流管 VD$_1$ 关断,滤波电感电流 $i_L$ 通过续流管续流。

(3) 在 $[T_r, T_s]$ 期间,开关管 VT 仍处于关断状态,所有绕组中均没有电流,其中电压均为 0。滤波电感电流继续经过续流管续流。此时加在开关管 VT 上的电压为 $U_{VT} = U_i$。

(4) 正激变换器,其输入电压与输出电压的关系为

$$U_o = D_y \frac{U_i}{K_{12}} \tag{7-9}$$

式中:$D_y$ 为占空比。

在正激变换器中,变压器必须要复位,否则它的磁通将不断增加,最后导致磁芯饱和而毁坏。也就是说,开关管 VT 导通时,磁芯的磁通增量 $\Delta\Phi_{(+)}$ 应该等于关断时磁通的减小量 $\Delta\Phi_{(-)}$。

在 VT 导通、铁芯磁化时,续流二极管 VD$_2$ 上的电压 $U_{VD2}$ 为

$$U_{VD2} = \frac{N_2}{N_1}U_i \tag{7-10}$$

在 VT 截止、铁芯去磁时,整流二极管 VD$_1$ 上的电压 $U_{VD1}$ 为

$$U_{VD1} = \frac{N_2}{N_3}U_i \tag{7-11}$$

电感电流 $i_L$ 的最大值为

$$I_{L1} = I_d + \frac{1}{2} \times \frac{U_{VD2}}{L}D_y T_s = I_d + \frac{U_i}{K_{12}}\frac{1}{2Lf_s} \tag{7-12}$$

$I_{L1}$ 也就是流过 VD$_1$ 和 VD$_2$ 电流的最大值,即

$$I_{VD1\max} = I_{VD2\max} = I_{L1} \tag{7-13}$$

正激变换器也可在电感电流断续条件下工作,这时的二极管反向恢复条件改善,也改善了 VT 的开通条件。

### 7.2.2 单端反激变换器

**1. 主电路拓扑**

图7-5给出了反激变换器的主电路，它由开关管 VT、整流管 $VD_1$、电容 $C$ 和变压器构成。开关管 VT 按 PWM 方式工作。变压器有两个绕组：一次绕组 $N_1$ 和二次绕组 $N_2$，两绕组要紧密耦合。反激变换器由于电路简洁，所用元器件少，适合于多输出场合使用。

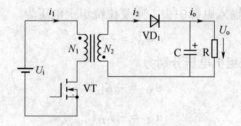

图7-5　反激变换器的主电路

**2. 工作原理**

图7-6为反激变换器电流连续时的主要波形，其工作原理和基本关系如下。

反激变换器的主要波形如图7-6所示。

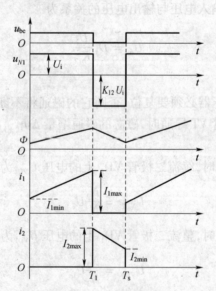

图7-6　反激变换器电流连续时的主要波形

在 $[0, T_1]$ 期间，开关管 VT 处于导通状态。在 $t = 0$ 时，开关管 VT 导通，电源电压 $U_i$ 加在一次绕组 $N_1$ 上，二次绕组 $N_2$ 上感应电压为 $u_{N2} = -\dfrac{N_2}{N_1} U_i$，使二极管 $VD_1$ 截止，负载电流由滤波电容 $C$ 提供。此时变压器的二次绕组开路，只有一次绕组工作，相当于一个电感，其电感量为 $L_1$。因此一次绕组电流 $i_1$ 从 $I_{1min}$ 线性增加，在 $t = T_1$ 时达到最大值 $I_{1max}$，且

160

$$I_{1max} = I_{1min} + \frac{U_i}{L_1}D_yT_s \qquad (7-14)$$

在$[T_1,T_s]$期间,开关管 VT 处于关断状态。$t = T_1$ 时,开关管 VT 关断,一次绕组开路,二次绕组的感应电势反向,使二极管 VD$_1$ 导通,储存在变压器磁场中的能量通过 VD$_1$ 释放,一方面给 $C$ 充电,另一方面向负载供电。此时变压器只有二次绕组工作,相当于一个电感,其电感量为 $L_2$。二次绕组上的电压为 $u_{N2} = U_o$,二次绕组电流 $i_2$ 从 $I_{2max}$ 线性下降,在 $t = T_s$ 时,达到最小值 $I_{2min}$,且

$$I_{2min} = I_{2max} - \frac{U_o}{L_2}(1 - D_y)T_s \qquad (7-15)$$

稳态工作时,VT 导通时铁芯磁通 $\Phi$ 的增长量 $\Delta\Phi_{(+)}$ 必等于关断时的减小量 $\Delta\Phi_{(-)}$,那么可得

$$\frac{U_o}{U_i} = \frac{N_2}{N_1}\frac{D_y}{1-D_y} = \frac{1}{K_{12}}\frac{D_y}{1-D_y} \qquad (7-16)$$

式中:$K_{12} = N_1/N_2$ 是变压器的一次绕组与二次绕组的匝比。

从式(7-16)可以看出,单端反激变换器相当于一个升降压电路。

单端反激变换器也可以工作在电流断续状态,电流断续时输出电压不仅与占空比有关,且与负载电流有关。占空比一定时,减小负载电流,则输出电压升高。

3. 正激与反激变换的比较

正激与反激变换相比具有如下的优点。

(1) 正激变换器的铜损较低。因为使用无气隙的铁芯,其电感值较高,一次绕组与二次绕组的峰值电流较小,因此铜损较小。在多数情况下,减小程度不足以允许使用小一级尺寸的铁芯,但会使变压器的温度稍微降低一些。

(2) 二次绕组纹波电流明显衰减。因为在输出一定负载时,输出电感和续流二极管的存在使得储能电容电流保持在较小的数值上。正激变换器的能量储存于输出电感是有利于负载的,储能电容可以取得很小,因为它只用来协助降低输出波纹电压。而且相对反激变换器而言,电容上通过波纹电流的额定值的要求小一些。

(3) 开关管 VT 的峰值电流较低;纹波电流小,纹波电压小。当然也存在线路复杂,元件成本增加,工时增加,成本上升,以及因为 $L$ 进入不连续状态时在辅助输出绕组上产生过电压等缺点。

## 7.2.3 半桥式变换器

1. 主电路拓扑

半桥式变换器是由半桥逆变器、高频变压器和输出整流滤波电路组合而成的,因此属于直流—交流—直流变换器。图 7-7 所示为半桥变换器的电路图。由图 7-7 可见,半桥直流变换器实际上是由两个正激变换器组合而成的,通过电容器 $C_1$ 和 $C_2$ 建立电压中点,使每个正激变换器输入电压为 $\frac{U_i}{2}$,输出电压为 $U_o$。

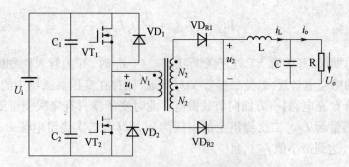

图 7-7 半桥式变换器的主电路

**2. 工作原理**

半桥式变换器的工作波形如图 7-8 所示,设变压器二次绕组与一次绕组的匝数比 $K = N_2/N_1$。设电容 $C_1 = C_2$,容量较大,则两者电压相等且可近似为 $U_i/2$。

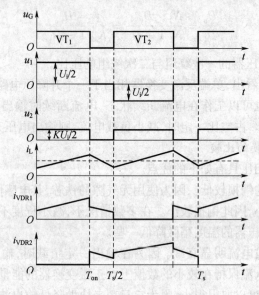

图 7-8 半桥式变换器主要波形

当 $VT_1$ 导通、$VT_2$ 关断时,$u_1 = (U_i/2) > 0$,$VD_{R1}$ 承受正压而导通,$VD_{R2}$ 承受反压而截止,因此,电感电压为

$$u_L = KU_i - U_o \tag{7-17}$$

由于 $u_1 > 0$,所以该时间内电感电流线性增长,增量为

$$\Delta i_{L(+)} = \int_0^{T_{on}} \frac{KU_i - U_o}{L} dt = \frac{KU_i - U_o}{L} T_{on} \tag{7-18}$$

$T_{on}$ 时刻,关断 $VT_1$,两个整流二极管同时导通,将变压器二次绕组的电压箝在零位,使得电感承受电压为 $-U_o$。于是电感电流的减小量为

$$\Delta i_{L(-)} = \int_{T_{on}}^{T_s/2} \frac{U_o}{L} dt = \frac{U_o}{L}\left(\frac{T_s}{2} - T_{on}\right) \tag{7-19}$$

后半个周期与前半个周期类似,请读者自行分析。

总之,变换器进入稳态后,电感 $L$ 上的的电压在 $T_s/2$ 区间的变化量为零,由此可得变换器的电压变比为

$$\frac{U_o}{U_i} = \frac{N_2}{N_1}D_y$$

$$D_y = T_{on}/T_s \qquad\qquad (7-20)$$

这里考虑了变压器的漏感,由于漏感的存在,与不考虑漏感时的工作原理有两点不同。一是不考虑漏感时,当开关管关断时 $u_1$ 出现一段时间的反向电压;二是存在占空比丢失。

在 $T_{on}$ 时刻,当开关管 VT$_1$ 关断时,由于漏感存在,一次绕组电流立即转移到 VD$_2$ 中去,此时 $u_1 = -U_i/2$,这个电压使输出整流管 VD$_{R2}$ 也开始导通,这时输出整流管 VD$_{R1}$ 还在继续导通。由于两个整流管同时导通,将变压器二次绕组电压箝在零位,那么变压器一次绕组电压也为零。因此,$u_1 = -U_i/2$ 就全部加在漏感上,使流过变压器一次绕组的电流线性下降,当该电流下降到 0 时,二极管 VD$_2$ 关断,$u_1 = 0$。该时段的电压方波是电流减小到 0 所必需的,一般称为复位电压。同样 VT$_2$ 关断时,也会出现反向的复位电压。

在 $T_s/2$ 时刻,开关管 VT$_2$ 开通,$u_1 = -U_i/2$,此时一次绕组电流从零开始反向上升。由于漏感限制它的上升率,一次绕组电流小于折算到一次绕组的滤波电感电流 $-Ki_L$,因此一次绕组不足以提供负载电流。此时两个整流管继续同时导通,将变压器二次绕组电压钳在零位,$u_2 = 0$,变压器一次绕组电压也为零。则 $u_1 = -U_i/2$ 全部加在漏感上,变压器一次绕组电流线性反向增加。当一次绕组电流达到 $-Ki_L$ 时,整流管 VD$_{R1}$ 关断,滤波电感电流全部流经 VD$_{R2}$,此时 $u_2 = KU_i/2$。因此,由于漏感限制了一次绕组电流的上升率,使得虽然在此期间 $u_1 = -U_i/2$,但 $u_2 = 0$。也就是说,二次绕组丢失了该时段的电压方波。这部分时间与 $T_s/2$ 的比值就是占空比 $D_{loss}$。若 VT$_1$、VT$_2$ 的占空比为 $D_y$,则变压器二次绕组电压的实际占空比为 $D_{y2} = D_y - D_{loss}$。

综上所述,漏感带来复位电压和占空比丢失两个问题。复位电压的存在,使得在设计电路时要对最大占空比 $D_y$ 进行限制,以留出复位电压的时间。占空比丢失使得有效占空比减小,为了得到所要求的输出电压,必须减小变压器的一次绕组与二次绕组匝比。匝比的减小会带来两个问题。一是一次绕组的电流增加,从而使开关管的电流峰值要增加,通态损耗加大;二是二次绕组整流桥的耐压值要增加。为了减小复位电压的持续时间和占空比丢失,应该尽量减小漏感。

## 7.2.4　全桥式变换器

### 1. 主电路拓扑

全桥式变换器电路结构如图 7-9 所示,由全桥逆变器、高频变压器和输出整流滤波电路组成,也即直流—交流—直流变换器。隔离变压器一次绕组的全桥中,开关元件成对动作,VT$_1$、VT$_4$ 为一组,VT$_2$、VT$_3$ 为另一组。隔离变压器二次绕组的电路与半桥式变换器完全相同。当两开关组交替动作且闭合的时间均为 $T_{on}$ 时,变压器二次绕组的波形与半桥式变换器相同,如图 7-10 所示。

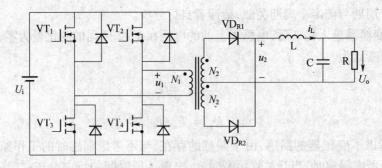

图 7-9  全桥式变换器的主电路

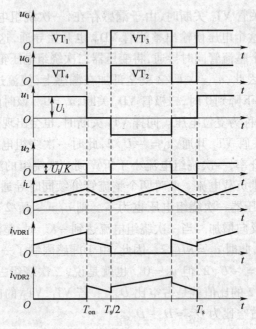

图 7-10  全桥式变换器的主要波形

## 2. 工作原理

由于变压器一次绕组电压为输入电压 $U_i$，因此全桥式变换器的输出电压为半桥式的 2 倍，即

$$\frac{U_o}{U_i} = 2\frac{N_2}{N_1}D_y \tag{7-21}$$

在实际电路中，变压器存在漏感，全桥式变换器也存在复位电压和占空比丢失的问题，它的工作机理与半桥式变换器类似。

$VT_1$ 和 $VT_4$ 的导通时间和通态压降不可能与 $VT_2$ 和 $VT_3$ 完全相同，也就是说 $u_1$ 不可能是一个纯粹的交流电压，而是含有直流分量。由于高频变压器一次绕组电阻很小，此直流分量长时间作用，会导致铁芯直流磁化直至饱和，使变换器不能正常工作。因此抑制直流分量成为全桥式变换器的一个重要课题。最简单的方法是在变压器一次绕组电路中串接隔直电容。电容上的交流电压降约为 $u_1$ 的 10%，该电容承受了 $u_1$ 的直流电压分量，使

164

变压器上只有交流电压分量。抑制直流分量的另一种方法是采用电流瞬时控制技术,例如采用电流峰值控制方法,保证在 $VT_1$ 和 $VT_4$ 导通末期的电流与 $VT_2$ 和 $VT_3$ 导通末期的电流相同,也可防止变压器直流磁化。第三种是直接检测 $u_1$ 的直流分量。

归纳起来,全桥式变换器具有以下特点。

(1)全桥式变换器电路中,一般选功率开关器件的耐压大于输入电压的最大值即可,开关器件所需承受的电压较低。

(2)使用了钳位二极管 $VT_1$、$VT_2$、$VT_3$、$VT_4$,有利于提高电源的利用率。

(3)电路使用了四个功率开关器件,其四组驱动电路需要隔离。

全桥式功率变换电路主要应用于大功率变换电路中,由于驱动电路复杂且均需要隔离,因此在电路设计和工艺结构布局中要有足够的考虑。

半桥、全桥式变换器与降压变换器工作原理相似,电路较正激、反激变换器复杂。比较半桥式变换器和全桥式变换器的电路可知,若两者的输入、输出电压和额定功率相同,则在两种变换器中,开关元件上所承受的电压都是输入电压 $U_i$。但在半桥式变换器中的开关元件所要承受的电流为全桥式变换器的两倍。因此,在大功率应用的场合,采用全桥式变换器较为有利,因为在全桥式变换器中可减少开关元件的并联数。

3.基本电路的比较与应用

(1)单端正激、反激变换器磁芯中的磁感应强度的变化量 $\Delta B = B_m - B_r$,磁滞回线仅在第 Ⅰ 象限内变化,因而变压器利用率低。

对于全桥式、半桥式变换器用磁芯,在工作时,所产生的磁通都沿着交流磁滞回线对称的上下移动,$\Delta B = 2B_m$,这两种变换器的磁芯是全磁滞回线工作的。全磁滞回线工作的变换器磁芯中的磁感应强度变化量比一般的单端变换的磁芯中的磁感应强度变化量高一倍左右,在输出同等功率的情况下所用的磁芯体积将相应的缩小。

(2)全桥式、半桥式两种变换器电路的功率开关器件在一个周期内各导通一次,其承受的电流相对较小,在变压器次级输出整流后的准方波也将成倍增加,使直流输出脉动成分也相应减小。在单端式电路中,功率开关器件的耐压为输入直流电压的两倍。在桥式变换器电路中,功率开关器件耐压值仅等于输入电压值。

(3)全桥式、半桥式变换电路,其驱动脉冲最大宽度必须小于周期的 1/2。同时要留有一定的死区(即可变不可调部分)。死区持续时间应略大于功率开关器件的存储时间,以防止共态导通(两管同时导通)而造成开关器件损坏,而单端正激电路则无需专门的死区控制。从驱动电路的要求来讲,桥式变换电路需隔离,因此工艺结构及布局设计考虑比较复杂。

# 7.3 开关电源的主控元器件

## 7.3.1 开关元件

开关元件的特性是开关变换器的关键问题。本节介绍在开关电源中几种常用器件的特性参数,元件的开通、关断过程及影响开关过程的因素及使用注意的问题。

1.二极管

在开关电源中使用的整流二极管需具有正向压降低、恢复速度快以及具有足够的输出功率等特点。常使用高效快速恢复二极管、高效超快速二极管、肖特基势垒二极管三种类型的整流二极管。现在的开关电源工作频率大都在 20kHz 以上，因此其反向恢复时间减小到了毫微秒级。据经验，在选择快速恢复整流二极管时，其反向恢复时间至少应比开关晶体管的上升时间低 3 倍。快速恢复和超快速恢复二极管具有适中的和较高的正向压降，其范围为 0.8V~1.2V，且具有较高的截止电压参数，在使用中开关电压尖峰小，改善了直流电压的纹波，因此特别适合于输出小功率、电压 12V 左右的辅助电源电路中使用。快速恢复整流二极管和超快速恢复整流二极管在开关电源中作为整流器使用时，是否需要散热器根据电路的最大功率来决定。一般情况下，这些二极管在制造时允许的结温为 175℃。生产厂家对其产品都有技术说明，提供给设计者去计算最大的输出工作电流、电压及外壳温度等。虽然软恢复型整流二极管的噪声较小，但它们的反向恢复时间较长，反向电流也较大，因而使得开关损耗增大。

肖特基二极管即使在大的正向电流作用下，其正向压降也很低，仅为 0.4V 左右，使得肖特基整流二极管特别适用于 5V 左右的低电压输出电路中。一般情况下，低电压输出所驱动的负载电流都较大，而且随着结温的增加，肖特基二极管正向压降更低。因为是多数载流子半导体器件，在器件的开关过程中，没有清除少数载流子存储电荷的问题，所以肖特基整流二极管的反向恢复时间是可以忽略不计的。肖特基整流二极管有两大缺点：其一，反向截止电压的承受能力较低；其二，反向漏电流较大，使得器件比其他类型的整流器件更容易受热击穿。当然，这些缺点也可以通过增加瞬间过电压保护电路及适当控制结温来克服。

### 2. 双极型晶体管

双极型晶体管是电流控制器件，即加入基极电流 $\Delta I_b$，产生集电极电流 $\Delta I_c$，共射极电流放大倍数可表示为

$$\beta = \frac{\Delta I_c}{\Delta I_b} \tag{7-22}$$

在实际的开关应用中，晶体管处于饱和导通或截止状态。为了加快退出饱和以便提高开关频率，常加控制环节使开关管导通工作时处在准饱和状态，准饱和是指在饱和与线性区之间的一个区域。在准饱和区，电流增益开始下降，但保持着发射结正偏、集电结反偏的状态。晶体管并非理想的开关元件，它从断态变为通态或从通态变为断态都需要时间，因此存在开通过程和关断过程。通态时开关管本身有饱和压降，断态时发射结和集电结在反偏状态，集极、射极在高电压下有穿透电流。

### 3. 功率 MOSFET

功率场控效应管也称为功率 MOSFET，常简称 MOS 管，它是一种单极型的电压控制元件，由多数载流子导电，无少子存储效应，因而开关时间短。它不但有自关断能力，而且有驱动功率小、工作速度高、无二次击穿问题、安全工作区宽、开关损耗极小等显著优点。功率 MOSFET 属于电压控制型元件，控制较为方便。这种器件的电流具有负的温度系数，因而使器件有良好的电流自动调节能力，不易产生局部热点，所以二次击穿的可能性极小。此外，功率 MOSFET 还有热稳定好、抗干扰能力强等优点。略为不足的是功率 MOSFET 容量较小，所以功率 MOSFET 适合小容量、高频率工作。

开关电源中应用 MOSFET 时应注意以下的情况。

栅极电路的阻抗非常高,易受静电损坏;直流时输入阻抗高,但输入电容量大,高频时输入阻抗低,因此,需要降低驱动电路阻抗;并联工作时容易产生高频振荡;导通时电流冲击大,易产生过电流;寄生二极管的反向恢复时间长,很多情况下与主控开关不匹配;开关速度快而产生噪声,容易使驱动电路误动作。特别是开关方式为桥接电路,栅极电路的电源为浮置时,易发生这种故障;漏极、栅极间电容大,漏极电压变化容易影响输入;加有负反馈,热稳定性也比双极型晶体管好,但用于电流值较小的情况下不能获得这种效果。理论上无电流集中产生二次击穿现象。

### 4. IGBT 管

MOSFET 优点是开关速度快,缺点是电流、电压容量不大。双极型晶体管却与它的优缺点互易。IGBT 是 MOSFET 和双极型晶体管的复合,称为绝缘栅双极晶体管,控制时有MOSFET 管的特点,导通时具有双极型晶体管的特点。IGBT 的等效结构具有晶体管的模式,所以称为绝缘栅极晶体管。在电机控制、各种开关电源以及其他要求高速度、低损耗的领域,IGBT 有一定的优势。

IGBT 管使用中的注意事项如下。

(1) 栅极振荡的防止。IGBT 接线较长时易产生振荡,因此栅极电阻 $R_g$ 的接入尽量靠近 IGBT。栅极引线一般采用绞合线,也有采用同轴屏蔽线的。在电缆中放入铁氧体磁珠也是防止振荡一种有效的办法。

(2) 栅极过电压的防止。对于大容量变换器,流经 IGBT 母线的主电流产生的浪涌电压会加到栅极上。如果浪涌电压过大,IGBT 栅极特性就要变坏,因此可以在栅极与发射极间接入稳压二极管,把浪涌电压限制在 30V 以下。

(3) 栅极噪声的防止。额定电流增大时,在 IGBT 发射极母线上要产生浪涌电压,这个浪涌电压在栅极上产生噪声。噪声电压可能使 IGBT 误导通。为此,要减小元件的接入电容,这也是一种防噪声的有效方法。

(4) 浪涌电压的降低。IGBT 为高速开关工作,为降低浪涌电压,正负母线采用密集结构,以便减小主回路接线的电感。另外要降低浪涌吸收电路的电感。采用互补结构的IGBT 以及浪涌电压钳位用高速二极管等措施。也是抑制浪涌电压的一种有效方法。

## 7.3.2  磁性元件和电容器

### 1. 磁性元件

在开关电源中磁性元件的使用是一个重要的问题,这里讨论的磁性元件是指绕组和磁芯。绕组可以是一个绕组,也可以是两个或多个绕组,它是储能、转换及隔离所必备的元件,常把它作为变压器或电感使用。

作为变压器使用时,可起的作用有:电气隔离;电压变换,达到电压升、降的目的;实现大功率的变压器副边相移,有利于纹波系数减少;通过磁耦合传送能量;便于电压、电流的测量。

作为电感使用时,可起的作用有:储能、平波,滤波;抑制尖峰电压或电流,保护易受电压、电流损坏的电子元件;与电容器构成谐振,产生方向交变的电压或电流。

磁性元件是开关变换器中必备的但又不容易透彻掌握工作状况的元件。工作状况包括磁材料特性的非线性,特性与温度、频率、气隙的依赖性和不易测量性。在选用时,不像电子元件那样可以有现成成品选择。变压器和电感涉及的参数很多,如电压、电流、频率、温度、能量、电感量、变比、漏电感、磁材料参数、铜损耗、铁损耗、体积等,所以绝大多数磁性元件都要自行设计,是电源设计过程中较为复杂的环节。

2. 开关电源中使用的电容器

1) 陶瓷电容器

开关电源中使用的电容器要求体积小、寿命长、频率高和耐高温。由前所述,开关电源有多种方式,这里以正向激励开关电源的主回路为例,介绍各类电容器在开关电源中的应用。

(1) 滤波用电容器。在开关电源的初级侧接有交流线路滤波器,主要用于抑制外部噪声的进入与内部噪声的外出,其中用于抑制正态噪声的 X 电容和用于抑制共态噪声的 Y 电容都采用陶瓷电容器。正态噪声的频率一般较低,抑制这类噪声需要较大容量的电容器,因此,X 电容主要使用 $0.1\mu F \sim 0.22\mu F$ 的薄膜电容器,也可使用 $0.01\mu F$ 的陶瓷电容器。Y 电容用于抑制共态噪声,接在线路与地之间,其电容值由漏电流大小而定,主要使用 1000pF ~ 4700pF 的陶瓷电容器。这些电容一旦破坏,有引起火灾或有触电的危险,因此安全规格上必须有严格的控制。电源设计时要使用经过安全规格认证的产品,现推荐的电容器有 KC、KD 和 MX 系列产品。KC 系列电容器获得北美和欧洲等十几个国家的 17 种规格认证,为世界通用产品。KD 系列电容器同样获得十几个国家的 15 种规格认证。保证耐压为 1min 交流 400V,主要作为欧洲地区 Class Ⅱ 设备中强化绝缘品使用。在开关电源中的一、二次绕组回路使用电容耦合的情况下,如果使用一只 KD 系列电容器不能满足安全规格时,也可以使用两只电容器串联来达到目的。MX 系列电容器是内部陶瓷片采用双重绝缘结构,取得 UL 规格双保护认证的产品。

(2) 吸收电容器。吸收电容器的作用是吸收晶体管和二极管开关工作以及变压器与接线等电感所产生的浪涌,用于保护开关元器件。HR 系列是低损耗、耐高温( + 125℃)绝缘型陶瓷电容器,用于一二次绕组吸收电路的电容,耐压 250V/3kV,容量 10pF ~ 10000pF。

目前,开关电源的模块和低压 DC/DC 变换器,主要使用片状叠层陶瓷电容器。

(3) 平波电容器。平波电容用于平滑纹波电流,主要采用大容量电解电容器,但随着开关电源的高频化和小型化,目前以采用叠层陶瓷电容器。这种电容器的内部材料采用镍,目的是降低成本。GR200 系列最适合用于小功率 DC/DC 变换器。叠层陶瓷电容器与铝电解电容器的阻抗—频率特性以及 ESR—频率特性为:高频时,同铝电解电容器相比,陶瓷电容器的阻抗与等效串联电阻非常小,也比目前开发的高分子铝质电容小,作为平波电容时其效果非常好。由于等效串联电阻小,其纹波电流引起的电容自身发热也很少,方便高密度安装。流经的纹波电流相同时,一般来讲,铝电解电容发热少,但其容量随电解质减少而减少,陶瓷电容的容量几乎不随时间而变。

(4) 输出回路中的旁路电容。为了阻止噪声由输出回路进入负载,回路中要接入电容器。其中,大容量铝电解电容用于滤除纹波成分,而高开关频率的噪声要靠接在铝电解电容后的低电感、低 ESR 的小容量电容滤除,这种作用的电容称为旁路电容,它靠近主电流回路配置,其旁路效果比较好。输出回路中旁路电容也可用于抑制正态与共态噪声。

2）薄膜电容器

薄膜电容器有很多优点，被广泛应用于开关电源电路中。目前，它在适应小型轻量的需求及耐热性、高频耐用性、寿命末期的安全等方面都有了很大的变化。薄膜电容有多种分类方式，但一般是按材料划分。目前，具有代表性的塑料薄膜有聚对苯二甲酸乙二醇醋(PET)介质电容器、聚丙烯(PP)介质电容器。此外，还有一部分高耐热用的硫化聚苯(PPS)电容器等。按电容器的主要材料薄膜进行分类，可大致分为 SH(Self Healing)电容器和 NH(Non Healing)电容器。SH 电容器具有对薄膜进行薄金属膜蒸镀并通过电源或自有能量使薄膜产生局部绝缘缺陷的外围部分瞬时($10^{-5}$s)飞溅而恢复绝缘的功能。这种电容器可广泛应用于几千伏安以下的电源。NH 电容器以薄膜非加工状态使用，是一种将薄膜和电极箔重叠卷绕达到绝缘稳定化的低压电容器，适用于小容量($0.5\mu$F 以下)低电压(100V 以下)RC 延时等时间常数电路。另外，加入耐高温用 PPS 薄膜，可使选择范围增大。选用薄膜电容器要考虑使用时的电压、电流和装配环境条件等。

（1）电源间用电容器。电源间采用的电容器有两种：一种是为抑制正态噪声而采用的插入行间的电容器；另一种是为抑制共态噪声而采用的插入行与地线间的电容器。

（2）滤波用电容器。用作此用途时，薄膜电容器对热控制要求严格。PWM 控制电路方式也存在电流值会增大的问题，这种情况下难以按波形计算有效电流，但可按温升进行可靠判断。

（3）高频用电容器。薄膜电容器作高频用电容器时，其有效电流值很大，要注意其发热问题。当电压波形接近正弦波时，容易推算电容器的温升值，但对复杂波形就难以选定合适的电容器。因而确认实际使用时的温升成了最可行的方法。

（4）充放电用电容器。充放电用电容器主要应用两种情况。一种是用于晶闸管的高压点火电路中，它是将电容器的充电能量输入高压变压器，使其获得高压的情况。因点火重复进行，周期迟缓，因此几乎对电容器无法影响，但要注意充电时的耐压和充放电时的输入脉冲电流。另一种是用于吸收电路中过高的 $du/dt$，从而对功率器件进行保护、减少开关损耗和保护功率晶体管免受反偏压二次击穿破坏。

（5）高压电容器。薄膜电容器容易获得高压，可批量生产出 4kV DC、0.5J 产品，这种薄膜电容器将取代陶瓷电容器，以用于高精密度设备的高压电源电路。

3）铝电解电容器

首先介绍铝电解电容器特性功能。

开关电源中使用的铝电解电容器采用了很多新技术。例如，扩大电极箔蚀刻倍率，提高电解体被膜的化学和热稳定性，开发耐热性能好的高电导率电解液，采用高气密性的耐热封口衬料，通过生产工艺自动化和生产技术的确定提高产品质量。

蚀刻倍率的增大与电解体的有效表面积的扩大有关，且会增大每个电极箔单位面积的静电容量，所以有助于小型化。影响铝电解电容器的使用温度范围、温度特性、高频阻抗和寿命等基本性能的是电解液。近年来开发出的一种新电解液已经达到了开关电源所要求的性能。这种电解液是通过高沸点溶媒和离子离解度高的溶质的组合同时添加了高温稳定剂而成的。电容器的封口衬垫具有控制电液干燥的重要作用，所以衬垫材料的选择对器件寿命的影响很大。

其次介绍铝电解电容器安装注意事项。

（1）过压性能。对铝电解电容器外加过电压，会引起漏电流增加所致的发热和氧化被膜绝缘损坏以至被击穿的现象。因此，即使时间很短也不要外加超过浪涌电压的电压。包括发生异常时的最坏状态，都要选择低于额定电压。

（2）耐洗涤剂问题。卤素系列基片洗涤剂渗进电容器里，阳极引线或阳极箔有时会在使用中因腐蚀断线而导致容量漏失。这是由于渗进电容器的洗涤剂因电解液发生电离作用，而使铝连续腐蚀溶解所造成的。近来开始出现了耐洗涤剂电容器，但对这种电容器也要充分注意其使用方法。

（3）被覆套的绝缘性。建议采用 UL 标准认证的难燃烯烃类树脂套作被覆品。这种材料的绝缘强度可达到 1min 交流 2500V，即使在 135℃下放置 60 天也不会出现劣化现象。而且由于耐热性好，即使电容器因异常发热引起爆炸（通常要在 150℃以上），也不会破裂或产生裂纹，因而也就可以排除因绝缘不良等因素导致二次事故的危险性。

（4）防爆阀的原理。防爆阀的作用是防止电容器异常发热时因内压升高而造成的爆炸。近年来多采用铝壳底面开切槽的结构，当电容器内部的气压达到一定压力时（基片端子式电容器的气压范围在 $8kg/cm^2 \sim 15kg/cm^2$，因尺寸而异），切槽部分就会膨胀开裂放出气体。因工作时壳体底面发生膨胀，因此，在安装基片时要留出空隙，使基片接触不到设备上盖等部件。所需空隙间隔根据电容器的外径尺寸，以 6mm～16mm（2mm 以上）、18mm～35mm（3mm 以上）、40mm 以上（5mm 以上）数值为宜。当出现带有大电流的交流电压或过压，并在 2s～3s 内发生使阀动作的急剧异常热现象时，电解液就会呈高喷雾状喷出并黏附在底板面上而发生漏电现象，或部分器件从阀部突出从而引起火灾。因此要在电路结构上想办法，以便在发生异常现象时，也不致有超限的大电流通过电容器。

### 7.3.3 平面变压器

#### 1. 平面变压器简介

在 DC/DC 变换中，基本的 Buck、Boost、Cuk 变换器是不需要开关隔离变压器的。但如果要求输出与输入隔离，或要求得到多组输出电压，就要在开关元件与整流元件之间使用开关隔离变压器，所以绝大多数变换器都有隔离变压器。目前开关电源的发展趋势是效率更高、体积更小、质量更轻，而传统的隔离变压器在效率、体积、重量等方面严重制约了开关电源的进一步发展。由于变压器涉及的主要参数有电压、电流、频率、变比、温度、漏抗、损耗、外形尺寸等，所以变压器一直无法像其他电子元器件那样有现成的产品可供选用，常常要经过繁琐的计算来选择磁芯和绕组导线。而且绕组绕制对变压器的性能也有较大影响，加之变压器的许多重要参数不易测量，给使用带来一定的盲目性，很难在频率响应、漏抗、体积和散热等方面均达到满意效果。平面变压器（flat transformer）技术在隔离变压器的许多方面实现了重要的突破。

平面变压器是一种新开发的高技术铁氧体电感元件，问世时间不长，1994 年首先在通信方面得到有价值的应用。目前已扩大应用到笔记本计算机、汽车电子、数码相机和数字化电视等方面。平面变压器的生产品种已涉及常规的铁氧体磁芯变压器（用插针）的各个方面，如功率变压器、宽带变压器和阻抗匹配变换器等。平面变压器适合表面贴装，对电子产品实现轻薄小型化将起关键作用。

通信设备使用的模块式电源，对变压器提出更严格的要求。如小尺寸、占空间高度小于 10mm,高输出电流、低输出电压,最小的电磁辐射以及良好的机械结构稳定性等。采用平面变压器是很好的解决途径。这种平面变压器采用低尺寸 的 RM 型铁氧体磁芯,选用高频功率铁氧体材料制成。在 500kHz ~ 700kHz 高频下有低的磁芯损耗。在绕组结构方面,由于高频集肤效应影响和要求通过大电流,普通的绕线技术已不能适应,新设计的绕组采用多层印刷电路板叠合而成,这种设计有低的直流铜阻、低的漏感和分布电容,可满足准谐振电路的设计要求。而且由于 RM 型磁芯良好的磁屏蔽,可获得抑制射频干扰的良好效果。采用上述平面变压器制成的 5W ~ 60W 功率范围的 DC/DC 变换器,已应用于电信系统插卡式板上电源。

宽带传输应用的平面变压器显示出良好的发展前景。以因特网为中心的宽带通信市场正在快速增长,传输系统大量地由数字技术代替模拟技术,综合业务数字网络给用户提供了一个大宽带的语言、文字、数据和图像通信的公用平台。当在电话用户与中心交换局之间采用数字化传输技术时,铁氧体电感元件是必不可少的,如接口变压器、隔离变压器、线路扼流圈等。接口变压器实际上是一个传输矩形脉冲信号的宽带变压器,要求有大的初级电感和低的漏感。绕组要有高度对称性,绕组之间要有强的耦合、小的分布电容等。通常使用 RM 型、EP 型、罐型或环型铁氧体磁芯,采用高磁导率铁氧体材料制成。有的接口变压器要承受直流叠加,则可采用低损耗滤波器。用铁氧体材料或者高饱和磁通密度的功率铁氧体材料。由于电信网络要求高安全性,要防止雷电冲击和电压浪涌。变压器抗电强度应能承受 3kV ~ 4kV 高压。为达到小型化,使用表面贴装型的平面变压器或者把变压器和电流补偿扼流圈集成在一个厚膜模块中。

在汽车电子方面,氙弧灯镇流器用 DC/DC 变换器,是平面型功率变压器的另一方面应用。这里要求将汽车电池的 12V 电压变换成 100V。由于汽车中特殊的电气和机械环境,对变压器设计和工艺提出更严格的要求,如高的环境温度,大的加速力、工作电流瞬时容量有时高达 100A,以及较高的工作频率等。为此,平面变压器采 用 E 型铁氧体磁芯。这种磁芯有大的绕组空间,可允许大电流通过;绕组结构仍采用多层印制电路板,磁芯黏结和多层电路板的黏结要很牢固,可承受大的温度应力和机械加速力。这种平面变压器已经在一些轿车中使用。

传统变压器的绕组常常是绕在一个磁芯上,而且匝数较多。而平面变压器(单元)只有一匝网状二次绕组,这一匝绕组也不同于传统的漆包线,而是一片铜皮,贴绕在多个同样大小的冲压铁氧体磁芯表面上。所以平面变压器的输出电压取决于磁芯的个数,而且平面变压器的输出电流可以通过并联进行扩充,以满足设计的要求。并且平面变压器一次绕组的匝数通常也只有数匝,不仅有效降低了铜损和分布电容、电抗,而且为绕制带来了很多便利。由于磁芯是用简单的冲压件组合而成的,性能的一致性大大提高,也为大批量生产降低了成本。

此外,面向 21 世纪,新一代家电必然向数字化、网络化方向发展。数字电视将开辟在有线的电缆电视上进行交互作用的功能。如通过回程通道发送数据、进行电视购物等。为此需要一些宽带电感元件,如阻抗变换器、耦合器、分离器等。通过卫星电视也可实现类似功能。但频率要覆 盖 4MHz ~ 2400MHz 的宽频带。采用铁氧体双孔磁芯制成的平面变压器,可以满足上述要求。

**2. 平面变压器的结构和性能**

**1) 结构**

平面变压器通常有两个或两个以上大小一样的柱状磁芯。现以两个磁芯的平面变压器为例介绍其结构。每个磁芯柱在对角线上的两角都用铜皮连接,铜皮在通过磁芯柱时紧贴磁芯内壁。两个磁芯并排放置,相邻的两角用铜皮焊接起来,在一个磁芯的一个外侧面上的两个角上的铜皮用一片铜皮焊接在一起,这里就是平面变压器二次绕组线圈的中心。如果在这里引出抽头,就是二次绕组线圈的中心抽头;在另一个磁芯的一个外侧面上的两个角上的铜皮就是平面变压器二次绕组线圈的两端。这样就基本构成一个平面变压器的主体部分。它的二次绕组线圈只有 1 匝,而且可以带有中心抽头。一个完整的平面变压器还有一个预置的储能电感,它的一端常接在中心抽头上,上、下各有一片固定铜板,它们将磁芯和滤波电感夹在中间,同时作为整流电源的两极和散热板(实际使用中还要根据功率的大小加装散热板)。

**2) 性能**

这种结构的变压器体积小,高度有 8mm 和 12mm 两种。绕线匝数大大少于传统的变压器,结构更紧凑,磁耦合大大优于传统的变压器,所以它可以在更高的频率下工作,有利于电源转换频率的提高。紧密的磁芯的几何形状限制热点的产生,降低了热耗,因此允许更高的能量密度。同时本身的散热条件大大优于传统的变压器,所以平面变压器的体积、重量大大降低,而效率更高。更重要的是,它为开关电源中开关变压器提供了一个通用的选择,省去了复杂的计算、选料和变压器绕制过程。它在简化和优化设计的同时,还缩小了体积,降低了成本。所以平面变压器非常适合应用在低压(1V ~ 60V)、大电流(30A/磁芯)的开关电源或逆变电源的设计中,对变压器的拓扑结构没有限制。

**3. 平面变压器的使用**

平面变压器的使用主要有以下三条原则。

(1)根据输出电压的大小来选用相应型号的平面变压器。

(2)根据输出电流的大小来确定并联的平面变压器个数。

(3)根据输入输出电压的大小来确定变比及一次绕组的匝数。

随着电子信息技术的发展,小型化平面化的电感铁氧体元件将更加引起人们应用的兴趣,相信在某些高技术领域,平面变压器将很快取代传统变压器,并逐步实现规模化生产。

## 7.3.4 集成开关变换器 IC 芯片

MOSFET 功率管有驱动功率低、频响特性好、快速动作、无二次击穿等优点,使开关电源工作频率轻而易举地从几十千赫到几百千赫。对功率管导通脉宽进行调节和控制,即脉冲宽度调制法,已有许多相应的 IC 芯片。

集成的开关电源芯片是在单片上集成至少一个高压功率 MOSFET 开关管和一个占空比控制器。这样,加很少的外接元件便可构成一个廉价的、高频开关电源。

功率 MOSFET 开关有高电压、低漏源电阻、低电容以及低栅极阈值电压等特点。由于低电压和低栅极阈值电压的组合特点使栅极激励功率比双极型管减少 10 个数量级。低电容的特点也有利于高频工作。

占空比控制器包括激励和控制功率级所需的全部功能,如振荡器、带隙基准电压、误差放大器、栅极驱动器、保护电路等。控制器属于脉宽调制原理。

集成的开关电源芯片有两大特点。其一，集成功率开关有一定耐压和功耗。如果是离线式的，可用于 110V/220V 交流整流输入或 36V～400V 直流输入；如果是在线式，只能输入规定的直流电压；应用高电压、低电容 MOSFET 开关管，使整机体积小，可高频工作在 0.5MHz 以上；功率开关管可驱动外接变压器，提供隔离和可选择的输出电压。其二，控制器功能较齐全、完善。以 SMP 型为例，控制器内有振荡器、误差放大器、参数电压产生器、预调器、栅极驱动器、电流限定、超温闭锁、故障检测及逻辑判断等功能单元。在控制方面，启动时由内置预调器短时对集成电路馈电，启动完成后，转换成自馈供电；工作频率由外接 R、C 元件决定；外接元件数量少，可靠性高。在保护方面，包括逐个周期的电流检测和限制；输入欠电压锁定，高电压时关机；限功率输出、短路保护和过热关机。

# 7.4　软开关技术

## 7.4.1　硬开关和软开关

为评价开关电源模块性能的优劣，寻求改善其性能的技术措施，首先必须了解开关电源的基本技术指标。

1. 开关电源模块的技术指标

1）效率

开关电源模块的寿命由模块内部工作温升所决定，而温升高低与模块的效率直接相关。目前市场上大量使用的开关电源主要采用的是 PWM。模块的损耗主要由开关管的开通损耗、关断损耗及导通损耗构成，其他还有浪涌吸收电路损耗、整流二极管导通损耗、辅助电源功耗及磁芯元件损耗等因素。减小这些损耗可以提高模块的整体效率，现行较好的处理方法是 MOSFET 和 IGBT 并联使用，利用两种不同类型器件的开关及导通损耗的优势互补，可使综合损耗减小到利用单一类型开关管工作损耗的 1/5 左右；浪涌吸收电路采用导通电阻较小的器件、优化设计控制电路和选择集成度较高的 IC 器件等都可以减少功率损耗；高频电容器要严格控制峰值电流的大小。所有这些因素会使整流模块在相当宽的功率输出范围内保持较高的效率。

2）功率密度

功率密度就是功率体积比，功率密度越大说明单位体积的功率越大，动力源就越强劲。体积可按立方分米或立方英寸两种单位进行计算，后者应用较多。功率计算也有两种：一种是计算额定功率；另一种是模块允许的、在交流和直流变化的全电压范围内所能提供的最大功率。后者更能真实地反映模块的负载能力。

3）重量

开关电源的重量主要取决于散热器、磁性器件和机壳材料及冷却方式。散热器和磁性器件的外形尺寸与模块效率有关，散热器的重量占主要部分。减少磁性元器件的尺寸，把散热器与机壳一体化的考虑是减少重量的一条出路。

提高开关频率是开关变换技术的重要发展方向。其原因就在于高频化可以使开关变换器（特别是变压器、电感等磁元件以及电容）的体积、重量大大减小，从而提高变换器的功率密度。在计算机中,由于计算机芯片已超大规模集成化,相应地,为计算机供电的开关电源的体积、重量也应该缩小;大功率通信电源系统也要尽量减小变换器模块的体积或重量。此外,提高开关频率对于降低开关电源的音频噪声和改善动态响应也大有好处。

2. 硬开关和软开关性能比较

在对电力电子电路进行波形分析时,为了得到主要结论,总是将电路理想化,特别是将开关理想化,忽略了开关过程对电路的影响,这样的分析方法便于理解电路的工作原理。但必须认识到,实际电路中开关过程是客观存在的,一定条件下还可能对电路的工作造成严重影响。为了完善理论,必须分析开关动作的实际动态过程,这就涉及硬开关和软开关性能比较。

图 7-11 示出了典型的硬开关过程中电流、电压和损耗波形。由于开关管不是理想器件,在开通时开关管的电压不是立即下降到零,而是有一个下降时间,同时它的电流也不是立即上升到负载电流,也有一个上升时间,在这段时间里,电流和电压有一个重叠区,产生的损耗,称为开通损耗。当开关关关断时,开关管的电压也不是立即从零上升到电源电压,而是有一个上升时间,同时它的电流也不是立即下降到零,也有一个下降时间。在这段时间里,电流和电压也有一个重叠区,产生的损耗,称为关断损耗。因此在开关管开关工作时,要产生开通损耗和关断损耗,统称为开关损耗。在一定条件下,开关管在每个开关周期中的开关损耗是恒定的,变换器总的开关损耗与开关频率成正比,开关频率越高,总的开关损耗越大,变换器的效率越低。具有这样开关过程的开关被称为硬开关(Hard Switching)。

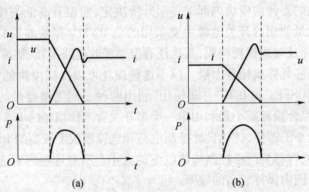

图 7-11 硬开关过程的电压、电流及功率波形
(a) 关断过程;(b) 开通过程。

开关管工作在硬开关时,电压和电流的变化很快,会产生很高的 $di/dt$ 和 $du/dt$,波形出现明显的过冲,从而导致了大的开关损耗和开关噪声。开关损耗随着开关频率的提高而增加,会使电路效率下降,阻碍开关频率的提高;开关噪声会给电路带来严重的电磁干扰问题,影响周边电子设备的正常工作。由此可见,开关管工作在硬开关状态时,如果不改善其开关条件,就可能导致开关管因损耗太大、变换器功率降低,从而限制开关电源的小型化和轻型化。

随着半导体集成电路的普及与发展,电子设备的小型化和轻量化迫切要求作为电源中的 DC/DC 变换器也要小型化。为此,开关电源的高频化成为重要课题。要提高开关频率,同时提高变换器的变换效率,就必须减小开关损耗。减小开关损耗的途径就是实现开关管的软开关,因此软开关技术应运而生,即在电压和电流重叠期间,使流过开关的电流或施加在开关上的电压为零,那么构成功率损耗的两者之积一定为零,从而降低了开关管的开通损耗和关断损耗,从而可将开关频率提高到兆赫级水平。

## 7.4.2 软开关基本技术

开关损耗与开关频率之间呈线性关系,因此当硬电路的工作频率不太高时,开关损耗占总损耗的比例并不大,但随着开关频率的提高,开关损耗就越来越显著,这时候必须采用软开关技术来降低开关损耗。

软开关包括零电压开关(ZVS)和零电流开关(ZCS)。它们都是应用电路谐振原理,使开关变换器中开关器件的电压(或电流)按正弦规律变化,当电流自然过零时,使器件关断;当电压为零时,使器件开通,实现开关损耗为零。

PWM 控制型开关电源主要缺陷是要提高工作频率却难减小元器件的几何尺寸及重量。在较高的频率下,开关损耗增大,因此通常其工作频率限制在几百千赫以下。PWM 型开关电源的开通损耗主要是由存储在半导体开关内部的寄生电容的能量突变所引起的,而开关管关断时加在漏感上的电压随 $\mathrm{d}i/\mathrm{d}t$ 将产生尖峰。为了限制开关器件的应力,所采用的缓冲电路也要消耗能量。因此,需要改善开关条件,使其在电压为零或电流为零状态下来控制开关管的开关状态,减小其在开关过程中的功耗,从而大大提高工作频率,降低体积和重量,使功率密度和效率大幅度提高。这就是采用谐振技术亦称软开关技术的原因。谐振技术的基础是谐振理论,谐振电路是谐振变换器的基本单元,串联谐振电路和并联谐振电路是最基本的两种电路。

1. 零电流开关( ZCS)和零电压开关(ZVS)

通过在原来的开关电路中增加很小的电感 $L_r$ 和电容 $C_r$ 等谐振元件,构成辅助换流网络,在开关过程前后引入谐振过程,使开关管关断前其电流为零,实现零电流关断;使开关管开通前其电压为零,实现零电压开通。这样就可以消除开关过程中电压、电流的重叠,降低它们的变化率,从而大大减小甚至消除开关损耗和开关噪声。零电流关断和零电压开通要靠电路中的谐振来实现,我们把这种谐振开关技术成为软开关技术,而具有这种谐振开关过程的开关也就是软开关。根据开关管与谐振电感和谐振电容的不同组合,软开关方式分为零电流开关(Zero – Current – Switching, ZCS)和零电压开关(Zero – Voltage – Switching, ZVS)两类。

下面简要介绍谐振变换技术,以助于更好地理解 ZCS 和 ZVS 的基本概念。

图 7 – 12(a)为 PWM 开关(即硬开关)示意图;图 7 – 12(b)、(c)分别为 ZCS 和 ZVS 谐振开关。图中谐振电感 L 包括电路中可能有的杂散电感和变压器漏感,谐振电容 C 包括功率开关管结电容。

由图 7 – 12(b)可见,在 ZCS 谐振开关中,当功率开关管导通(on)时,谐振网络 LC 接通,器件中电流按正弦规律变化,但这时谐振频率并不一定等于开关频率。当电流振荡到零时,令开关管关断,谐振停止,故图 7 – 12(b)称为 ZCS 准谐振开关。

由图 7 – 12(c)可见,当功率开关管处于关断( off)状态时,LC 串联谐振,电容 C(包括功率开关管 S 的输出电容)上的电压按准正弦规律变化,当其自然过零时,令 S 开通,因此图 7 – 12(c)是一种 ZVS 准谐振开关。

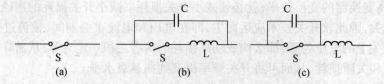

图 7 - 12  PWM 开关和谐振开关示意图

(a) PWM 开关；(b) ZCS 谐振开关；(c) ZVS 谐振开关。

图 7 - 13 为 ZVS 谐振开关和 ZCS 谐振开关的电压和电流波形。图 7 - 14 给出了 PWM 开关的电压电流轨迹和 ZCS 谐振开关的电压、电流轨迹。

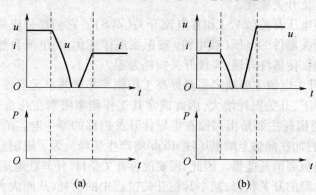

图 7 - 13  软开关过程中的电压和电流

(a) 关断过程；(b) 开通过程。

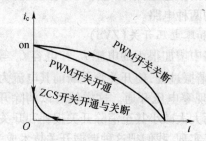

图 7 - 14  PWM 开关和 ZCS 谐振开关轨迹比较

### 2. 准谐振变换器(Quasi - Resonant Converter,QRC)

开关元件上的电压波形为正弦波状的称为零电压谐振变换器,进行零电压开关工作。而流过开关的电流波形为正弦波状的称为零电流谐振变换器,进行零电流开关工作。它们称为准谐振变换器。若谐振电路仅在开关导通或截止时工作,则称为部分谐振变换器。这些都属于软开关电源,是通过控制开关的导通时间从而使直流输出电压稳定的电源系统。谐振变换器是最早出现的一种软开关变换器。

ZVS 开关准谐振电路是一种结构较为简单的软开关电路,容易分析和理解。以降压型电路为例,分析其工作原理。在分析过程中,首先假设电感 L 和电容 C 很大,可以等效为电流源和电压源,并忽略电路中的损耗。由于开关电路的工作过程是按开关周期重复的,那么在分析时可以选择开关周期中任意时刻为分析的起点,但是选择了合适的起点,就可以使分析得到简化。在分析零电压开关准谐振电路时,选择开关 S 的关断时刻为分析的起点最为合适。下面结合图 7-15 简要分析电路的工作过程。

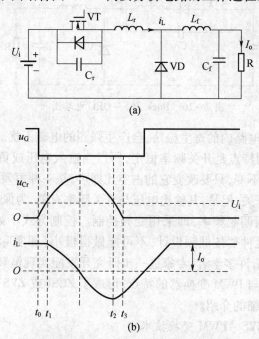

图 7-15 ZVS-QRC 的电路图及波形图

(a) Buck ZVS-QRC 电路图；(b) ZVS-QRC 主要波形。

在 $t = t_0$ 时刻,关断开关管 VT。此时,电感电流 $i_L$ 恒定且等于负载电流,电感两端的电压为零,谐振电容 $C_r$ 从零开始充电,电压线性增加。

在 $t-t_1$ 时刻,谐振电容的电压增加到电源电压,即 $u_{Cr} = U_i$。此后,谐振电感 $L_r$ 开始受反压的作用,其电流开始变小,迫使负载电流开始通过续流二极管进行续流,谐振回路开始谐振。

在 $t = t_2$ 时刻谐振结束,谐振电容的端电压又恢复为电源电压,电感电流达到反向的最大值。电容电压 $U_c$ 继续减小直到为零。由于并联二极管的作用,谐振电容不能出现反压,维持在零位。电感电流虽为负值,但由于电源的作用,也要线性增加,负载电流继续通过续流二极管续流。

再次开通开关管 VT,电感电流 $i_L$ 增大到负载电流 $I_0$,续流二极管截止,续流结束,电感电流恒定在 $I_0$,电容电压 $u_{Cr}$ 一直保持为零,一直持续到开关管被关断为止,结束一次运行,此后重复上述操作。

图 7-16 则给出了降压(Buck)型 ZCS 准谐振变换器电路,它的工作过程与 ZVS-QRC 类似,读者可自行分析。

零电流开关式准谐振技术(ZCS-QRC)的主要优点是降低了关断损耗、不受变压器的漏感等的影响。其主要缺点在于电容器的开通损耗,断态时储存在开关管输出端电容器中的能量在开通时损耗在器件内部。

零电压开关式准谐振技术(ZVS-QRC)将开关器件的电压整形成一准正弦波,对开关的开通建立起零电压条件,从而削弱了与有源开关寄生输出电容相关的开通损耗。它的主要缺点有两个:其一,在负载变化很宽的单边电路内电压应力过大;其二,在整流二极

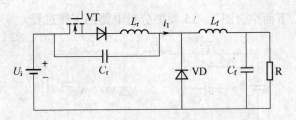

图 7-16　Buck ZCS-QRC 电路图

管的结电容形成的谐振电路内的寄生振荡,会产生强烈的电磁干扰。

　　PWM 开关变换器的特点是开关频率恒定,所以当输入电压或负载变动时,为保持开关变换器输出电压基本不变,只要改变它的占空比即可,是一种恒频控制方式,比较简单。而 QRC 虽然实现了软开关,但是,其输出电压与开关频率有关,为保持输出电压在各种运行条件下基本不变,必须调制频率,即采用变频控制。控制方式不如 PWM 变换器简单,而且变换器、电感等磁元件要按低频设计,不可能做得极小(即实际最优设计困难)。因此,20 世纪 80 年代后期,许多学者、专家进一步研究开发能实现恒频控制的软开关技术,使之兼有准谐振变换器与 PWM 变换器的特点,形成了 ZCS(或 ZVS)PWM 变换技术。下面对这两种变换器作详细的介绍。

　　3. ZCS-PWM 和 ZVS-PWM 变换技术

　　1) ZCS-PWM 变换器(零电流开关—脉宽调制变换器)

　　零电流开关—脉宽调制变换器是 ZCS-QRC 和 PWM 开关变换器的综合。其特点是:在一个周期内,有一段时间变换器在 ZCS 准谐振状态下运行,而另一段时间却在 PWM状态下运行。因为它是在 ZCS-QRC 基础上发展两来的,所以称为 ZCS-PWM。下面以Buck 型 ZCS-PWM 变换器为例说明其工作原理和特点。

　　图 7-17 给出了 ZCS-PWM 变换器的原理图,图 7-18 为该电路中电压、电流的主要波形。与 ZCS-QRC 相比,ZCS-PWM 变换器多了一个辅助开关 $V_{r1}$,它与谐振电容 $C_r$串联。下面,将其一个周期的工作过程分为六个阶段分析,并设输出滤波电感 $L_f$ 无穷大(故输出可看作恒流源)。

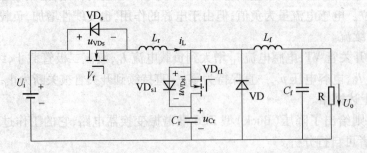

图 7-17　Buck 型 ZCS-PWM 变换电路

　　$T_0 \sim T_1$ 电流上升阶段。设 $t < T_0$ 时,主开关管 $V_r$ 及其辅助开关管 $V_{r1}$ 均处于 off 状态。$t = T_0$ 时,$V_r$ 上加驱动信号 $u_G$,使 $V_r$ 开通,主开关电压 $u_{VDs}$ 下降,谐振电感 $L_r$ 中电流 $i_{Lr}$(即变换器输出电流)按线性规律上升。到 $t = T_1$ 时刻电流等于负载电流 $I_0$。该时间内 $u_{Cr} = 0$。

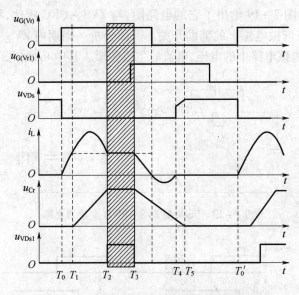

图 7 - 18　Buck 型 ZCS - PWM 变换电路波形

$T_1 \sim T_2$ 准谐振阶段。$t = T_1$ 时，二极管 VD 截止，并联于辅助晶体管 $V_{r1}$ 的并联二极管 $VD_{s1}$ 导通，$L_r$ 与 $C_r$ 谐振，这时电感电流按正弦规律振荡。当 $t = T_2$ 时，该电流值又降到 $I_o$。在该阶段，电容 $C_r$ 充电，电压 $u_{Cr}$ 上升，到 $T_2$ 时刻达 $2U_i$，二极管 $VD_{s1}$ 的反电压则由零跳变到 $U_i$，$VD_{s1}$ 截止。

$T_2 \sim T_3$ 恒流阶段。这一阶段谐振电容支路不通，电流保持恒定，$C_r$ 上的电压保持为 $2U_i$。$VD_{s1}$ 由于截止，其电压也保持为 $U_i$ 不变。

$T_3 \sim T_4$ 准谐振阶段。$t = T_3$ 时，驱动信号使辅助晶体管 $V_{r1}$ 开通，$L_r$ 与 $C_r$ 谐振。由于 $V_{r1}$ 导通，$VD_{s1}$ 的电压跳变到零，电容 $C_r$ 能量释放，电容电压谐振下降。而电容放电电流的流动方向与电感电流相反，所以电感电流也谐振下降，直到过零变负，这就为主开关 $V_r$ 的 ZCS 创造了条件。这时，若给 $V_r$ 一个关断信号，它就可在零电流条件下关断。由于电感电流为负，$V_r$ 上的反并联二极管导通，直到 $t = T_4$ 时，电感电流回到零，$V_r$ 完全截止，其上电压有一个跳变上升的过程，但电容电压尚未完全下降到零。

$T_4 \sim T_5$ 恒流放电阶段。$V_r$ 截止后，$L_r$ 与输入电源断开，$I_0$ 对 $C_r$ 反向恒流充电，使 $C_r$ 上的电压衰减到零。

$T_5 \sim T'_0$（$T'_0$ 为下一周期的起始时刻）续流阶段。负载电流通过二极管 VD 续流，由于 $V_{r1}$ 已完成了本周期内的任务，在这一阶段的任一时刻可发出信号，使 $V_{r1}$ 关断。

总之，由图 7 - 18 的波形可见，一周期内变换器交替运行于 ZCS - QRC 和 PWM 两种变换器模式。PWM 变换器工作模式包括恒流和续流模式阶段。辅助开关 $V_{r1}$ 的开通使变换器再次处于准谐振状态，为 ZCS 的实现准备条件。

由上述分析可知，ZCS - PWM 变换器具有主开关零电流关断、实现恒频控制、主开关 $V_r$ 上的电压应力小等优点。其缺点是：二极管 VD 的电压应力大，一周期内能承受的电压值最高为 $2U_i$。谐振电感在主电路内，所以 ZCS 条件与电网电压、负载等的变化有关。

2）ZVS - PWM 变换器（零电压开关—脉宽调制变换器）

该变换器是 ZVS - QRC 和 PWM 开关变换器的综合。仍以 Buck 型电路为例说明其工作原理和特点。图 7-19 给出了它的电路图，与 ZVS-QRC 相比，ZVS-PWM 变换器仅多了一个并联在谐振电感上的辅助开关。下面分析一周期内 ZVS-PWM 变换器的运行模式，图 7-20 为该电路中的电压、电流的主要波形。其中 $u_{Cr}$ 为主开关电压。

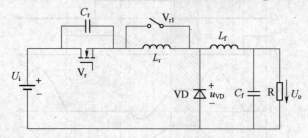

图 7-19　Buck 型 ZVS-PWM 变换器电路

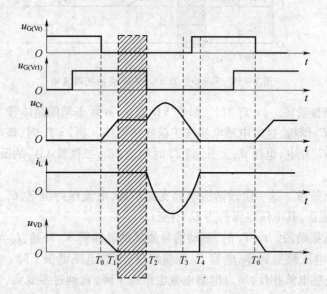

图 7-20　Buck 型 ZVS-PWM 变换器波形

设 $t = T_0$ 以前主开关 $V_r$ 和辅助开关 $V_{r1}$ 都是导通的，输出滤波电路仍可看作恒流源。$t = T_0$，让主开关 $V_r$ 关断。

$T_0 \sim T_1$ 恒流充电阶段。$t = T_0$ 时，$V_r$ 关断，$V_{r1}$ 仍导通。这时开关管 $V_r$ 的电流 $i_i$ 为零，而其输出电容（即谐振电容 $C_r$）以 $I_o$ 恒流充电。$t = T_1$ 时，电容电压 $u_{Cr}$（主开关电压）线性上升到 $U_i$，因而二极管 VD 上的电压线性下降到零。VD 导通，电感电流保持为 $I_o$，并通过 $V_{r1}$ 流通。

$T_1 \sim T_2$ 续流阶段。$t = T_1$ 时，VD 导通，恒流源 $I_o$ 短路。这一阶段，主开关上的电压不变，电感电流通过辅助开关 $V_{r1}$ 流动，并保持为 $I_o$，这与 Buck 型 PWM 变换器的续流阶段（即功率晶体管关断时）相似。

$T_2 \sim T_3$ 准谐振阶段。$t = T_2$ 时，令辅助开关 $V_{r1}$ 关断，$L_r$ 与 $C_r$ 谐振。$L_r$ 中能量释放，其电流谐振下降；$C_r$ 充电，电容电压 $U_{Cr}$ 则谐振上升，过峰值后 $C_r$ 能量释放，$u_{Cr}$ 按准谐振规律下降，电感电流则向负方向谐振增长。直到 $t = T_3$ 时，$u_{Cr} = 0$，谐振停止，并创造了 ZVS 条件。

180

$T_3 \sim T_4$ 电感电流上升阶段。$t = T_3$ 时,电压 $u_{Cr}$ 为零,$V_r$ 的反并联二极管导通。二极管 VD 仍导通,电感 $L_r$ 储能,其电流线性上升,二极管电流则下降。直到 $t = T_4$,VD 在 ZCS 条件下截止。在这阶段内可驱动主开关 $V_r$ 导通,实现 ZVS,于是 $i_i$ 上升。

$T_4 \sim T'_0$ 恒流阶段。$t = T_4$,$i_i$ 上升到 $I_o$,二极管 VD 截止,其电压跃变为 $U_i$,与 Buck 型 PWM 变换器(晶体管导通)相似。在这一阶段可驱动 $V_{r1}$ 使之在零电压下导通。

由图 7 - 20 的波形分析可知,在一个周期内,由于 $V_{r1}$ 的存在,使 ZVS - PWM 变换器有一段时间处于续流阶段,与 PWM 变换器相似。另一阶段处于准谐振阶段,与 ZVS - QRC 相似。由此可见,主开关管 $V_r$ 上有较大的电压应力,限制电压应力的结果是,在轻载下可能不满足 ZVS 条件。

ZVS - PWM 交换器实现了主开关零电压导通、恒频控制,电流应力小。该电路的主要缺点是电压应力较大,且与负载的变化范围有关;谐振电感串联在主电路中,因此 ZVS 条件与电源电压及负载变化有关。

ZVS - PWM 技术也可以在其他开关变换器上实现。这只要将某种 ZVS - QRC(如 Boost、Cuk 或正激、反激)的谐振电感并联一个辅助晶体管开关 $V_{r1}$ 就可得到相应的 ZVS - PWM 变换器主电路。

到目前为止,已有数百种在上述几种基本拓扑结构基础上经过变形的谐振型电路。谐振电路通常要与功率开关一起实现,谐振电路不仅可用于整形电流和电压波形,而且可用于储存能量和传输能量。

# 7.5　同步整流技术

随着电源模块向低电压、大电流的方向发展,作为电源功率损耗重要因素的电源整流器开关损耗及导通损耗问题日益突出。在传统的二次侧整流电路中,肖特基二极管是低电压、大电流应用的首选,其导通压降大于 0.4V,当电源模块的输出电压继续降低时,电源模块的效率就低得惊人了。例如,在输出电压 3.3V 时效率降为 80%,1.5V 输出时效率不到 70%,这时再采用肖特基二极管整流方式就变得不实际了。

为了提高效率降低损耗,采用同步整流技术已成为实现低电压、大电流电源模块的一种必然手段。同步整流技术是实现同步整流管的栅极和源极之间的驱动信号与同步整流管的漏极和源极之间开关同步的手段或者方法。同步整流管除了正向导通压降小以外,还有反向电流小等优点,理想的同步整流技术使同步整流管起到和整流二极管同样的作用,即正向电压导通、反向电压关断。

## 7.5.1　同步整流技术的基本原理

从 20 世纪 80 年代初开始,国际电源界研究开发同步整流技术。当电路的输出电压远高于二极管通态压降时,通常采用二极管作为整流器件。但当电路的输出电压非常低时,若仍然采用二极管就使得效率难于提高。这时可采用同步整流技术,也就是采用通态电阻非常小(几毫欧)的 MOS 管,代替肖特基二极管等用于低电压、大电流输出的 DC/DC 变换器中,称为同步整流管,通常简称 SR(Synchronous Rectifier)。图 7 - 21 所示为同步整流管及其电路图形符号。用作 SR 时,功率 MOS 管的源极 S 相当于二极管的阳极,漏极

D 相当于二极管的阴极。源、漏之间还有一个体二极管,驱动信号加在栅极和源极之间,因此 SR 是一种可控的开关器件,提供适当的驱动控制,实现整流。但此时 MOS 管是反接的,与作为开关时使用不同。

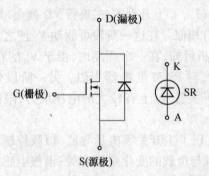

图 7-21 同步整流管及其电路图形符号

图 7-22 所示是两个输入为交变方波的半波整流电路,此类电路在反激变换器二次绕组回路中经常用到。图 7-22(a)中为用二极管 VD 实现整流,图 7-22(b)中用同步整流管 SR 代替二极管,栅极 G 接驱动信号电压,栅极处于高电位时,SR 导通;反之关断。负载 R 上得到半周期电压,实现了半波整流。

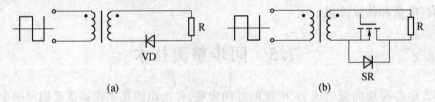

(a)                                      (b)

图 7-22 半波整流电路

## 7.5.2 同步整流管的驱动

同步整流技术大体上可以分为自驱动(self driven)和外驱动(control driven)两种方式。若按驱动信号类型的不同又可分为电压驱动和电流驱动两大类,而电压驱动的同步整流技术又可分自驱动、外驱动和混合驱动三种。

1. 电压驱动

1)电压自驱动法

以 MOS 管的驱动为例,自驱动电压型同步整流技术是由变压器二次绕组直接取电压信号驱动相应的 MOS 管。在图 7-23 的全波整流电路中,当变压器二次绕组同名端为正时,同步整流管中 $VT_2$ 的栅极承受正电压而导通;同步整流管中的 $VT_1$ 的栅极承受负电压而关断,电流通过同步整流管中的 $VT_2$ 整流。当变压器二次绕组同名端为负时,$VT_1$ 栅极承受正电压而导通;$VT_2$ 的栅极承受负电压而关断,电流通过 $VT_1$ 整流。对应变压器二次绕组电压为零的时间段称为死区时间。在死区时间内,$VT_1$ 和 $VT_2$ 的栅极电压都为 0 而不能导通。这时的负载电流经 $VT_1$ 和 $VT_2$ 的体二极管续流。

电压型自驱动方式的优缺点如下:

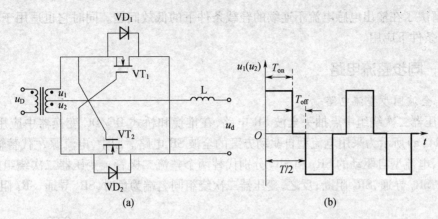

图 7 - 23  自驱动同步整流技术

（a）全波整流自驱动同步整流电路原理；（b）全波整流的变压器二次整流波形。

优点：实现简单，成本较低。

缺点：

① 不同的开关变换器拓扑，需要用不同的驱动方式，以保证精确的控制时序。

② SR 的驱动电压与变换器输入电压成正比，在输入电压变化范围较宽时，难以在整个电压变化范围内安全、有效地驱动 SR。

③ 在一定时间段，变压器漏感影响驱动电压，甚至降低效率。

④ 低电压、大电流输出的 SR/DC/DC 变换器有时需要并联使用，但研究表明，电压型驱动却不能用于并联工作的 SR/DC/DC 变换器中。

⑤ 一般情况下，变换器轻载时将在不连续电流模式（DCM）下运行。但电压型自驱动的同步整流管理论上是个双向开关，轻载时负载电流可能继续反向流过输出电感，形成环路电流，产生附加损耗，使效率下降。

2）电压型外驱动法

外驱动同步整流技术中，MOSFET 的驱动信号需从附加的控制驱动电路获得。为了实现驱动同步，附加驱动电路一般由同步整流管的漏、源极电压信号来对其时序进行控制。外驱动电路可以通过控制提供精确的时序，使同步整流管的驱动信号与理想驱动波形一致。外驱动同步整流比起传统的自驱动同步整流具有较高的效率，但需附加复杂的驱动电路。目前，这种驱动方法通常由专门的芯片来实现，外围电路复杂，所以较少使用。

3）电压型混合驱动法

电压型混合驱动是混合利用电压型自驱动和电压型外驱动两种方法，对同步整流管栅极采用电压信号进行控制。这种方法综合了电压型自驱动和电压型外驱动的优点，取长补短，既能按较精确的时序给出驱动电压信号，同时其附加的驱动也比外驱动法简单，是目前在同步整流技术中研究和应用得最多的驱动方法。

2. 电流驱动

电流驱动同步整流是通过检测自身流过的电流来获得 MOS 驱动信号。因为 MOS 在流过正向电流时导通，当流过自身的电流为零时关断，反向电流不能通过 MOS 管。整流管就和二极管一样实现了正向电压导通、反向电压关断。电流驱动在各类变换器拓扑电路中得到应用，而不像电压驱动型同步整流技术，对不同的变换器拓扑需要不同的驱动电

183

路,它解决了在输出电感电流不连续的轻载条件下的低效问题。同时它也适用于在并联运行的条件下应用。

### 7.5.3 同步整流电路

**1. 全波同步整流电路**

变压器二次绕组中点抽头全波 SR 电路,在推挽和桥式 DC/DC 变换器中应用广泛。图 7-24(a)所示为采用电流型自驱动方案的全波 SR 电路。图中,电流源 $I_o$ 代替输出 LC 滤波器,电流型自驱动的 $SR_1$ 和 $SR_2$ 分别代替两个整流二极管。变压器二次绕组同名端为正时,$SR_1$ 导通,$SR_2$ 阻断;反之,变压器二次绕组同名端为负时,$SR_2$ 导通,$SR_1$ 阻断。

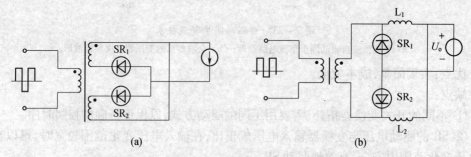

图 7-24 全波 SR 电路和倍流 SR 电路原理图及电路图形符号

(a)全波 SR 电路原理;(b)倍流 SR 电路原理。

**2. 倍流同步整流电路**

这里介绍的是一种避免变压器二次绕组中点引出抽头并只用两个 SR 实现倍流输出的同步整流电路,称为倍流同步整流电路。图 7-24(b)是从全波整流电路派生的另一种全波倍流整流电路原理。图中用了两个滤波电感。假设输出电容很大,用电压源 $U_o$ 代表。$SR_1$、$SR_2$ 为同步整流管,用电流型自驱动方案。

### 7.5.4 SR 变换器

**1. SR-Buck 变换器**

SR 替代肖特基二极管用于 Buck 变换器,可获得低电压输出,称为 SR-Buck 变换器。

图 7-25(a)给出 SR-Buck 变换电路。有两个功率 MOS 开关管,即主开关 SW 和同步整流管 SR。SR 和 SW 以相同频率、互补方式运行,即 SW 关断时,SR 导通;SW 导通时,SR 关断。SR 和 SW 的驱动电压 $u_{GS}$ 波形如图 7-25(b)所示。

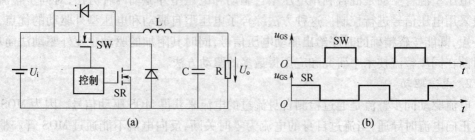

图 7-25 SR-Buck 变换器

(a)变换电路;(b)SR 和 SW 的 $u_{GS}$ 波形。

SR - Buck 变换器是新一代微处理机的电源电压调节器模块常用的一种拓扑,使低电压输出 DC/DC 变换器的效率有所提高,控制方式和瞬态响应与传统的 Buck 变换器相似。但根据对电压调节器模块的性能要求,与传统的 Buck 变换器相比,SR - Buck 变换器的输出滤波电感小得很多。作为电压调节器模块使用的 SR - Buck 变换器,输入电压为 12V、5V 或 3.3V,输出电压为 1V ~ 3V,电压调整率 ±2%;输出电流达 50A,电流上升率 5A/ns。

2. SR - 正激变换器

同步整流技术常用于 Buck 族有隔离的变换器拓扑,如正激、推挽和桥式变换器,可得低电压输出。图 7 - 26(a)给出电压自驱动 SR - 正激变换器电路。图 7 - 26 中,$SR_1$ 为整流管,$SR_2$ 为续流管,$u_1$ 和 $u_2$ 分别为变压器一次和二次绕组电压。

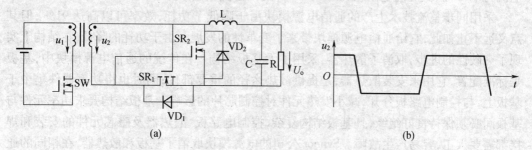

图 7 - 26    电压自驱动 SR - 正激变换器及理想驱动电压波形

图 7 - 26(b)所示为电压自驱动 SR - 正激变换器及理想驱动电压波形。图 7 - 26 中,$SR_1$ 和 $SR_2$ 的栅极各自接到另一管的漏极,实现同步,利用二次绕组电压 $u_2$ 为驱动电压。其工作原理为:当变压器一次绕组主开关 SW 导通时,二次绕组同名端为高电位(二次绕组电压 $u_2$ 为正),电流 $I_o$ 流过 $SR_1$ 的体二极管 $VD_1$,$SR_2$ 的栅极电压为 0,$SR_2$ 阻断,其上承受电压 $u_2$。$SR_1$ 栅极电压为 $u_2$,$SR_1$ 导通;反之,当 $u_2$ 为负时,$SR_1$ 阻断,承受电压 $u_2$。负载电流 $I_o$ 先通过 $SR_2$ 的体二极管,接着 $SR_2$ 导通,电流流过 $SR_2$。变压器二次绕组电压 $u_2$ 决定了 $SR_1$ 和 $SR_2$ 的通断。对 SR 要求正反向换向快,无死区,以避免电流流过体二极管的时间过长,从而增大功耗,降低变换器效率。因此,正激变换器中,SR 的运行与变压器磁复位方法有关,而后者又与正激变换器的拓扑类型有关。变压器由磁复位绕组释放磁能,当储能释放完毕,磁复位绕组电流 $i_r$ 为零,直到下一开关周期,主开关导通前,这段时间内是一个死区时间,负载电流一直流过 $SR_2$ 的体二极管 $VD_2$,因而增大了损耗。

## 7.5.5    同步整流技术的应用

同步整流技术出现较早,但早期的技术很难转换为产品,这是由于当时驱动技术不成熟,可靠性不高。目前,同步整流技术已逐步成熟,出现了专用同步整流驱动芯片,如 IR117 等。由于开发成本的原因,目前只在技术含量较高的通信电源模块中得到应用。随着通信技术的发展,芯片所需的电压逐步降低,5V 和 3.3V 已成为主流,正向 2.5V、1.5V 甚至更低电压的方向发展。通信设备的集成度不断提高,分布式电源系统中单机功率不断增加,输出电流从早期的 10A ~ 20A 到现在的 30A ~ 60A,并有不断增大的趋势,同时电源的体积不断减小,这就为同步整流技术提供了广泛的应用空间。

在传统的二次绕组整流电路中,肖特基二极管是低电压、大电流应用的首选,其导通电压大于 0.4V,但当通信电源模块的输出电压随着通信技术发展而逐步降低时,采用肖特基二极管的电源模块效率损失惊人。例如,在输出电压为 5V 时,效率可达 85% 左右,输出电压为 3.3V 时,效率降为 80%,输出 1.5V 时效率,有 65%,其应用已不现实。在低输出电压应用中,同步整流技术有明显优势。功率 MOSFET 导通电流能力强,可以达到 60A 以上。采用同步整流技术后,二次绕组整流的电压降由 MOSFET 的导通电阻决定,而且控制技术的进步也降低了 MOSFET 的开关损耗。在过去几年中,用于同步整流的 MOSFET 工艺取得了突破性的进展,导通电阻下降到了原来的 1/5。目前,采用经过特殊工艺处理的 MOSFET 能达到非常低的导通电阻,如 IR 公司的产品 IRHSNA57064,当导通电流为 45A 时,其导通电阻仅为 5.6mΩ,并且都已批量生产。

采用同步整流技术生产的通信电源模块由于降低了功耗,效率可以高达 91%,但其意义远不止如此,它给通信电源模块带来了变革性的发展。由于功耗的降低,在结构上实现了突破性的进步,取消了散热器,采用了无基板结构。在传统的通信电源模块中,基板是标准配置,它用来安装散热器,是提供散热途径的重要部件;同时也将功率器件集中于基板上,与控制电路板分开,减小发热元件对控制芯片的影响。基板结构要求功率元件与基板间必须保持良好绝缘,且基板结构复杂,控制电路板、散热器及磁芯元件的安装和焊接都需要人工,容易产生故障。Synqor 公司的电源模块取消了基板和散热器,在相同的通风条件下一样能达到所需功率,这正是采用同步整流技术的成果。采用无基板开放式结构更方便采用平面变压器等新技术,使用多层电路板上的铜箔布线作为线圈,磁芯直接嵌在多层电路板中,磁芯散热良好,多层电路板上的铜箔耦合紧密。最主要的是可以由先进加工设备自动生产,实现了电源模块全部自动化生产,极大地提高了生产率和可靠性。平面变压器与传统变压器相比,还能够实现高功率密度,真正达到小型化。

## 7.6　分布式电源

### 7.6.1　简介

现代电源的发展为分布式电源设计提供了可能。人类社会已由工业社会进入信息社会,并已经向知识经济的时代迈进,作为电子产品的一个重要组成部分,电源也成为这场革命的受益者,从传统的线性电源到现代的开关电源原理的提出,电源工业发生了质的变化。

在开关电源原理的基础上,将一个完整的电源系统通过高效率的设计及高密度的安装技术封装在一个较小的空间内,其体积和重量大大减小,工作效率和可靠性大大提高,从而使电源模块化、小型化、标准化成为现实。因此可以将其作为类似电阻外形的简单元器件来使用,直接安装到电路板上,无需加入或只需加一些少量的元器件即可完成向系统供电。这种电源显著地减少了所占电路板和系统设备的空间,且产品的重量和体积小,运行效率高(模块化开关电源效率一般都有 80% 以上,而线性电源一般只有 35% ~ 40%)。这种电源的使用使系统的温升得到大大降低,从而使得系统的可靠性得以大大提高。正是由于其小体积、高效率、高可靠性的特点,使得模块化分布式电源在系统工程中的应用成为可能。目前市场上所有的模块化电源种类繁多,规格从 2V ~ 48V,输出功率从几十瓦到几千瓦,选择的余地非常大,性能也非常优越,许多厂家的模块化电源产品已经标准化、系列化,并且符合国际相关行业的标准。如 EOS 公司生产的基于零电压、零电流技术 VLT100 系列产品,大小为 $3 \times 5 \times 1$(单位为英寸),功率可到 100W,符合 UL、CSA、VDE 和 CE 标准。

在开关电源设计中,有 80% 以上的产品基本上是按照用户的要求来研制的,即定制电源。一般来说,对不同的工程,系统配置差别很大,随之对电源的要求也各异。目前大部分厂家主要采用的是"大马拉小马"的办法来克服这个问题,即无论什么样的工程都采用裕量较大的电源来供电。很显然,这种设计方法并不合理。由于开关电源设计对模拟技术和高频技术都有较高要求,如果根据不同工程应用要求来设计相应规格的电源需要花费大量的人力、物理和财力。而且现代工业由于新技术的应用使得产品更新换代速度加快,在这种情况下仍然采用传统的设计思想、设计方法则得不偿失。在这种情况下,模块供电分布式电源的设计方案应运而生。

模块分布式供电方式是指,系统由前端的整流电路提供直流高压电源(36V~48V),再根据负载的各个功能块,分别用 DC/DC 变换,将前级提供的直流电压变换为各个功能块所需要的电压(2V~48V)。模块分布式电源的各个电压单元可以根据具体情况增加相应的模块,例如当不同的功能模块上同时需要 5V 电压时,不再采用传统的一个统一 5V 的供电方式,而是对不同的模块分别提供一个 5V 的电源。目前,世界上开关电源占电源总数的比例越来越大,其中定制电源所占的比例较大,但是从发展过程来看,模块分布电源解决方案比定制电源解决方案发展更快,正在以每年两位数的速度增长。

与集中电源相比,分布式电源优势如下。

1. 可灵活改变供电电压

例如,在采用集中供电方式中,一个报警系统印刷版需要 1kW 的功率,由 5V 电压供电,则印制板上的线路输入端口需要通过 200A 的电流,同时需求电路板的布线有足够的厚度和宽度以满足需求。如果采用分布式供电方式,对于同样的负载电路改为 48V 电压供电,则流过的电流只有 20A 左右,只有前者的 1/10,可以使用较细的印制板线路和较小的接线端子。

2. 稳定供电电压

由于集中供电电源的线路电流过大,从而在线路上产生较大的压降,使处于不同位置的负载供电电压产生较大波动,这将对系统的信号传输产生不良的影响。而采用分布式电源供电的系统,各个模块提供给负载的电压只与模块本身有关,因此电压稳定。目前市场上所提供的 DC/DC 模块完全能够满足要求,一般模块电源的厂家提供的电源都已标准化,模块的稳定性、可靠性、一致性都较好。

3. 增强可靠性

对于集中电源,一旦电源发生故障,会使得整个系统瘫痪,甚至会对系统产生致命的破坏。例如,由于某种原因致使输出电压升高,则有可能是印制板上所有的芯片都受到过电压而损坏。在分布式电源系统中,因为各个模块相对独立,相互之间影响比前者小得多,即使其中某个模块损坏,也不会对其他部分产生影响,并且这种供电方式给系统维护也带来了极大的方便。

此外,分布供电方式还具有易于扩展负载能力、有利于系统功能的扩展、DC/DC 变换器模块因分散装置而便于散热、抗振性和抗冲击性强、模块功耗较小以及采用的调压电容容量较小等优点。

### 7.6.2 分布式电源结构和应用

**1. 分布式电源结构**

早在 20 世纪 70 年代,分布式电源(DPS)的概念就已出现,最初应用于通信电源中。在此之前,每个通信系统往往采用备用电源设备来提高供电的可靠性,其成本较大。DPS 把整个负载分成几组,分别由单个的功率变换单元供电,各个子系统之间相互隔离,大大减小了单个元器件故障对整个系统的影响范围。如今 DPS 已广泛地应用在通信、航空、航天、计算机电源等多种场合,它除了可靠性高以外,还具有节能、高效、经济和维修方便等优点,大有取代传统的集中式电源系统的趋势。

DPS 有多级多个变换器构成,同时工作共同分担负载功率,典型的 DPS 系统如图 7 - 27 所示。根据负载电压和功率的要求,每个子系统可由多个变换器(PPU)按不同的方式连接而成。主要的连接方式和特点如下。

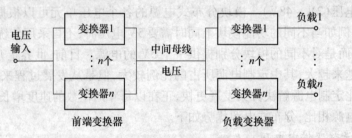

图 7 - 27 典型的 DPS 系统

(1)并联结构。这种并联模块既可作为前端变换器,也可作为负载变换器。由于负载功率在各个并联模块中均分,使每个模块的容量减小,简化了热设计,提高了系统的可靠性。

(2)级联结构。引入了中间母线电压,从而可以减小线路电流,降低线路损耗。这种结构大多在现代高性能数据处理系统的电源应用。

(3)电源分裂结构。由多个独立的电源向同一负载供电。当某一单元出现故障时,其他单元仍可以向负载供电,提高了系统的可靠性。

(4)负载分裂结构。由独立的负载变换器向不同负载供电,可以有效降低不同负载之间的相互干扰,在航天器、大型计算机电源中应用很多。

(5)组合式结构。为满足不同负载电压的要求,可用两种方式将两种标准输出电压相加或相减。

从 DPS 的结构可看出,该系统最大的优点是可以利用小功率模块、大规模控制集成电路作基本部件,采用分块和组装等新的连接方式,组成积木式、智能化的大功率供电电源,使强电和弱电紧密结合,以减小功率元器件的容量,提高生产效率。

**2. 分布式电源的应用**

超高速集成芯片(VHSIC)及其相关组件和技术的发展使电子系统的电源面临严峻挑战。电子系统越来越复杂,同时要求高效、可靠、体积小、重量轻,且具有调节运行、判断及预测故障等智能,这些要求使得分布式电源突显其优越性。这种场合的 DPS 一般使用多模块结构,将电源安装在紧靠电子负载的地方,噪声和暂态运行过程易于控制,同时系统通用性好,易于维护和扩大容量。

下面简单介绍几个 DPS 的应用系统。

计算机硬件的发展对相应的电源系统提出了更加严格的要求。大型主机要求电源能提供多个极低电压的、大电流的输出。如 IBM390 的主机电源就是采用多模块变换器的串并联组合来产生大电流、低电压输出,该系统的原理框图如图 7-28 所示,它包括三个变换器,而每个变换器又由多个模块并联组成。变换器 1 由 2 个并联模块组成,变换器 2 由 4 个模块并联组成,变换器 3 由 6 个模块并联组成。5 个电阻代表该电源供给的 5 个负载——高密度的射极耦合逻辑电路。变换器 1 输出 1.4V,变换器 2 输出 2.1V,变换器 3 输出 3.6V 的直流电压,它们分别供给电阻 $R_{AB}$、$R_{AC}$ 和 $R_{AD}$,其他的两个输出电压 0.7V 和 2.2V 分别是变换器 2 和 1 的输出之差和变换器 3 和 1 的输出之差,分别供给电阻 $R_{BC}$、$R_{BD}$。每个变换器都接有输出滤波电容,电容 $C_{BC}$ 跨接在电阻 $R_{BC}$ 上,用来进一步减小该输出的开关纹波。3 个变换器共传送 3006A 的大电流,总功率达 9kW。其中变换器 1 传送 20A,变换器 2 传送 1199A,变换器 3 传送 1787A,它们分别供给与之直接相连的负载电阻,供给 $R_{AB}$ 的电流 126A,供给 $R_{AC}$ 电流 1163A,而供给 $R_{AD}$ 是 1717A。通过 $R_{AB}$ 的电流又进一步分流:20A 回到变换器 1,36A 给负载 $R_{BC}$,70A 给负载 $R_{BD}$。3 个变换器传递的功率分别为 28W、2518W、6433W。该系统采用电流模式控制,每个变换器的输出电流都平均分配在各个并联模块上,当某个模块出现故障时,系统能实行容错,这种组合式电源的最大优点是显著地提高了系统的效率。

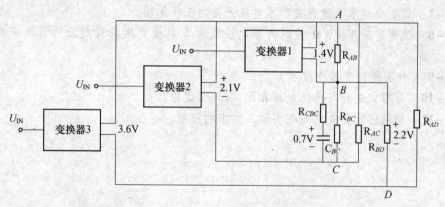

图 7-28  组合式计算机电源系统

宇宙飞船的负载散布在较大的范围内,相互间相隔很远,传统的集中电源系统不能随负载的变化及时调节电压。采用 DPS 后,负载变换器紧靠负载供电,可以有效及时地调节电源以适应负载的需要。美国航空航天局拟投入运行的载人空间站就采用了 20kHz 的分布电源系统。来自太阳能热动力发电机发出的交流电送给电源变换器,该变换器为桥式并联谐振变换器,将输入转换为 20kHz、有效值为 440V 的单相交流电,再经 100m 的传输线送给各个负载变换器。负载变换器根据不同负载的需要输出 400Hz 的交流电或直流电。前端变换器采用全桥谐振并联变换器,降低了输出阻抗,减小了开关损耗。汇流条电压采用 20kHz 的高频交流电,有效地提高了效率,降低了元件尺寸和系统质量。在日食期间，由储能装置供电。

现在航空采用高压直流供电系统（HVDC）。以前，低压直流供电的飞机上各用电设备的电能均直接由发电机经较长距离送到用电设备，由于传送电压低，馈电线电流大，线路损耗较大，输电效率低。采用具有两级变换的分布式 HVDC 供电系统，发电机输出的交流电给前端变换器，变换成高压直流电，经馈电线传送到各用电设备汇流条附近的负载变换器，再由负载变换器将高压直流电变成所需的电压和电流。传送高压直流电，线路损耗低，效率高，而且负载变换器紧靠负载，可随时调节输出电压，提高了供电质量和设备可靠性。

## 思考题及习题

**7-1** 试就图7-1解释开关电源系统的组成，并说明每个部分的作用。

**7-2** 目前，对于开关电源应从哪些方面进行改进？改进要解决的问题是什么？如何进行改进？

**7-3** 试描述直流开关电源的基本形式、电路结构及工作方式。

**7-4** 试分析单端正激、单端反激变换器的工作原理。

**7-5** 试根据单端正激变换器与同容量的反激变换器的优缺点，分别阐述其应用场合。

**7-6** 比较半桥直流变换器和全桥直流变换器电路的工作波形有何区别。

**7-7** 简要介绍零电流开关和零电压开关的工作原理。

**7-8** 试阐述采用 PWM 控制的零电压或者零电流变换器较对应的谐振变换器的优点。

**7-9** 什么是同步整流技术？

**7-10** 分布式电源与传统电源相比，有什么优势？

**7-11** 举例说明开关电源在实际工作中的应用。

# 第8章 电力电子装置的负面效应及其抑制技术

电力电子装置作为电能变换装置,是高效节能、新能源开发的重要设施,目前,已经广泛应用在国防、工业、人民生活等各个领域,在给国民经济带来巨大效益的同时,作为供电电源和用电设备之间的非线性接口,也暴露出了一些显著的负面影响。

电力电子装置在应用中主要有两个负面影响:一是绝大部分电力电子装置将大量的谐波注入电网,引起电网污染;二是电力电子装置的应用造成电网的功率因数下降,使电网无功功率增加,给电网带来了额外的负担。此外,在高频开关器件的大量应用中,由于高电压和大电流脉冲的前后沿很陡,会产生频段很宽的电磁干扰信号,这些电磁信号是严重的电磁干扰源,对电力系统的正常运行和其他用电设备构成相当大的危害。所有这些因素即构成了电力电子装置产生的负面效应,不仅影响着电网及负载的正常工作,而且也影响着电力电子技术自身的发展,必须予以足够的重视。

## 8.1 电力电子装置对电网的污染及危害

### 8.1.1 谐波的影响及限制

**1. 谐波的影响**

随着电力电子技术的迅速发展,电力电子装置的工业市场和应用领域正在不断地扩大,越来越多的电气设备对取用的电能形式和对功率流动的控制与处理提出了新的要求。作为供电电源和用电设备之间的非线性接口,在实现功率控制和处理的同时,所有电力电子装置都不可避免地产生非正弦波形,向电网注入谐波电流,且随着功率变换装置容量的不断扩大、使用数量的迅速上升和控制的多样化等,对电气环境造成了污染。

其危害表现为:

(1)谐波电流使输电电缆损耗增大,输电能力降低,绝缘加速老化,泄漏电流增大,严重的甚至引起放电击穿。

(2)容易使电网与用做补偿电网无功功率的并联电容器发生谐振,造成过压、过流、过热,使电容器绝缘老化甚至烧坏。

(3)谐波电流流过变压器绕组,增大附加损耗,使绕组发热,加速绝缘老化,并发出噪声。

(4)使电机损耗增大,发热增加,过载能力、寿命和效率降低,甚至造成设备损坏。

(5)使大功率电机的励磁系统受到干扰而影响正常工作。

(6)影响电子设备的正常工作,如:使某些电气测量仪表受谐波的影响而造成误差,导致继电保护和自动装置误动作,对邻近的通信系统产生干扰,非整数和超低频谐波会使一些视听设备受到影响,使计算机自动控制设备受到干扰而造成程序运行不正常等。

对电力电子装置谐波研究,还在于其对电力电子技术自身发展的影响;电力电子技术是未来科学技术发展的重要支柱,专家预言,电力电子连同运动控制将和计算机技术一起成为21世纪最重要的两大技术。然而,电力电子装置所产生的谐波污染已成为阻碍电力电子技术发展的重大障碍,它迫使电力电子领域的研究人员必须对谐波问题进行更为有效的研究。谐波研究,更可以上升到从治理环境污染、维护绿色环境的角度来认识。对电力系统这个环境来说,无谐波就是"绿色"的主要标志之一。在电力电子技术领域,要求实施"绿色电力电子"的呼声也日益高涨。目前,对地球环境的保护已成为全人类的共识,对电力系统谐波污染的治理也已成为电工科学技术界所必须解决的问题。

2. 谐波的限制

由于谐波的效应,国际电工委员会(IEC)已提出了相应的标准及规范来管理和控制谐波,我国也在制定相应的标准和规范。在 IEC 推荐的标准和我国国家标准中,对谐波效应做出了限制性规定,原则如下。

(1) 对 380V、6kV、10kV 三相系统而言,单台变流器或电子交流电压调节器的容量不超过表 8−1 规定的视在功率时,一般没有必要对电流、电压的谐波效应进行核算,可直接接入相应的电网。

(2) 当变流器的容量超过表 8−1 的规定时,需对电流、电压的谐波效应进行核算。表 8−2 和表 8−3 分别给出了国家标准规定的电网电压谐波因数的极限值和用户注入电网的谐波电流容许值。

表 8−1　可直接接入电网的最大视在功率

| 用户供电电压/kV | 三相变流器/kV·A | | | 三相交流调压器/kV·A | |
|---|---|---|---|---|---|
| | $p=3$ | $p=6$ | $p=12$ | 对称控制 | 非对称控制 |
| 0.38 | 8 | 12 | — | 14 | 10 |
| 6 或 10 | 85 | 130 | 250 | 150 | 100 |
| 注:$p$ 为变流装置输出的脉冲数 | | | | | |

表 8−2　电网电压谐波因数极限值

| 供电电压/kV | 总电压谐波因数/% | 各次电压谐波因数/% | |
|---|---|---|---|
| | | 奇 次 | 偶 次 |
| 0.38 | 5 | 4 | 2 |
| 6 或 10 | 4 | 3 | 1.75 |
| 35 或 63 | 3 | 2 | 1 |
| 110 | 1.5 | 1 | 0.5 |

表 8−3　用户注入电网的谐波电流容许值

| 供电电压 $U$/kV | 电网短路容量 $S_k$/MV·A | 谐波次数及谐波电流 $I_k$ 容许值(均方根值)/A | | | | | | | | | | | | | | | | | |
|---|---|---|---|---|---|---|---|---|---|---|---|---|---|---|---|---|---|---|---|
| | | 2 | 3 | 4 | 5 | 6 | 7 | 8 | 9 | 10 | 11 | 12 | 13 | 14 | 15 | 16 | 17 | 18 | 19 |
| 0.38 | 10 | 53 | 30 | 27 | 61 | 13 | 43 | 9.5 | 8.1 | 7.6 | 21 | 6.0 | 18 | 5.4 | 5.1 | 7.1 | 5.7 | 4.2 | 3 |
| 6/10 | 100 | 14 | 10 | 7.2 | 12 | 4.8 | 8.2 | 3.6 | 3.2 | 4.3 | 7.9 | 2.4 | 6.7 | 2.1 | 2.9 | 2.7 | 2.5 | 1.6 | 1.5 |
| 35/63 | 260 | 5.4 | 3.6 | 2.7 | 4.8 | 2.1 | 2.1 | 1.6 | 1.2 | 1.1 | 2.9 | 1.1 | 2.5 | 1.5 | 0.7 | 0.7 | 1.3 | 0.6 | 0.6 |
| ≥110 | 750 | 4.9 | 3.9 | 3 | 4 | 2 | 2.8 | 1.2 | 1.1 | 1 | 2.7 | 1 | 3 | 1.4 | 1.2 | 1.3 | 1.2 | 1.1 | 1 |

如果注入电网的谐波电流和电压谐波因数分别超过表 8 - 3 和表 8 - 2 的规定,则需要对谐波进行抑制,谐波的抑制和消除可以从电网、变流装置本身和附加设备三个方面予以考虑。

## 8.1.2　功率因数恶化的危害

从功率因数的角度分析:常用的整流电路几乎都采用晶闸管相控整流或二极管不控整流电路,其中以三相桥式和单相桥式整流电路为最多。对于阻感负载,考虑在工程实际中,往往不能满足理想条件要求,当三相电压不对称,三相交流侧电抗不相等时,那么使得整流电路交流侧电流中既产生特征谐波,又产生非特征谐波;当触发脉冲不对称时,交流侧电流将包含直流分量、基波分量及全部奇次和偶次谐波分量,滞留分量将引起整流变压器的饱和,从而引起新的谐波,因此产生了谐波污染和功率因数滞后。通用变频器的主电路一般由整流、滤波、逆变三部分组成。三相交流电源经全波整流后向滤波大电容充电,只有交流电压幅值超过电容电压时,才有充电电流流通;交流电压低于电容电压时,电流便终止,因此输入电流呈脉冲波形,它具有很高的谐波成分,对电源造成污染,并干扰其他设备。变频装置常用于风机、水泵、拖动等设备中,这类装置的功率一般较大,随着变频调速的发展,对电网造成的谐波也越来越多。同时随着电力电子装置中谐波含量的增高使得电流的畸变率增加,这也是造成功率因数下降的一个主要原因。

其危害表现为:①总电流 $I$ 增加使电力系统的器件(如变压器、电气设备、导线等)容量增大,使供电系统及用户的设备投资费用增大。②总电流 $I$ 增大,使用电设备及传输线路损耗增加。③无功功率的增大会引起供电点电压波动。

大多数电力电子装置功率因数很低,给电网带来额外负担,影响供电质量;同时对负载的正常有效工作产生了不可忽略的影响,甚至造成的严重的事故。因此,抑制谐波和提高功率因数已成为电力电子技术面临的一项重大课题。

# 8.2　谐波抑制技术

就目前情况来看,谐波的抑制方法有补偿法和改造谐波源两大类。补偿法是对谐波采取滤除或补偿的方法,通常采用无源滤波装置或有源滤波装置对谐波或无功功率进行补偿,LC 滤波器是最早采用的无源滤波装置,有源滤波装置则是利用电力电子变流技术构成的有源滤波器或无功发生器等;改造谐波源的方法有采用新控制技术的新型变流器等。

## 8.2.1　LC 滤波器结构和原理

LC 滤波器由滤波电容器、滤波电抗器和电阻适当组合而成,因其具有结构简单、设备投资较少、运行可靠性较高、运行费用较低等优点成为应用最多的滤波补偿装置。一般来说,谐波滤波器是一种谐波"分流器"(shunt),因为它和谐波源并联,在一种频率或多种频率上,对电流提供低阻抗的对地通路,从而起滤除谐波的作用,同时它还具有无功补偿的功能。这种并联型的滤波器比串联型的滤波器(如在通信系统常见的滤波器)要经济得多,这是因为,它无须通过包括负载基波电流在内的全部电流,它无须承受系统全部电压,只须承受对地电压,因此滤波器体积小,成本较低。LC 滤波器分单调谐滤波器、双调谐滤波器及高通滤波器等几种。实际应用中常用几组单调谐滤波器和一组高通滤波器组成滤波装置。

1. 单调谐滤波器和双调谐滤波器

单调谐滤波器和双调谐滤波器多用于滤除比较低次的谐波电流,在负载产生谐波较小的情况下用于滤除特定频率的谐波。

单调谐 LC 滤波器的原理电路图如图 8 – 1(a)所示,它是利用 LC 串联谐振原理构成的,谐振次数 $n = \dfrac{1}{\omega_s \sqrt{LC}}$,滤波器对 $n$ 次谐波频率($\omega_n = n\omega_s$,$\omega_s$ 为电源基波频率)的阻抗为

$$Z_n = R_n + \mathrm{j}\left(n\omega_s L - \frac{1}{n\omega_s C}\right) \tag{8 – 1}$$

滤波器阻抗随频率变化的关系曲线如图 8 – 1(b)所示。在谐振点处,$Z_n = R$,因 $R$ 很小,$n$ 次谐波电流主要由 $R$ 分流,很少注入电网中。因此,只要将滤波器的谐振频率设定为需要滤除的谐波频率,则该次谐波将大部分流入滤波器,从而起到滤除该次谐波的目的。

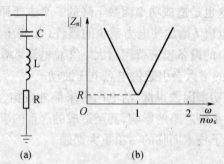

图8 – 1  单调谐滤波器原理及阻抗频率特性

(a)电路原理;(b)阻抗频率特性。

对于单调谐滤波器,一般把谐振频率设计为略低于欲滤除的谐波频率(典型值约低5%)。这是因为:其一,在调谐滤波器中,电容器是对温度十分敏感的器件,而大多数的电容器皆具有负的温度系数,电容值随着温度的升高而下降,因而谐振频率随着温度的升高而增大,所以应该把谐振频率调到略低于希望值;其二,倘若把谐振频率严格地调整到某次谐波频率上,滤波器形成对该次谐波的低阻抗通路,那么,在电源系统中的所有该次谐波,不论来自何处,皆流入滤波器而使其过载烧毁,这是应当避免的。

图 8 – 2 是一个单调谐滤波器阻抗频率特性的实例,其参数条件是:电源频率 60Hz,电压 480V,300kvar(三相)电容器组,调谐到 4.7 次谐波,品质因数 $Q = X/R = 150$,$X$ 是滤波器电感在谐振频率下的电抗。$Q$ 值反映谐振的锐度,对于谐振滤波器,典型值范围是 $50 < Q < 150$。

双调谐滤波器有两个谐振频率,其作用等效于两个并联的单调谐滤波器,可同时吸收两个谐振频率的谐波。双调谐 LC 滤波器的原理电路和特性如图 8 – 3 所示,正常运行

194

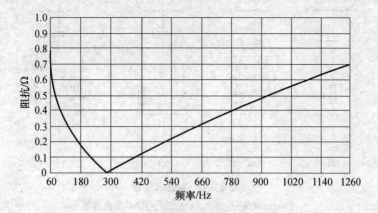

图 8 - 2　单调谐滤波器阻抗频率特性实例

时,串联电路($L_1 C_1 R_1$)的基波阻抗远大于并联电路($C_2 R_2 R_3 L_2$)的基波阻抗,所以并联电路承受的电源电压要小得多,并联电路中的电容 $C_2$ 容量小,基本只通过谐波无功电流。和两个并联的单调谐电路相比,基波损耗小,但结构复杂且调谐困难,故应用还较少。

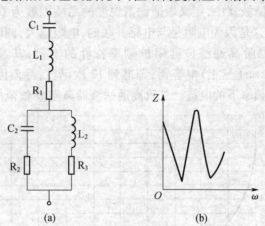

图 8 - 3　双调谐滤波器电路及阻抗频率特性
（a）电路原理；（b）阻抗频率特性。

### 2. 高通滤波器

高通滤波器也称为减幅滤波器,它能在较宽广的频率范围内滤除较高次的谐波,在一些大功率的应用场合,比如电弧炉,就常应用高通滤波器。图 8 - 4 是四种形式的高通滤波器。

一阶高通滤波器需要的电容量和基波损耗都太大,因此一般不采用。三阶高通滤波器比二阶的多一个电容 $C_2$,$C_2$ 容量与 $C_1$ 相比很小,它提高了滤波器对基波频率的阻抗,从而能大大减少基波损耗。C 型高通滤波器也有较好的推广应用价值。

二阶高通滤波器的滤波性能最好,是最常用的高通滤波器,其阻抗频率特性为

$$Z_n = \frac{1}{jn\omega_s C} + \left( \frac{1}{R} + \frac{1}{jn\omega_s L} \right)^{-1} \tag{8 - 2}$$

从二阶高通滤波器的结构可以看出,当 $R \to \infty$ 时,高通滤波器将转化为单调谐滤波

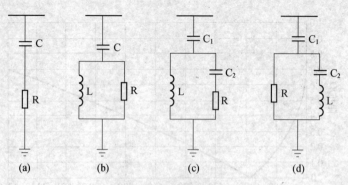

图 8-4 高通滤波器
(a) 一阶;(b) 二阶;(c) 三阶;(d) C 型滤波器。

器,其谐振频率为 $\omega_0 = \dfrac{1}{\sqrt{LC}}$;当 $\omega \to \infty$ 时,滤波器的阻抗为 $R$ 所限制。实际上,当谐波频率高于一定频率之后,滤波器的阻抗 $Z_n$ 在某一很宽的频带范围内呈现为低阻抗特性,$|Z_n| \leqslant R$,形成对次数较高谐波的低阻抗通路,使这些谐波电流大部分被滤波器旁路,实现高通滤波。在高通滤波器中,定义表征调谐锐度的品质因数为 $Q = R/X$,$X$ 是在谐振频率下 $L$ 或 $C$ 的电抗。这是因为电阻是与电感并联的,电阻越大,调谐曲线越尖锐。

图 8-5 是一个二阶高通滤波器阻抗频率特性的实例,其参数条件是:电源频率 60Hz,电压 480V,300kvar(三相)电容器,调谐到 12 次谐波,品质因数 $Q = R/X = 1.5$。$X$ 是滤波器电感在谐振频率下的电抗。二阶高通滤波器典型 $Q$ 值范围为 $0.5 < Q < 1.5$。

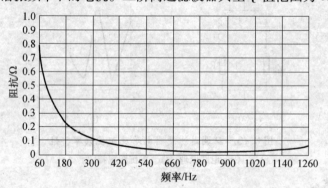

图 8-5 二阶高通滤波器阻抗频率特性

一般的,高通滤波器调谐到一对谐波频率之间(如 11 次和 13 次,17 次和 19 次……),以便把相应频率的谐波减到最小,同时,对高于谐振频率的谐波也有滤波作用。由于高通滤波器有相当大的电阻,不宜用在滤除电源频率附近的谐波,以便把损耗减到最小。

在实际中,对低频的特定谐波设置单调谐滤波器,对更高频率的谐波,可设一组高通滤波器。例如,当谐波源为 6 脉波整流装置时,可设 5 次、7 次、11 次等单调谐滤波器和一组高通滤波器,并将其截止频率选在 12 次,滤除 13 次以上的谐波,如图 8-6 所示。

在设计 LC 滤波器时,前提条件是在各种负载下满足对谐波限制的技术要求,要充分考虑到滤波器因电容、电感参数的偏差、参数的变化、电网频率波动 以及电网阻抗变化引

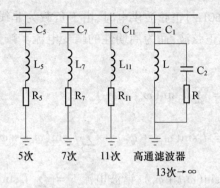

图 8-6 在整流装置输入端附设有针对性的滤波器

起的如滤波器失谐、滤波效果不佳及电网阻抗与滤波装置发生并联谐振等问题。在满足了技术指标后,还要对不同的结构方案作好经济分析,应使其在经济上最为合理。

## 8.2.2 有源电力滤波器

有源电力滤波器(Active Power Filter, APF)是一种用于动态抑制谐波、补偿无功的新型电力电子装置,它能对大小和频率都变化的谐波以及变化的无功进行补偿,其应用可克服 LC 滤波器等传统的谐波抑制和无功补偿方法的缺点。因此,有源电力滤波器已成为一种有效地综合治理谐波和补偿无功的装置,得到广泛的研究和应用。

1. 基本原理

有源电力滤波器,实质上它是一种谐波电流补偿器。它的作用是用电压型或电流型逆变器产生一个"注入"电网的谐波电流,以抵消其他装置在电网侧产生的谐波电流,进而净化网侧的电压和电流波形。实现上述功能的主电路拓扑结构多采用 SPWM 逆变电路。

图 8-7 所示为有源电力滤波器原理框图。有源电力滤波器主要由电流发生源和谐波电流检测装置两部分构成。图中 $i_s$ 为网侧电流,$i_L$ 为负载电流,$i_c$ 为有源电力滤波器产生的补偿电流,$i_f$ 为负载电流 $i_L$ 中的基波分量,$i_h$ 为负载电流 $i_L$ 中所含的高次谐波分量。其工作原理简要介绍如下。

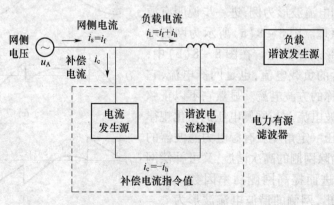

图 8-7 有源电力滤波器原理框图

当电网以电压 50Hz(60Hz) 正弦波供电时,由于负载为非线性负载,所以负载电流 $i_L$ 或网侧电流 $i_s$ 的波形并非正弦波,而为周期性的畸变电流。按傅里叶级数对负载电流进行展开式为

$$i_L = \sum_{n=1}^{\infty} I_n \sin(\omega_n t + \varphi_n)$$

$$= I_1 \sin(\omega_1 t + \varphi_1) + \sum_{n=2}^{\infty} I_n \sin(\omega_n t + \varphi_n) \qquad (8-3)$$

式中:$i_L$ 中基波电流 $i_f = I_1 \sin(\omega_1 t + \varphi_1)$;谐波电流 $i_h = \sum_{n=2}^{\infty} I_n \sin(\omega_n t + \varphi_n)$。

由上可知,负载电流 $i_L$ 又可表示为

$$i_L = i_f + i_h \qquad (8-4)$$

当未接有源电力滤波器时,网侧电流为

$$i_s = i_L = i_f + i_h \qquad (8-5)$$

由式(8-5)说明:由于非线性负载导致网侧电流 $i_s$ 中含大量的谐波分量 $i_h$。当接入有源电力滤波器时,网侧电流为

$$i_s = i_L + i_c = i_f + i_h + i_c \qquad (8-6)$$

$i_c$ 为有源电力滤波器(APF)产生的电流,如果使 $i_c = -i_h$,则

$$i_s = i_f + i_h - i_h = i_f \qquad (8-7)$$

那么网侧电流即为不含高次谐波的基波电流,由此 APF 即消除了非线性负载所产生的谐波,达到了消除网侧高次谐波的目的。

有源电力滤波器不但可以消除网侧的高次谐波,而且还可以对电网进行无功补偿,进而改善网侧的功率因数。图 8-8 所示以全波整流电路网侧的电压和电流波形为例,进一步说明有源滤波器的工作原理。图 8-8(a) 所示为网侧电压波形,它以正弦规律变化。在图 8-8(b) 中,$i_L$ 为全波整流后的负载电流,也是网侧电流,它是一个正、负对称的方波电流。显然它不以正弦规律变化,其基波电流 $i_f$ 与网侧电压的变化规律相同,但滞后电压一定角度。有源电力滤波器的功能应该是既消除网侧的高次谐波,又可补偿网侧的无功功率,进而提高网侧功率因数。由图 8-8(c) 可以看出,网侧的谐波电流波形为 $i_h = i_L - i_f$。其有源滤波器能产生如图 8-8(e) 所示的电流 $i_c$ 波形,并馈送电网,则可使 $i_c = -i_h$,于

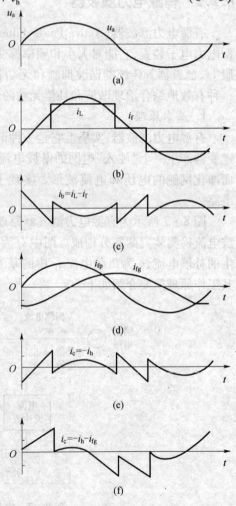

图 8-8 有源电力滤波器的波形原理图

198

是网侧的高次谐波电流得以消除。图 8-8(d)示出了负载电流中有功电流 $i_{fp}$ 和无功电流 $i_{fg}$。由于存在无功电流,所以网侧功率因数降低。为了提高功率因数并消除网侧谐波,有源滤波器应能产生图 8-8(f)所示的波形。有源滤波器正是采用时域法检测网侧的谐波电流和无功电流,进而实现谐波电流和无功功率补偿的。

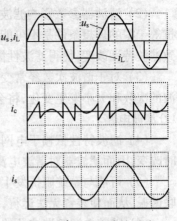

图 8-9 为有源电力滤波器的典型电流波形。由此可看出有源电力滤波器的动态抑制谐波、补偿无功的作用。

图 8-9　有源电力滤波器的典型电流波形

### 2. 电路结构

有源电力滤波器其主回路一般是由全控型电力电子器件组成的三相桥式电路。根据主电路直流侧的储能元件是电容还是电感,将有源滤波器分为电压型和电流型两类。目前实用的装置大都是电压型,如图 8-10 所示。从与补偿对象的连接方式来看,有源电力滤波器又可分为并联型和串联型。

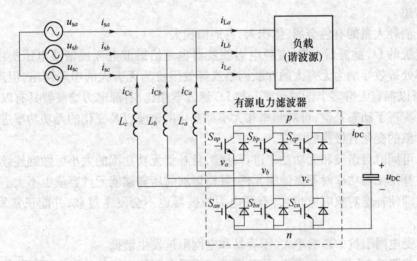

图 8-10　电压型有源电力滤波器的变流电路

与图 8-7 和图 8-10 所示的并联型相对偶,串联型有源电力滤波器一般是通过变压器串联在电源和负载之间的,相当于一个受控电压源。这种方式可以将负载产生的电流补偿成正弦波,也可以用来消除电源电压可能存在的畸变,维持负载端电压为正弦波。

## 8.2.3　有源电力滤波器与 LC 无源滤波器的比较

采用无源滤波器(LC 滤波器)在谐波源附近或公用电网节点处装设单调谐及高通滤波器,可以吸收谐波电流,同时还可以进行无功功率补偿,运行维护简单、成本低、技术成熟,但存在以下不足。

(1)只能对特定谐波进行滤波。谐振频率依赖于元件参数,因此单调谐滤波器只能消除特定次数的谐波,高通滤波器只能消除截止频率以上的谐波。

（2）滤波器参数影响滤波性能。由于调谐偏移和残余电阻的存在，调谐滤波器的阻抗等于零的理想条件是不可能出现的，阻抗的变化会影响滤波效果。LC 参数的漂移将导致滤波特性改变，使得滤波性能不稳定。

（3）对于谐波次数经常变化的负载滤波效果不好。当滤波器投入运行之后，如果谐波的次数和大小发生变化，将会影响滤波效果。一般需要根据谐波次数的多少，设置多个 LC 滤波电路。

（4）滤波特性依赖于电网参数。电网的阻抗和谐波频率随着电力系统的运行工况随时改变，因而滤波器对谐波电流的滤除效果受电力系统的影响较大。

（5）可能与系统阻抗发生串并联谐振。LC 滤波电路可能与系统阻抗发生串联或并联谐振，从而使装置无法运行，并使该次谐波分量放大，造成电网供电质量下降。

（6）随着电源侧谐波源的增加，可能会引起滤波器的过载，电网中的某次谐波电压可能在 LC 网络中产生很大的谐波电流。

（7）同一系统内，在装有很多滤波器的情况下，欲取得高次谐波流入的平衡是很困难的。

（8）电容器组的无功功率补偿能力与公共连接点处电压的平方成正比关系，补偿效果并不理想。

（9）消耗大量的有色金属，体积大，占地面积大。

与传统的 LC 滤波器一样，有源电力滤波器也是给谐波电流或谐波电压提供一个在谐振频率处等效导纳为无穷大的并联网络或等效阻抗为无穷大的串联网络，但理论上一台 APF 可以拥有无穷多个谐振频率。与 LC 滤波器相比，有源电力滤波器具有以下优点。

（1）实现了动态补偿，可对频率和大小都变化的谐波以及变化的无功功率进行补偿，对补偿对象的变化有极快的响应。

（2）可同时对谐波和无功功率进行补偿，且补偿无功功率的大小可做到连续调节。

（3）补偿无功功率时不需储能元件；补偿谐波时所需储能元件容量也不大。

（4）即使补偿对象电流过大，有源电力滤波器也不会发生过载，并能正常发挥补偿作用。

（5）受电网阻抗的影响不大，不容易和电网阻抗发生谐振。

（6）能跟踪电网频率的变化，故补偿性能不受电网频率变化的影响；既可对一个谐波和无功源单独补偿，也可对多个谐波和无功源集中补偿。

如此看来，与 LC 无源滤波器相比，有源滤波器具有明显的优越性能，能对变化的谐波进行迅速的动态跟踪补偿，而且补偿特性不受电网频率和阻抗的影响，因而受到相当的重视。国外有源电力滤波器的研究以日本为代表，自 20 世纪 90 年代已步入实用化的阶段。我国研制的有源电力滤波器自 21 世纪初也开始批量应用于工程实际，并取得了很好的经济和社会效益。

## 8.3　无功功率控制技术

在电力系统中，对无功功率的控制是非常重要的。通过对无功功率的控制，可以提高功率因数，稳定电网电压，改善供电质量。

并联无功补偿电容器是传统的无功补偿装置,其阻抗是固定的,不能跟踪负荷无功需求的变化,也就是不能实现无功功率的动态补偿。随着电力系统的发展,对无功功率进行快速动态补偿的需求越来越大。传统的无功功率动态补偿装置是同步调相机,由于它是旋转电机,损耗和噪声都较大,运行维护复杂,而且响应速度慢,在很多情况下已无法适应快速无功功率控制要求,所以 20 世纪 70 年代以来,同步调相机开始逐渐被静止无功补偿装置(Static Var Compensator,SVC)所取代。

由于使用晶闸管器件的静止无功补偿装置具有优良的性能,所以,近十多年来,在世界范围内其市场一直在迅速而稳定的增长,已占据了静止无功补偿装置的主导地位。因此 SVC 这个词往往是专指使用晶闸管器件的静补装置,包括晶闸管控制电抗器(Thyristor Contolled Reactor,TCR)和晶闸管投切电容器(Thyristor Switched Capacitor,TSC),以及这两者混合装置(TCR + TSC),和晶闸管控制电抗器与固定电容器(Fixed Capacitor,FC)或机械投切电容器(Mechanically Switched Capacitor,MSC)混合使用装置(如 TCR + FC、TCR + MSC 等)。

随着电力电子技术的进一步发展,20 世纪 80 年代以来,一种更为先进的静止型无功补偿装置出现了,这就是采用自换相变流电路的静止无功补偿装置的,称为静止无功发生器(Static Var Generator,SVG),也有人简称为静止补偿器(Static Compensatro,STATCOM)。

下面就电力电子技术应用于电力系统无功功率控制的几种典型装置简单加以介绍。

### 8.3.1 晶闸管控制电抗器

TCR 是晶闸管交流调压电路带电感性负载的一个典型应用。图 8 – 11 所示为 TCR 的典型电路,可以看出这是支路控制三角形连接方式的晶闸管三相交流调压电路。

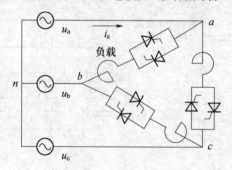

图 8 – 11 TCR 电路

图中的电抗器中所含电阻很小,可以近似看成纯电感负载,因此开通角 $\alpha$ 的移相范围为 90° ~ 180°。通过对 $\alpha$ 的控制,可以连续调节流过电抗器的电流,从而调节电路从电网中吸收的无功功率。如配以固定电容器,则可以在从容性到感性的范围内连续调节无功功率。

图 8 – 12(a)、(b)、(c)给出了 $\alpha$ 分别为 120°、135° 和 150° 时 TCR 电路的负载相电流和输入线电流的波形。

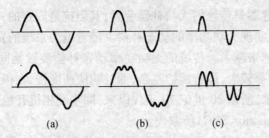

图 8-12  TCR 电路负载相电流和输入线电流波形

(a) $\alpha=120°$；(b) $\alpha=135°$；(c) $\alpha=150°$。

## 8.3.2  晶闸管投切电容器

交流电力电容器的投入与切断是控制无功功率的一种重要手段。和用机械开关投切电容器的方式相比,TSC 是一种性能优良的无功补偿方式。

图 8-13 是 TSC 的基本原理图。可以看出 TSC 的基本原理实际上是用交流电力控制所述的交流电力电子开关来投入或者切除电容器。图中给出的是单相电路,实际上常用的是三相电路,这时可以是三角形连接,也可以是星形连接。图 8-13(a)是基本电路单元,两个反并联的晶闸管起着把电容 $C$ 并入电网或者从电网断开的作用,串联的电感很小,只是用来抑制电容器投入电网时可能出现的冲击电流,在简化电路图中常不画出。在实际工程中,为避免容量较大的电容器组同时投入或切断会对电网造成较大的冲击,一般把电容器分成几组,如图 8-13(b)所示。这样,可以根据电网对无功的需求而改变投入电容器的容量,TSC 实际上就成为断续可调的动态无功功率补偿器。电容器分组可以有各种方法。从动态特性考虑,能组合产生的电容值级数越多越好,可采用二进制方案。从设计制造简化和经济性考虑,电容器容量规格不宜过多,不宜分得过细,二者可折中考虑。

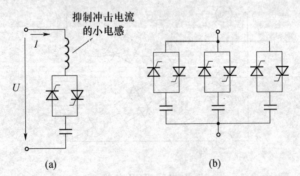

图 8-13  TSC 基本原理图

(a) 基本单元单相简图；(b) 分组投切单相简图。

电容器的分组投切在较早的时候大都是用机械断路器来实现的,这就是 MSC。和机械断路器相比,晶闸管的操作寿命几乎是无限的,而且晶闸管的投切时刻可以精确控制,以减少投切时的冲击电流和操作困难。另外,与 TCR 相比,TSC 虽然不能连续调节无功功率,但具有运行时不产生谐波而且损耗较小的优点。因此,TSC 已在电力系统获得了较广泛的应用,而且有许多是与 TCR 配合使用构成 TCR + TSC 混合型补偿器。

TSC 运行时选择晶闸管投入时刻的原则是,该时刻交流电源电压应和电容器预先充电的电压相等。这样,电容器电压不会产生跃变,也不会产生冲击电流。一般来说,理想情况下,希望电容器预先充电电压为电源电压峰值,这时电源电压的变化率为零,因此在投入时刻 $i_c$ 为零,之后才按正弦规律上升。这样,电容投入过程中不但没有冲击电流,电流也没有阶跃变化。图 8-14 给出了 TSC 理想投切时刻的原理说明。

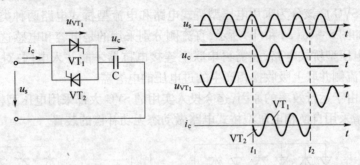

图 8-14 TSC 理想投切时刻原理说明

图 8-14 中,在本次导通开始前,电容器的端电压 $u_c$ 已由上次导通时段最后导通的晶闸管 $VT_1$ 充电至电源电压 $u_s$ 的正峰值。本次导通开始时刻取为 $u_s$ 和 $u_c$ 相等的时刻 $t_1$,给 $VT_2$ 触发脉冲使之开通,电容电流 $i_c$ 开始流通。以后每半个周波轮流触发 $VT_1$ 和 $VT_2$,电路继续导通。需要切除这条电容支路时,如在 $t_2$ 时刻 $i_c$ 已经为零,$VT_2$ 关断,这时撤除触发脉冲,$VT_1$ 就不会导通,$u_c$ 保持在 $VT_2$ 导通结束时的电源电压负峰值,为下一次投入电容器做好准备。

TSC 也可以采用图 8-15 所示的晶闸管和二极管反并联的方式。这时由于二极管的作用在电路不导通时 $u_c$ 总会维持在电源电压的峰值。这种电路成本稍低,但因为二极管不可控,响应速度要慢一些,投切电容器的最大时间滞后为一个周波。

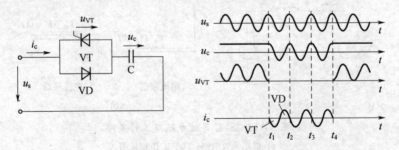

图 8-15 晶闸管和二极管反并联方式的 TSC

### 8.3.3 静止无功发生器

静止无功发生器 SVG 指采用自换相的电力电子桥式变流器来进行动态无功补偿的装置。采用自换相桥式变流器实现无功补偿的思想早在 20 世纪 70 年代就已有人提出,限于当时的器件水平,采用强迫换相的晶闸管器件是实现自换相桥式电路的唯一手段。1980 年日本研制出了 20MV·A 的采用强迫换相晶闸管桥式电路 SVG,并成功地投入电网运行。随着电力电子器件的发展,GTO 等自关断器件开始达到可用于 SVG 中的电压和电流等级,并逐渐称为SVG的自换相桥式电路中的主力。1991年和1994年日本和美国分别研制成功一套80MV·A和一套100MV·A采用GTO器件的SVG装置,并且最终成功地投入了高压电力系统的商业运行。用于低压场合的中、小容量SVG更是已开始形成系列产品。我国国内也展开了有关SVG的研究并且已研制出投入工程实际的装置。

### 1. 电路结构

严格讲,SVG应该分为采用电压型桥式电路和电流型桥式电路两种类型。其电路基本结构分别如图8-16(a)和(b)所示,直流侧分别采用的是电容和电感这两种不同的储能元件。对电压型桥式电路,还需再串联上连接电抗器才能并入电网;对电流型桥式电路,还需在交流侧并联上吸收换相产生的过电压的电容器。

实际上,由于运行效率的原因,迄今投入实用的SVG大都采用电压型桥式电路,因此SVG往往专指采用自换相电压型桥式电路做动态无功补偿的装置。

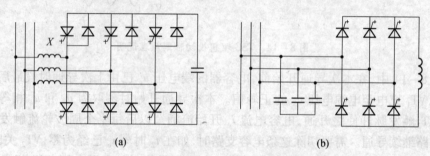

图8-16 SVG的电路基本结构图
(a)采用电压型桥式电路;(b)采用电流型桥式电路。

### 2. 工作原理

静止无功发生器的工作原理可以用如图8-17(a)所示的单相等效电路来说明。

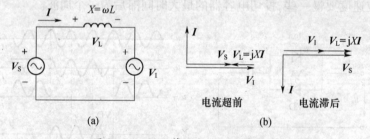

图8-17 SVG等效电路及工作原理
(a)单相等效电路;(b)工作相量图。

由于SVG正常工作时,就是通过电力半导体开关的通断将直流侧电压转换成交流侧与电网同频率的输出电压,就像一个电压型逆变器,只不过其交流侧输出接的不是无源负载,而是电网。因此,当仅考虑基波频率时,SVG可以等效地被视为幅值和相位均可以控制的一个与电网同频率的交流电压源,它通过交流电抗器连接到电网上。设电网电压和SVG输出的交流电压分别用相量$U_s$和$U_I$表示,则连接电抗$X$上的电压$U_L$即为$U_s$和$U_I$的相量差,而连接电抗器的电流是可以由其电压来控制的。这个电流就是SVG从电网吸收的电流$I$。因此改变SVG交流侧输出电压$U_I$的幅值及其相对于$U_s$的相位,就可以改变连接电抗上的电压,从而控制SVG从电网吸收电流的相位和幅值,也就控制了SVG所吸收的无功功率的性质和大小。

当电网电压下降时,SVG 可以调整其变流器交流侧电压的幅值和相位,以使其所能提供的最大无功电流维持不变,仅受电力半导体器件的电流容量限制。而对传统的以 TCR 为代表的 SVC,由于其所能提供的最大电流分别受并联电抗器和并联电容器的阻抗特性限制,因而随着电压的降低而减小。因此 SVG 的运行范围比传统 SVC 大。其次,SVG 的调节速度更快,而且在采用多重化或 PWM 技术等措施后可大大减少补偿电流中谐波的含量。更重要的是,SVG 使用的电抗器和电容元件远比 SVC 中使用的电抗器和电容要小,这将大大缩小装置的体积和成本。此外,对于那些以输电系统补偿为目的的 SVG 来讲,如果直流侧采用较大的储能电容,或者其他直流电源(如蓄电池组,采用电流型变流器时直流侧采用超导储能装置等),则 SVG 还可以在必要时短时间内向电网提供一定量的有功功率。这对于电力系统来说是非常有益的,而且是传统的 SVC 装置所望尘莫及的。SVG 具有如此优越的性能,显示了动态无功补偿装置的发展方向。

当然,SVG 的控制方法和控制系统显然要比传统 SVC 复杂。另外,说 SVG 要使用数量较多的较大容量自关断器件,其价格目前仍比 SVC 使用的普通晶闸管高得多,因此,SVG 由于用小的储能元件而具有的总成本的潜在优势,还有待于随着器件水平的提高和成本的降低来得以发挥。

20 世纪 90 年代末以来,世界范围内有关 SVG 的研究和应用有了长足的进步和发展,在几家具有重要国际影响的电器制造公司的推动下,具体的建设项目和投运装置也迅速增多。综观近年来建设这些项目和投运装置,具有如下共同特点。

(1) SVG 的主电路由早期的以多重化的方波变流器为主要形式,已发展为以 PWM 变流器为主要形式。

(2) SVG 的变流器中所采用的电力半导体器件已由早期的以 GTO 为主,已逐步发展为采用 IGBT 和 IGCT,采用 IGBT 的趋势更加明显。

(3) SVG 的补偿目标已由早期的对输电系统的补偿为主,扩展到了对配电系统补偿,甚至负荷补偿等各个层次。

目前我国已有 ±20Mvar 的 SVG 接入电网,向 220kV 主干电网提供快速可调的无功功率,以改善输电的暂态稳定性和动态阻尼特性。

# 8.4　有源功率因数校正技术

以开关电源为代表的各种电力电子装置给工业生产和社会生活带来了极大的进步,然而也带来了一些负面的问题。通常,开关电源的输入级采用二极管构成的不可控容性整流电路,如图 8 - 18 所示。这种电路的优点是结构简单、成本低、可靠性高,但缺点是输入电流不是正弦波。

究其产生这一问题的原因,在于二极管整流电路不具有对输入电流的可控性,当电源电压高于电容电压时,二极管导通,电源电压低于电容电压时,二极管不导通,输入电流为零,这样就形成了电源电压峰值附近的电流脉冲。

解决这一问题的方法就是对电流脉冲的幅度进行抑制,使电流波形尽量接近正弦波,这一技术称为功率因数校正(Power Factor Correction,PFC)技术。根据采用的具体方法不

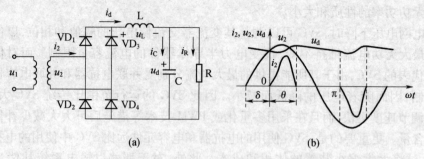

图 8-18　电容滤波的单相桥式不可控整流电路及其工作波形

(a) 电路；(b) 波形。

同,可以分成无源功率因数校正和有源功率因数校正两种。

无源功率因数校正技术通过在二极管整流电路中增加电感、电容等无源元件,对电路中的电流脉冲进行抑制,以降低电流谐波含量,提高功率因数。这种方法的优点是简单、可靠,无需进行控制,而缺点是增加的无源元件一般体积都很大,成本也较高,并且功率因数通常仅能校正至 0.8 左右,而谐波含量仅能降至 50% 左右,难以满足现行谐波标准的限制。

有源功率因数校正技术采用全控开关器件构成的开关电路对输入电流的波形进行控制,使之成为与电源电压同相位的正弦波,总谐波量可以降低至 5% 以下,而功率因数能高达 0.995,彻底解决整流电路的谐波污染和功率因数低的问题,从而满足现行最严格的谐波标准,因此其应用越来越广泛。

有源功率因数校正(Active Power Factor Correction,APFC)电路是指在传统的不控整流中融入有源器件,使得交流(AC)侧电流在一定程度上正弦化,从而减小装置的非线性、改善功率因数的一种高频整流电路。

## 8.4.1　APFC 的电路结构和基本原理

APFC 电路形式多样,按电源相数有单相 APFC 和三相 APFC 之分;就输出特性而言,可分为电压型和电流型;按控制方式可分为直接电流控制和电压间接控制,前者包括平均电流控制、滞环电流控制和峰值电流控制,后者包括移相 SPWM 方式和预估控制方式等。

基本的 APFC 电路是在整流器和直流输出滤波电容之间增加一个功率变换电路,通过适当的控制将整流器的输入电流校正成为与电网电压同相位的正弦波,消除了谐波和无功电流。将电网功率因数提高到近似为 1。这个方案应用了有源器件,故称为有源功率因数校正。下面以单相桥式整流电路的功率因数校正为例来分析 APFC 的工作原理和控制方法。

APFC 基本电路如图 8-19 所示,在单相桥式整流电路与滤波电容 $C$ 之间加入 DC/DC 功率变换器,由于在 DC/DC 变换之前没有滤波,DC/DC 变换器的输入电压是双半波的正弦脉动电压 $u_d$。以单相桥式整流器输入功率因数近似为 1 为目标,在保证输出负载电压稳定的情况下,应用电流反馈技术,实时地检测和控制整流器的输出电流 $i_d$,使其跟随整流器输出的直流脉动电压波形 $u_d$ 变化,从而使交流输入端电流 $i_i$ 跟随交流输入正弦电压波形 $u_i$,实现单位功率因数整流。

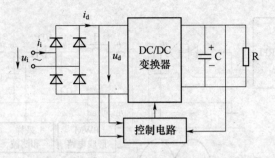

图 8-19　有源功率因数校正基本电路

如图 8-20 所示,APFC 的电路结构有双极式和单极式两种。双极式电路是由 Boost 变换器和 DC/DC 变换器级联而成,前级的 Boost 电路实现功率因数校正,后级的 DC/DC 变换器实现隔离和降压。双极式 APFC 电路的优点是每级电路可单独设计和控制,特别适合作为分布式电源系统的前级级。单极式 APFC 电路集功率因数校正、输出隔离和电压稳定于一体,结构简单、效率高,但分析和控制复杂,适用于单一集中式电源系统。

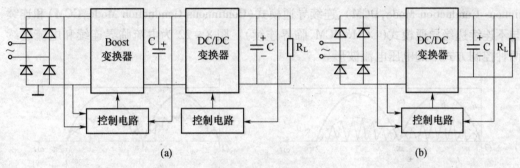

(a)　　　　　　　　　　　　　　(b)

图 8-20　有源功率因数校正的电路结构
(a) 双极式;(b) 单极式。

## 8.4.2　有源功率因数校正的控制

图 8-21 示出有源功率因数校正电路的控制原理,交流电源经射频滤波器 RFI 滤波后,由桥式整流实现 AC/DC 变换,输出双脉波电压 $u_d$,$u_d$ 中的高次谐波由小电容 $C_1$ 滤波,在整流器和输出滤波大电容 $C$ 之间的 Boost 变换器实现升压式 DC/DC 变换。控制电路采用电压外环、电流内环的双闭环结构,在稳定输出电压 $U_o$ 的情况下,力求使经过整流后的电流 $i_L$ 与整流后的电压 $u_d$ 波形相同。

具体工作原理是:给定负载电压 $U_o^*$ 和升压变换器输出电压 $U_o$ 的差值 $\Delta U$ 经 PI 调节器 A 输出,并和整流器输出的脉动电压 $u_d$ 同时作为乘法器的两个输入,构成电压外环;而乘法器的输出作为电流内环的给定电流 $i_L^*$,$i_L^*$ 的幅值与 $\Delta U$ 和 $u_d$ 的幅值成正比,波形则与整流器输出电压 $u_d$ 相同;升压电感 $L$ 中的电流检测信号 $i_L$ 作为电流内环的反馈电流。反馈电流 $i_L$ 与给定电流 $i_L^*$ 送入 PWM 形成电路产生 PWM 信号,作为开关管 VT 的驱动信号。开关 VT 导通时电感电流 $i_L$ 增加,当增加到等于 $i_L^*$ 时,开关管 VT 截止,这时 $u_d + L \dfrac{di_L}{dt}$ 使二极管 VD 导通,电感释放能量,与电源同时给滤波电容 $C$ 充电和向负载供电。

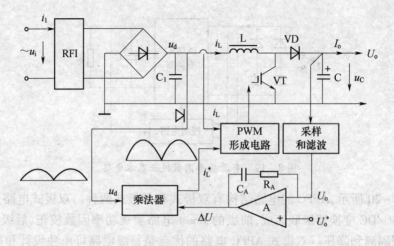

图 8-21 有源功率因数校正电路的控制原理

根据升压电感 $L$ 的电流是否连续,主电路有三种工作模式:不连续导通模式(Discontinuous Conduction Mode,DCM)、连续导通模式(Continuous Conduction Mode,CCM)和连续与不连续边缘导通模式(CCM&DCM,临界连续)。图 8-22 为电流临界连续和电流连续两种控制方式下的电压电流波形。

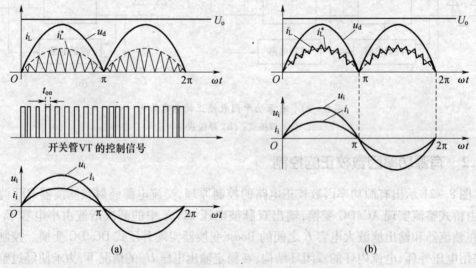

图 8-22 有源功率因数校正电路的控制波形
(a) 峰值电流控制方式;(b) 平均电流控制方式。

在图 8-22(a)中,电流增长到峰值时开关 VT 截止,电流开始衰减,电流到零时,开关 VT 导通,电流又开始从零上升,电感电流 $i_L$ 的峰值包络线就是 $i_L^*$。因此,这种电流临界连续的控制方式又叫峰值电流控制方式。在图 8-22(b)中,采用电流滞环控制是电感电流在指令电流曲线的上下摆动,形成一个由高频折线来逼近的正弦曲线,它反映了电流 $i_L$ 的平均值,因此这种电流连续的控制方式又叫平均电流控制方式。

如果射频滤波器 RFI 和 $C$ 的滤波效果足够好,PWM 形成电路的开关频率足够高,则电感电流 $i_L$ 和输入电流 $i_i$ 的畸变都很小,$i_L$ 就越接近与电源同频率的双半波正弦曲线,

208

那么电源端的输入电流 $i_i$ 就越逼近与输入电压同频率、同相位的正弦波,实现了功率因数校正为 1 的目标。

峰值电流控制之下的电流临界连续状态,由电流环实现电流的峰值检测和零电流检测。峰值电流检测控制了 PWM 脉冲的后沿,及开关管截止的一瞬间;而零电流检测控制了 PWM 脉冲的前沿,及开关管导通的一瞬间,控制电路简单,但电流畸变和开关管的电流应力较大,在小功率范围内得到推广使用。而采用平均电流控制的方式,电流畸变小,开关管和电感的损耗少,但控制电路相对复杂。在相同的输入功率下,峰值电流控制的开关管电流容量应比平均电流控制的至少选大一倍。工作模式的选择取决于校正器的功率等级,在几百瓦以内,三种工作模式都可以使用,500W 以上通常使用 CCM 和 CCM&DCM,1000W 以上用 CCM。运用 Boost 电路的功率因数校正,在 CCM 连续模式下输入电流畸变小且易于滤波、开关管的电流应力也小,这意味着可以处理更大的功率并保持较高的效率,事实上,不论电流采用 CCM&DCM 或是 CCM 模式,效率均可高达 95% 以上。

目前,一些用于峰值电流控制的专用集成电路不断推出,如 Motorola 公司的 MC34261 和 MC33261,Silicon General 公司的 SG3561,还有 Unitrod 公司的 UC3852 以及 Semenz 公司的 TDA4817 等。

用于平均电流控制的典型集成器件有 Unitrod 公司的 UC3854A/B,具有功率因数校正的全部功能,能在单相和三相系统中使用,电源电压可在 75V ~ 275V 范围内变化,频率为 50Hz ~ 400Hz。典型器件的功能和应用皆可在相关的数据手册和应用手册中查到,为开发有源功率因数校正的电源提供了有利条件。

# 8.5　电磁干扰及其抑制措施

电磁干扰即为电磁信号。当这些不希望有的信号出现在敏感设备上并影响其性能时,称这些信号为电磁干扰(Electromagnetic Interference,EMI)。

近年来随着电力电子技术的发展,高频开关器件在电力电子技术中的应用日趋广泛。电力电子变流器就是一种典型的开关电源型装置,这些装置工作时,因工作信号电平低、速度快、元器件安装密度高等原因,使得功率器件的电压和电流波形都以极短的时间上升和下降,这些具有陡度的脉冲信号随即会产生很强的电磁干扰,可以说高频变换器本身就是一个很强的宽带电磁波发射源,也是很强的电磁干扰源,特别在开关频率及其谐波上的电磁发射更为严重,功率越大,电磁发射的能力越强,会影响其他电子设备的正常工作;另外,变流装置中微电子(含微型计算机)控制电路对电磁干扰较敏感,因而对使用现场的电磁环境要求也较苛刻,这就是说对电能变换装置设备的要求与一般的电气、电子设备一样,既必须能在实际的电磁环境中可靠地运行,同时又不应对其他电气、电子设备造成影响,因此,就提到电磁兼容的问题。

电磁兼容是指设备(分系统、系统)在共同的电磁环境中能一起执行各自功能的"共存共容"状态。

## 8.5.1　电磁兼容标准

为了保证电气、电子设备在实际的电磁环境中能够可靠地工作,同时不会对其他设备造成影响,各个国家都出台了电磁兼容标准。电磁兼容标准的制定基于两项工作的基础:第一项是对现实环境中的电磁干扰现象的研究;第二项是对设备受电磁干扰机理的研究。在这两项研究的基础上,制定了电磁兼容标准。当设备满足了电磁兼容标准的要求时,在实际环境中才能可靠地工作。

制定电磁兼容标准是一件十分复杂的工作,需要花大量的人力、财力。因此,现在各个国家都直接采用 IEC(国际电工委员会)制定的标准。IEC 的电磁兼容标准制定工作主要由其下属的 CISPR(国际无线电干扰特别委员会)机构负责,它有七个分会,其中 C 分会负责"电力线、电压设备和电牵引系统的无线电干扰"。我国的国家标准(GB)引用了 CISPR 的标准。

尽管电磁兼容标准版本繁多,内容复杂,但各标准的内容主要都是从以下两个方面对设备提出要求。其一,工作时不会对外界产生不良的电磁干扰影响;其二,不能对外界的电磁干扰过度敏感。前一个方面的要求称为干扰发射要求,后一个方面的要求称为抗扰度(敏感度)要求,如图 8 – 23 所示。

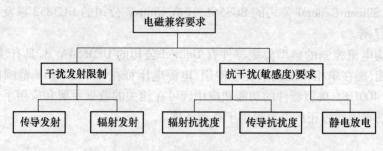

图 8 – 23　电磁兼容标准的内容

在这两个方面的要求中,又按照电磁能量传播的方式进行划分。一种方式是以电磁波的形式通过空间传播;另一种方式是以电流的形式沿导线传播。因此,电磁干扰发射可以分为辐射发射和传导发射;抗扰度也可以分为辐射抗扰度和传导抗扰度。静电放电发射独立于辐射发射和传导发射,它对设备造成干扰的机理比较复杂。

## 8.5.2　电磁兼容性的测试

为对设备的电磁兼容进行检验,需全面模拟实际的电磁环境,对其进行测试,其测试内容及指标要求与产品的应用场所相关。通常对电力电子装置要求的测试项目如下。

### 1. 电源谐波传导发射测试

电源谐波传导发射测试就是检测设备通过电源线,向供电网络发射电源谐波的强度是否超过了限制值。因为过量的谐波发射会导致电网受到污染,会对使用同一电网的其他设备造成干扰。

导致电源谐波发射的原因是设备的输入电流波形不是正弦波,解决的主要方法是对电源进行功率因数补偿,使输入电流接近正弦波电流。在平滑电容与整流桥之间串联电感,能对较高次的谐波起到一定的抑制作用,但电感有重量、体积、功率损耗等方面的缺点。可以采用有源功率因数补偿技术,这种技术能够将电流波形补偿为正弦波。

### 2. 射频传导发射测试

设备通过电源线产生的发射,除了电源谐波成分外,还会有一些频率更高的成分,为了便于区分,称这种发射为射频传导发射,因为这种频率的传导发射电流往往会借助电源线产生电磁波辐射。在工业标准中,射频传导发射覆盖的频率范围为150kHz～30MHz。

开关电源或DC/DC变换器工作在脉冲状态,会产生很强的差模(1MHz以下)和共模(1MHz以上)干扰;数字电路的工作电流是瞬变的,这部分瞬变电流反映在电源上,沿着电源线传导发射;机箱内的线路板、电缆都是辐射源,这些辐射能量会感应进电源线和电源电路本身,形成传导发射。

在电源线入口处安装电源线滤波器有利于抑制射频传导发射的干扰。

### 3. 辐射发射测试

辐射发射试验是为了检验设备以电磁辐射的形式向空间发射的干扰强度是否超过限制值。这种超标的发射会对邻近的无线接受设备和高灵敏度仪表产生影响。根据辐射的电磁场特性,分为电场辐射发射和磁场辐射发射。

设备工作时产生的脉冲电压或电流,经过设备外拖的、没有经过滤波的非屏蔽电缆,对外形成高效的辐射天线,是主要的辐射源;还有高频滤波不良的电源电缆线、非屏蔽机箱(机箱内的线路板和电缆)、屏蔽层端接不良的屏蔽电缆、屏蔽机箱上的缝隙和孔洞等,这些都是造成辐射发射超标的重要原因。

### 4. 电源线功率发射测试

工业标准中规定了电源线功率发射的测试是为了检验电源线向空间辐射电磁功率的情况。实际上是对电源线的辐射进行了限制。

造成电源功率发射超标的原因有:滤波器电路没有屏蔽;滤波器本身高频性能不良;滤波器安装不当;使用了非屏蔽机箱等。

### 5. 辐射抗扰度测试

辐射抗扰度测试的目的是检验设备能否抵抗外界的电磁场干扰,这种干扰主要来自附近的以电磁波辐射原理工作的设备,如无线广播的发射台、雷达、射频加热设备等。有些非功能性的辐射也会导致辐射干扰,如控制大功率负载的电器开关在接通或断开时、高频中频电源在运行时,都会产生很强的辐射干扰。

空间电磁场的能量进入电路有两个途径:一个是直接耦合进电路;另一个是通过电路的外拖电缆进入电路。如果在线路板布线和内部互连电缆设计时充分考虑了敏感信号回路的环路面积控制,线路板和内部互连电缆一般并不容易直接被外界电磁场干扰。干扰通过外拖电缆进入电路,可以用在电缆线上穿套铁氧体磁环的办法进行限制。

### 6. 电快速脉冲(EFT)抗扰度测试

电快速脉冲模拟了现实环境中电感性负载接通或断开时在电网上产生的干扰。电快速脉冲抗扰度试验包括两项内容:一项是对电源线进行试验;另一项是对信号电缆进行试验。

电快速脉冲试验对于检验设备的抗扰性具有典型的意义,因为它的脉冲波形的上升沿很陡,包含了丰富的高频成分,能够检验电路在较宽的频率范围内的抗扰性。另外,由于试验脉冲是持续一段时间的脉冲串,因此它对于电路的干扰有一个累积效应。

### 7. 浪涌抗扰度测试

浪涌抗扰度测试是模拟受试设备的附近发生雷电时,在受试设备的电源线和电缆线上产生的干扰现象。雷电通常会在设备供电线上感应出较高的电压,这种电压沿着电源线传播时,又会感应到信号电缆上。浪涌试验虽然表面看起来与电快速脉冲试验相像,但是实质不同,浪涌试验的频率不高,但是包含的能量很大,因此防护方法也不相同。

### 8. 静电放电抗扰度测试

静电放电试验的目的是模拟带有较高电压静电的人体触摸受试设备时发生的现象,也模拟人体触摸受试设备附近的其他金属物体时发生的静电放电对受试设备的影响。

静电放电试验与电快速脉冲试验和浪涌试验的一个不同点是,在前面两种试验中,干扰的注入方式是确定的,而这里在很大程度上取决于试验操作者的操作方式,包括实验位置的选择。

以上测试的方法及应达到的指标均有相应的国家标准。

## 8.5.3 抑制电磁干扰的相关措施

形成电磁干扰的三个基本要素是电磁干扰源、耦合通道(传播途径)、设备对干扰的敏感程度。对于一个装置或系统来说,缺少一个要素都不可能造成电磁干扰。欲提高装置或系统的抗电磁干扰的能力,首先要确定形成干扰的三要素,要从分析电磁环境(干扰源、干扰源性质、传播途径等)入手,抑制干扰源,降低敏感设备对于干扰的响应,削弱干扰的耦合等措施来抑制干扰效应的形成。

根据国家对电气电子设备(含电力电子变流器设备)的干扰发射限制和抗扰度(敏感度)的要求,在研制电气电子设备时需要考虑接地、电磁屏蔽、干扰滤波器和布线等几个方面的抗扰措施。

### 1. 地线与接地

地线是抗扰措施中十分重要的一项内容。良好的地线设计不仅能保证电路内部互不干扰,稳定可靠地工作,可以减小电路的电磁辐射和对外界电磁场的敏感性,而且不需要增加成本。

地线根据其功能可分为安全地和信号地。安全地一般与大地连接,保证接地设备与大地处于同一电位。信号地则不一定与大地连接,可以是任何定义为电位参考点的位置。在电路设计中,一定要精心设计地线,以实现两个目的:一是保证作为参考电位的地线电位尽量符合电位一致的假设;二是为信号电流提供一条低阻抗的路径。接地线的设计方式有单点接地、多点接地和混合接地等。

#### 1) 单点接地

这是一种最简单的接地方式,所有电路的地线接到公共地线的同一点。其好处是避免了地环路及地环路干扰的问题。一般将电路按照特性分组,相互之间不易发生干扰的电路放在同一组,相互之间容易发生干扰的电路放在不同的组。每个组内采用串联单点接地,获得最简单的地线结构,而不同组的接地采用并联单点接地,以避免相互间干扰,从而形成串联、并联单点接地。

单点接地的问题是,接地线往往较长。当电路的工作频率较高时,各种杂散参数已经起着很重要的作用,即使形式上采用单点接地的结构,实际上也不能起到单点接地的作用。因此单点接地不适合频率较高的场合。

#### 2) 多点接地

当电路的工作频率较高时,所有电路要就近连接到公共地线上,以使地线最短。由于它们在不同点接地,因此称为多点接地。

多点接地的结构显然形成了许多地环路,因此地线上的电位差、空间的电磁场等会对电路形成干扰。为了减小地环路的影响,要使地线阻抗尽量小。减小地线的阻抗,一个是减小导体的电阻,另一个是减小导体的电感。由于高频电流的集肤效应,增加导体的截面积并不能减小导体的电阻,正确的方法是在导体表面镀银。用宽金属板可以减少导体的电感。当地线由不同部分金属搭接而成时,还要考虑搭接阻抗。为了减小空间电磁场在地环路中形成的干扰,要将电路模块之间的连接尽量靠近地线,以减小地环路的面积。

通常电路工作频率在1MHz以下时,可以采用单点接地;而频率在10MHz以上时,可以采用多点接地;而频率在1MHz和10MHz之间时,如果最长的接地线不超过波长的1/20,可以采用单点接地,否则采用多点接地。

3) 混合接地

有时希望系统对不同频率的信号具有不同的接地结构。这时,利用电容、电感等器件在不同频率下具有不同阻抗的特性,可构成混合接地系统。

当采用电容接地时,由于电容低频时的阻抗很大,高频时阻抗很小,因此这种地线在低频时是断开的,而高频时是连通的。当采用电感接地时,由于电感低频时的阻抗很小,高频时的阻抗很大,因此这种地线在低频时是连通的,而高频时是断开的。

2. 电磁屏蔽

电磁屏蔽的作用是切断能量从空间传播的路径,通过各种屏蔽物体对外来电磁干扰的吸收或反射作用来防止噪声侵入;或相反,将设备内部产生的辐射电磁能量限制在设备内部,以防止干扰其他设备。

实现电路屏蔽最常用的方法是采用屏蔽机箱。把控制电路板和辅助电源板均放在屏蔽盒里,使得它们不受主电路产生的强磁场干扰;整机机壳散热孔均为短窄缝,机门采用了棱簧铜梳簧片使门缝连续导电。这样,机壳相当一个大的屏蔽盒,使得开关器件在开关过程产生的电磁场干扰信号不影响其他设备,其他设备的电磁场干扰信号也不影响装置的正常工作,从而提高了整机的电磁抗扰性。

3. 滤波

开关模式的各种电源接在线路上,不仅要受到线路中的各种干扰,而它本身又是一个大的干扰源,会通过传导和辐射方式向交流电源和空间传播,不仅污染电网,而且还可能对通信设备及电子仪器的工作造成影响。

通常应用线路滤波器克服这种干扰。滤波器是由电阻、电感和电容构成的电路网络,它利用电感和电容的阻抗和频率的关系,将叠加在有用信号上的噪声分离出来。用无损耗的电抗元件构成的滤波器能阻止噪声通过工作电路,并使它旁路流通;用有损耗元件构成的滤波器能将不期望的频率成分吸收掉。在抗干扰措施中用得最多的是低通滤波器。滤波电路中很多专用的滤波器件,如穿心电容器、三端电容器、铁氧体磁环,它们能够改善电路的滤波特性。恰当地设计或选择滤波器,并正确地安装和使用滤波器,是抗干扰技术的重要组成部分。

电磁干扰从设备内发射出来或进入设备只有两个途径,即空间电磁波辐射途径和电流沿着导体传导途径。对于一个实际的设备,这两种途径是同时存在的。因此,干扰滤波和电磁屏蔽两项技术是互补的。只有它们结合在一起才能切断电磁能量传播的所有途径,解决电磁干扰问题。

### 4. 布线

合理布线是抗干扰措施中的又一重要方面。导线的种类、线径的粗细、走线的方式、线间的距离、布线的对称性、屏蔽方法以及导线的长短、捆扎或绞合方式等都对导线的电感、电阻和噪声的耦合有直接影响。

布线时大电流正、负直流母线应该尽量靠近,以减小强磁场的发射区域。每个开关管的驱动线宜采用单独绞合的方式,避免接受其他开关管的驱动信号的干扰,如果是同一个桥臂的驱动信号相互干扰,会使得电路发生桥臂直通的短路故障。如果检测电路的连接线通过强磁场区域,也应该采用绞合的方式走线。

总之,在装置调试、运行过程中,可能发生各种电磁干扰现象,可以分别考虑以上措施处理,灵活应用。

当前绿色电源装置的研制是解决电磁干扰的有效方法,它是 21 世纪电力电子研究的热点。很多国家和地区对电源装置都在制定各自的电磁兼容性标准或参照国际的电磁兼容性标准,以实现电气设备"共存共容"状态。

## 思考题及习题

8-1 为什么说传统的相控整流电路是一个谐波源? 举例说明。

8-2 谐波对电网的危害有哪些方面? 抑制谐波的措施有哪些?

8-3 阐明功率因数的定义,功率因数恶化的原因、危害。

8-4 如何提高电力电子装置的功率因数?

8-5 试分析有源电力滤波器的工作原理。

8-6 试分析有源功率因数校正的工作原理。

8-7 什么叫电磁兼容? 简述电磁兼容的要求。

8-8 简述电力电子装置抑制电磁干扰的措施。

# 参 考 文 献

[1] 张为佐. 与时俱进的电力电子. 北京:机械工业出版社,2008.

[2] 王兆安,刘进军. 电力电子技术. 北京:机械工业出版社,2010

[3] 叶斌. 电力电子应用技术. 北京:清华大学出版社,2006.

[4] 王文郁,石玉. 电力电子技术应用电路. 北京:机械工业出版社,2001.

[5] 陈因. 电力电子技术实训教程. 重庆:重庆大学出版社,2007.

[6] 蒋渭忠. 电力电子技术应用教程. 北京:电子工业出版社,2009.

[7] 彭鸿才. 电机原理及拖动. 北京:机械工业出版社,2007.

[8] (美)Muhammad H Rashid. 电力电子技术手册. 北京:机械工业出版社,2004.

[9] 丁荣军,黄济荣. 现代变流技术与电气传动. 北京:科学出版社,2009.

[10] 林忠岳. 现代电力电子应用技术. 北京:科学出版社,2007.

[11] 阮毅,陈维钧. 运动控制系统. 北京:清华大学出版社,2006.

[12] 阮毅,陈伯时. 电力拖动自动控制系列——运动控制系统. 北京:机械工业出版社,2010.

[13] 杨耕,罗应立. 电机与运动控制系统. 北京:清华大学出版社,2006.

[14] 张东立. 直流拖动控制系统. 北京:机械工业出版社,1999.

[15] 杨荫福,段善旭,朝泽云. 电力电子装置及系统. 北京:清华大学出版社,2006.

[16] 沈锦飞. 电源变换应用技术. 北京:机械工业出版社,2007.

[17] 王兆安,杨君,刘进军. 谐波抑制和无功功率补偿. 北京:机械工业出版社,1998.

[18] 何宏. 电磁兼容原理与技术. 西安:西安电子科技大学出版社,2008.